计算机应用基础

赵艳莉　郭建军　主　编

刘文华　刘红敏　副主编

電子工業出版社

Publishing House of Electronics Industry

北京·BEIJING

内 容 简 介

本书依据职业教育的特点，采用项目引领、任务驱动的模式进行编写，每个单元均由项目描述、项目分析、相关知识、项目实现、单元小结、课外自测、拓展阅读等模块组成。相关知识部分以“必需、够用”为原则，力求降低理论难度；拓展阅读部分则对想进一步学习的读者进行理论知识的延伸和提升。本书加大了技能操作强度，在练中学，在学中总结、提升，直至灵活掌握软件的使用方法。

本书由 5 个单元、17 个项目组成，主要内容包括计算机的基本知识、计算机系统组成及计算机的相关技术、Windows 7 操作系统、Word 2016 基本应用、Excel 2016 基本应用、PowerPoint 2016 基本应用等。

本书可作为全国高等职业院校公共专业基础课程计算机应用基础的教学用书，也可作为计算机爱好者的自学参考书和课外读物。

图书在版编目（CIP）数据

计算机应用基础 / 赵艳莉，郭建军主编. —北京：电子工业出版社，2017.8

ISBN 978-7-121-31932-7

Ⅰ. ①计… Ⅱ. ①赵… ②郭… Ⅲ. ①电子计算机—专业学校—教材 Ⅳ. ①TP3

中国版本图书馆 CIP 数据核字（2017）第 139475 号

策划编辑：关雅莉
责任编辑：裴　杰
印　　刷：北京虎彩文化传播有限公司
装　　订：北京虎彩文化传播有限公司
出版发行：电子工业出版社
　　　　　北京市海淀区万寿路 173 信箱　邮编　100036
开　　本：787×1 092　1/16　印张：16.5　字数：595 千字
版　　次：2017 年 8 月第 1 版
印　　次：2023 年 9 月第 9 次印刷
定　　价：49.80 元

凡所购买电子工业出版社图书有缺损问题，请向购买书店调换。若书店售缺，请与本社发行部联系，联系及邮购电话：（010）88254888，88258888。

质量投诉请发邮件至 zlts@phei.com.cn，盗版侵权举报请发邮件至 dbqq@phei.com.cn。

本书咨询联系方式：（010）88254617，luomn@phei.com.cn。

前言 PREFACE

随着计算机技术和网络技术的飞速发展，个性化、多元化及碎片化学习成为新时代教育发展的趋势，计算机的应用程度及计算机的信息素养已经成为现代社会生产发展的重要标志之一。近年来，随着高等教育的大众化、生源的多元化、学生兴趣爱好的个性化，计算机知识的起点也在提高，为了满足当前计算机基础教育对人才培养的需求，加强计算机素养教育和技能教育，本着教学内容贴近实际生活、教学方法符合高职学生成长规律，我们组织编写了这本公共专业计算机基础教育教材。

本书由 5 个单元、18 个项目组成，每个项目针对学习的实用性而精心安排。第 1 单元介绍计算机的基本知识、计算机系统的组成、计算机病毒的防治及计算机的相关技术；第 2 单元介绍 Windows 7 操作系统，包括使用计算机和管理计算机的基本技能；第 3 单元介绍 Word 2016 基本应用；第 4 单元介绍 Excel 2016 基本应用；第 5 单元介绍 PowerPoint 2016 基本应用。

本书的参考教学时数为 64 学时，各单元的教学课时分配如下表所示。

章　节	教学内容	课时分配	
		讲　授	实践训练
第 1 单元	零距离接触计算机	4	4
第 2 单元	使用和管理计算机	4	4
第 3 单元	Word 2016 基本应用	8	8
第 4 单元	Excel 2016 基本应用	10	10
第 5 单元	PowerPoint 2016 基本应用	6	6
课时总计		32	32

为方便教学，本书提供教学资源包，请登录华信教育资源网注册后免费下载；同时提供微课资源，用户可扫描书中二维码获取并进行观看。

素材课件

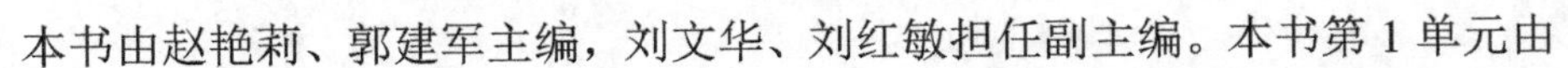

本书由赵艳莉、郭建军主编，刘文华、刘红敏担任副主编。本书第 1 单元由

翟岩编写；第 2 单元、第 5 单元由张金元编写；第 3 单元、第 4 单元由赵艳莉编写。本书的在编写过程中，陈思、宋哲理、张金娜、卞孝丽进行了微课拍摄和制作，在此表示感谢。赵艳莉对本书进行了框架设计、全文统稿和整理。

由于编者水平有限，书中难免存在疏漏和不足之处，敬请广大读者批评指正。

编　者

2017 年 5 月

目录 CONTENTS

零距离接触计算机

什么是计算机？计算机俗称电脑。目前，计算机已成为人们不可缺少的工具，它极大地改变了人们的工作、生活和学习方式，成为信息时代的主要标志。本单元通过介绍计算机的发展历史、计算机系统的组成等知识，以及信息安全相关技术，使大家对计算机有一个初步的认识。

项目1 了解计算机的一般知识

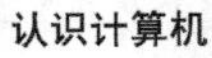
认识计算机

项目描述

当你打开计算机进入网络游戏时，当你在网上订购回家的车票时，当你打开计算机追剧时，当你“双十一”在网上购物时，你可曾想过这一切娱乐、通信、交通、资讯、商业等方面的诸多便利完全是源于计算机在人们生活中的应用？那么这个令人既熟悉又陌生的计算机到底是一个怎样的设备呢？让我们来揭开它神秘的面纱。

项目分析

通过对计算机相关的概念和计算机的发展历史的介绍，了解计算机的分类和应用领域，从而对计算机有一个初步的认识，为后面进一步的学习打下一个良好的基础。

相关知识

1. 计算、计算思维、计算机

(1) 计算

所谓计算，就是核算数目，根据已知量算出未知量，即运算。

(2) 计算思维

计算思维是指运用计算机科学的基础概念进行问题求解、系统设计，以及人类行为理解等涵盖计算机科学之广度的一系列思维活动。

(3) 计算机

计算机是现代一种用于高速计算的电子计算机器。

2. 计算机的历史和发展

(1) 计算机的历史

计算工具的演化经历了由简单到复杂、从低级到高级的不同阶段，如从“结绳记事”中的绳结到算筹、算盘、计算尺、机械计算机等。它们在不同的历史时期发挥了各自的历史作用，同时也启发了现代电子计算机的研制思想。

1889年，美国科学家赫尔曼·何乐礼研制出以电力为基础的电动制表机，用以储存计算资料。

1930年，美国科学家范内瓦·布什制造出世界上首台模拟电子计算机。

由美国军方研制的世界上第一台电子计算机“电子数字积分计算机”（ENIAC）（见图1-1），于1946年2月14日在美国宾夕法尼亚大学问世。ENIAC是美国奥伯丁武器试验场为了满足计算弹道需要而研制成的。ENIAC 的问世具有划时代的意义，表明电子计算机时代的到来。在以后的60多年里，计算机技术以惊人的速度发展，没有任何一门技术的性能价格比能在30年内增长6个数量级。

（2）计算机的发展

虽然自第一台电子计算机诞生至今仅有70多年的历史，但其发展还是突飞猛进的。电子计算机硬件的发展对电子计算机的更新换代产生了巨大的影响，所以计算机的发展阶段的划分均以计算机硬件的更新换代为依据。因此，习惯上人们以电子器件的更新作为计算机更新换代的标志。

根据计算机所使用的电子元器件的不同，将计算机的发展划分为4个时代。

- 第1代：电子管数字计算机（1946—1958年）。

硬件方面，逻辑元件采用的是真空电子管，主存储器采用汞延迟线、阴极射线示波管静电存储器、磁鼓、磁芯；外存储器采用的是磁带。

软件方面采用的是机器语言、汇编语言。应用领域以军事和科学计算为主。

特点是体积大、功耗高、可靠性差、速度慢（一般为每秒数千次至数万次）、价格昂贵，但为以后的计算机发展奠定了基础。这一时代的计算机如图1-2所示。

图1-1　ENIAC

图1-2　电子管数字计算机

第1代计算机确立了模拟量可以变成数字量进行计算，开创了数字化技术新时代，形成了电子数字计算机的基本结构和冯·诺依曼结构，明确了程序设计的基本方法，首创使用 CRT（阴极射线管）作为计算机的字符显示器。

- 2代：晶体管数字计算机（1958—1964年）。

硬件方面，逻辑元件采用的是晶体管，计算机的体积和耗电量大大减少，运算速度明显提高，性能更稳定。同时计算机拥有了操作系统、高级语言及其编译程序。应用领域以科学计算和事务处理为主，并开始进入工业控制领域。

特点是体积缩小、能耗降低、可靠性提高、运算速度提高（一般为每秒数10万次，可高达300万次）、性能比第1代计算机有很大的提高。这一时代的计算机如图1-3所示。

第2代计算机开创了计算机处理文字和图形的新阶段，高级语言投入使用，开始有了通用计算机和专用计算机之分，而且开始使用鼠标作为输入设备。

- 第3代：集成电路数字计算机（1964—1970年）。

硬件方面，逻辑元件采用中、小规模集成电路（MSI、SSI），主存储器仍采用磁芯。软件方面出现了分时操作系统以及结构化、规模化程序设计方法。

特点是速度更快（一般为每秒数百万次至数千万次），而且可靠性有了显著提高，价格进一步下降，产品走向了通用化、系列化和标准化等。应用领域开始进入文字处理和图形图像处理领域。这一时代的计算机如图 1-4 所示。

图 1-3　晶体管数字计算机

图 1-4　集成电路数字计算机

第 3 代计算机的运算速度已达到 100 万次/秒以上，操作系统更完善，序列机的推出较好地解决了“硬件不断更新而软件相对稳定”的矛盾，此时的机器可根据其性能分成巨型机、大型机、中型机和小型机。

- 第 4 代：大规模集成电路数字计算机（1971 年至今）。

硬件方面，逻辑元件采用大规模和超大规模集成电路。软件方面出现了数据库管理系统、网络管理系统和面向对象语言等。1971 年世界上第一台微处理器在美国硅谷诞生，开创了微型计算机的新时代。应用领域从科学计算、事务管理、过程控制逐步走向家庭。

由于集成技术的发展，半导体芯片的集成度更高，每块芯片可容纳数万乃至数百万个晶体管，并且可以把运算器和控制器都集中在一个芯片上，从而出现了微处理器，并且可以用微处理器和大规模、超大规模集成电路组装成微型计算机，就是我们常说的微电脑或 PC。微型计算机体积小，价格便宜，使用方便，但它的功能和运算速度已经达到甚至超过了过去的大型计算机。另外，利用大规模、超大规模集成电路制造的各种逻辑芯片，已经制成了体积并不很大，但运算速度可达一亿甚至几十亿次的巨型计算机。我国继 1983 年研制成功每秒运算一亿次的银河 I 型巨型机以后，又于 1993 年研制成功每秒运算十亿次的银河Ⅱ型通用并行巨型计算机。这一时期还产生了新一代的程序设计语言以及数据库管理系统和网络软件等。

图 1-5　大规模集成电路数字计算机

随着物理元器件的变化，不仅计算机主机经历了更新换代，它的外部设备也在不断地变革。例如，外存储器由最初的阴极射线显示管发展到磁芯、磁鼓，以后又发展为通用的磁盘，现又出现了体积更小、容量更大、速度更快的只读光盘（CD-ROM）。这一时代的计算机如图 1-5 所示。

3．计算机的特点

（1）运算速度快。计算机内部由电路组成，可以高速准确地完成各种算术运算。当今计算机系统的运算速度已达到每秒万亿次，使大量复杂的科学计算问题得以解决。

（2）计算精确度高。科学技术的发展特别是尖端科学技术的发展，需要高度精确的计算。计算机控制的导弹之所以能准确地击中预定的目标，是与计算机的精确计算分不开的。一般计

算机可以有十几位甚至几十位（二进制）有效数字，计算精度可由千分之几到百万分之几，是任何计算工具所望尘莫及的。

（3）逻辑运算能力强。计算机不仅能进行精确计算，还具有逻辑运算功能，能对信息进行比较和判断。计算机能把参加运算的数据、程序以及中间结果和最后结果保存起来，并能根据判断的结果自动执行下一条指令以供用户随时调用。

（4）存储容量大。计算机内部的存储器具有记忆特性，可以存储大量的信息，这些信息不仅包括各类数据信息，还包括加工这些数据的程序。

（5）自动化程度高。由于计算机具有存储记忆能力和逻辑判断能力，所以人们可以将预先编好的程序组纳入计算机内存，在程序控制下，计算机可以连续、自动地工作，不需要人的干预。

项目实现

本项目将向大家介绍计算机的分类和应用领域。

1. 计算机的分类

（1）超级计算机

超级计算机通常是指由数百数千甚至更多的处理器（机）组成的、能计算普通 PC 和服务器不能完成的大型复杂课题的计算机。超级计算机是计算机中功能最强、运算速度最快、存储容量最大的一类计算机，是国家科技发展水平和综合国力的重要标志。超级计算机拥有最强的并行计算能力，主要用于科学计算，在气象、军事、能源、航天、探矿等领域承担大规模、高速度的计算任务。超级计算机如图 1-6 所示。

（2）网络计算机

● 服务器

服务器专指某些高性能计算机，能通过网络对外提供服务。相对于普通计算机来说，其稳定性、安全性、性能等方面都要求更高，因此，在 CPU、芯片组、内存、磁盘系统、网络等硬件方面与普通计算机有所不同。服务器是网络的节点，存储、处理网络上 80%的数据、信息，在网络中起到举足轻重的作用。它们是为客户端计算机提供各种服务的高性能的计算机，其高性能主要表现在高速度的运算能力、长时间的可靠运行、强大的外部数据吞吐能力等方面。服务器是针对具体的网络应用特别制定的，因而服务器与微型计算机在处理能力、稳定性、可靠性、安全性、可扩展性、可管理性等方面差异很大。服务器主要有网络服务器（DNS、DHCP）、打印服务器、终端服务器、磁盘服务器、邮件服务器、文件服务器等，如图 1-7 所示。

图 1-6　超级计算机

图 1-7　服务器

● 工作站

工作站是一种以个人计算机和分布式网络计算为基础，主要面向专业应用领域，具备强大的数据运算与图形、图像处理能力，为满足工程设计、动画制作、科学研究、软件开发、金融管理、信息服务、模拟仿真等专业领域而设计开发的高性能计算机。工作站最突出的特点是具有很强的图形交换能力，因此在图形图像领域特别是计算机辅助设计领域得到了迅速应用。

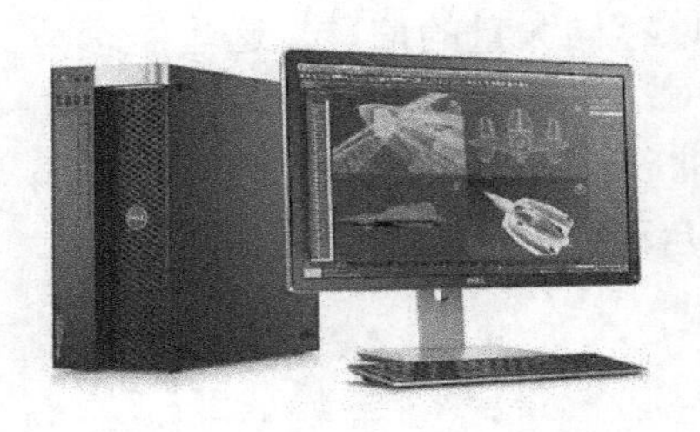
图 1-8　工作站

无盘工作站是指无软盘、无硬盘、无光驱联入局域网的计算机。在网络系统中，把工作站端使用的操作系统和应用软件全部放在服务器上，系统管理员只要完成服务器上的管理和维护，软件的升级和安装也只需要配置一次后，则整个网络中的所有计算机就都可以使用新软件。所以无盘工作站具有节省费用、系统的安全性高、易管理性和易维护性等优点，这对网络管理员来说具有很大的吸引力。工作站如图 1-8 所示。

● 集线器

集线器（HUB）是一种共享介质的网络设备，它的作用可以简单地理解为将一些机器连接起来组成一个局域网，集线器本身不能识别目的地址。集线器上的所有端口争用一个共享信道的宽带，因此随着网络节点数量的增加、数据传输量的增大，每节点的可用带宽将随之减少。集线器如图 1-9 所示。

● 交换机

交换机是按照通信两端传输信息的需要，用人工或设备自动完成的方法把要传输的信息送到符合要求的相应路由上的技术统称。广义的交换机就是一种在通信系统中完成信息交换功能的设备，它是集线器的升级换代产品，其外观与集线器非常相似，其作用与集线器大体相同。但是两者在性能上有区别：集线器采用的是共享带宽的工作方式，而交换机采用的是独享带宽的方式。交换机上的所有端口均有独享的信道带宽，以保证每个端口上数据的快速有效传输，交换机为用户提供的是独占的、点对点的连接，数据包只被发送到目的端口，而不会向所有端口发送，其他节点很难侦听到所发送的信息，这样在机器很多或数据量很大时，不容易造成网络堵塞，也确保了数据传输安全，同时大大地提高了传输效率。交换机如图 1-10 所示。

● 路由器

路由器是一种负责寻径的网络设备，它在互联网络中从多条路径中寻找通信量最少的一条网络路径提供给用户通信。路由器用于连接多个逻辑上分开的网络，为用户提供最佳的通信路径。路由器利用路由表为数据传输选择路径。路由表包含网络地址以及各个地址之间距离的清单。路由器利用路由表查找数据包从当前位置到目的地址的正确路径，并使用最少时间算法或最优路径算法来调整信息传递的路径。路由器产生于交换机之后，就像交换机产生于集线器之后，所以路由器与交换机也有一定的联系，并不是完全独立的两种设备。路由器主要克服了交换机不能向路由转发数据包的不足。路由器如图 1-11 所示。

图 1-9　集线器

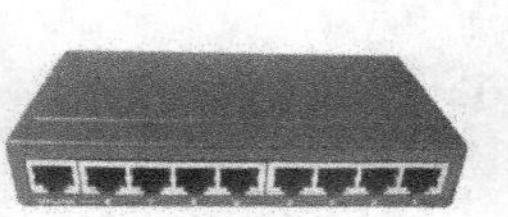

图 1-10　交换机

图 1-11　路由器

（3）工业控制

工业控制是一种采用总线结构，对生产过程及其机电设备、工艺装备进行检测与控制的计算机系统总称，简称工控机。它由计算机和过程输入/输出（I/O）两大部分组成。计算机是由主机、输入/输出设备和外部磁盘机、磁带机等组成的。在计算机外部又增加一部分过程输入/输出通道，用来完成工业生产过程的检测数据送入计算机进行处理；另一方面，将计算机要行使对生产过程控制的命令、信息转换成工业控制对象的控制变量的信号，再送往工业控制对象的控制器。由控制器行使对生产设备的运行控制。工业控制机的主要类别有：IPC（PC总线工业计算机）、PLC（可编程控制系统）、DCS（分散型控制系统）、FCS（现场总线系统）及CNC（数控系统）5种。

● IPC

IPC即基于PC总线的工业计算机。据2000年IDC统计，PC机已占到通用计算机的95%以上，因其价格低、质量高、产量大、软/硬件资源丰富，已被广大的技术人员所熟悉和认可，这正是工业计算机热的基础。其主要的组成部分为工业机箱、无源底板及可插入其上的各种板卡，如CPU卡、I/O卡等，并采取全钢机壳、机卡压条过滤网、双正压风扇等设计及EMC（Electro Magnetic Compatibility）、电磁兼容性技术以解决工业现场的电磁干扰、震动、灰尘、高/低温等问题。IPC如图1-12所示。

● 可编程控制器（PLC）

可编程控制器是一种数字运算操作的电子系统，是专为在工业环境应用而设计的。它采用一类可编程的存储器，用于其内部存储程序，执行逻辑运算、顺序控制、定时、计数与算术操作等面向用户的指令，并通过数字或模拟式输入/输出控制各种类型的机械或生产过程。

可编程控制器是计算机技术与自动化控制技术相结合而开发的一种适用工业环境的新型通用自动控制装置，是作为传统继电器的替换产品而出现的。随着微电子技术和计算机技术的迅猛发展，可编程控制器更多地具有了计算机的功能，不仅能实现逻辑控制，还具有了数据处理、通信、网络等功能。可编程控制器由于可通过软件来改变控制过程，而且具有体积小、组装维护方便、编程简单、可靠性高、抗干扰能力强等特点，已广泛应用于工业控制的各个领域，大大推进了机电一体化的进程。可编程控制器如图1-13所示。

图1-12　IPC

图1-13　可编程控制器

● 分散型控制系统（DCS）

分散型控制系统是一种高性能、高质量、低成本、配置灵活的分散控制系统系列产品，可以构成各种独立的控制系统、分散控制系统（DCS）、数据采集与监控系统（SCADA），能满足各种工业领域对过程控制和信息管理的需求。系统的模块化设计、合理的软硬件功能配置和易于扩展的能力，能广泛用于各种大、中、小型电站的分散型控制，发电厂自动化系统的改造，以及钢铁、石化、造纸、水泥等工业生产过程控制。

● 现场总线系统（FCS）

现场总线系统是全数字串行、双向通信系统。系统内的测量和控制设备（如探头、激励器和控制器）可相互连接、监测和控制。在工厂网络的分级中，它既作为过程控制（如 PLC、LC 等）和应用智能仪表（如变频器、阀门、条码阅读器等）的局部网，又具有在网络上分布控制应用的内嵌功能。由于其广阔的应用前景，众多国外有实力的厂家竞相投入力量，进行产品开发。国际上已知的现场总线类型有 40 余种，比较典型的现场总线有 FF、PROFIBUS、LonWorks、CAN、HART、CC-Link 等。

● 数控系统（CNC）

现代数控系统是采用微处理器或专用微机的数控系统，由事先存放在存储器里的系统程序（软件）来实现控制逻辑，实现部分或全部数控功能，并通过接口与外围设备进行连接，称为计算机数控，简称 CNC 系统。

数控机床是以数控系统为代表的新技术对传统机械制造产业的渗透形成的机电一体化产品。

（4）个人计算机

● 台式机

台式机也叫桌面机，是一种独立相分离的计算机，完全与其他部件无联系，相对于笔记本和上网本体积较大，主机、显示器等设备一般都是相对独立的，一般需要放置在电脑桌或者专门的工作台上，如图 1-14 所示。台式机为非常流行的微型计算机，多数人家里和公司使用的机器都是台式机。台式机的性能相比较笔记本电脑要强。

● 计算机一体机

计算机一体机是由一台显示器、一个计算机键盘和一个鼠标组成的计算机。它的芯片、主板与显示器集成在一起，显示器就是一台计算机，因此只要将键盘和鼠标连接到显示器上，机器就能使用。随着无线技术的发展，计算机一体机的键盘、鼠标与显示器可实现无线连接，机器只有一根电源线。这就解决了一直为人诟病的台式机线缆多而杂的问题。有的计算机一体机还具有电视接收、AV 功能，也可整合专用软件，用作特定行业专用机。计算机一体机如图 1-15 所示。

图 1-14　台式机

图 1-15　计算机一体机

图 1-16　笔记本电脑

● 笔记本计算机（Notebook 或 Laptop）

笔记本计算机也称手提电脑或膝上型电脑，是一种小型、可携带的个人计算机，通常重 1～3 千克。笔记本电脑除了键盘外，还提供了触控板（Touchpad）或触控点（Pointing Stick），提供了更好的定位和输入功能。笔记本电脑如图 1-16 所示。

● 掌上电脑

掌上电脑是一种运行在嵌入式操作系统和内嵌式应用软件之上

的、小巧、轻便、易带、实用、价廉的手持式计算设备，如图 1-17 所示。它也是智能手机的前身。它无论在体积、功能和硬件配备方面都比笔记本电脑简单轻便。掌上电脑除了用来管理个人信息（如通讯录、计划等）外，还可以上网浏览页面、收发 E-mail，还可以当作手机来用，甚至还兼具录音机功能、英汉汉英词典功能、全球时钟对照功能、提醒功能、休闲娱乐功能、传真管理功能等。掌上电脑的电源通常采用普通的碱性电池或可充电锂电池。掌上电脑的核心技术是嵌入式操作系统，各种产品之间的竞争也主要在此。

● 平板电脑

平板电脑是一款无须翻盖、没有键盘、大小不等、形状各异，却功能完整的电脑。其构成组件与笔记本电脑基本相同，但它是利用接触在屏幕上书写的，而不是使用键盘和鼠标输入，并且打破了笔记本电脑键盘与屏幕垂直的 L 形设计模式。它除了拥有笔记本电脑的所有功能外，还支持手写输入或语音输入，移动性和便携性更胜一筹。平板电脑如图 1-18 所示。

图 1-17　掌上电脑

图 1-18　平板电脑

（5）嵌入式

嵌入式即嵌入式系统（Embedded Systems），是一种以应用为中心，以微处理器为基础，软硬件可裁剪的，适应应用系统对功能、可靠性、成本、体积、功耗等综合性严格要求的专用计算机系统。它一般由嵌入式微处理器、外围硬件设备、嵌入式操作系统以及用户的应用程序 4 个部分组成。它是计算机市场中增长最快的领域，也是种类繁多、形态多种多样的计算机系统。嵌入式系统几乎包括了生活中的所有电器设备，如掌上 PDA、计算器、电视机顶盒、手机、数字电视、多媒体播放器、汽车、微波炉、数字相机、家庭自动化系统、电梯、空调、安全系统、自动售货机、蜂窝式电话、消费电子设备、工业自动化仪表与医疗仪器等。

2. 计算机的应用领域

（1）信息管理

信息管理是以数据库管理系统为基础，辅助管理者提高决策水平，改善运营策略的计算机技术。信息处理具体包括数据的采集、存储、加工、分类、排序、检索和发布等一系列工作。信息处理已成为当代计算机的主要任务，是现代化管理的基础。据统计，80%以上的计算机主要应用于信息管理，成为计算机应用的主导方向。信息管理已广泛应用于办公自动化、企事业计算机辅助管理与决策、情报检索、图书馆、电影电视动画设计、会计电算化等各行各业。

计算机的应用已渗透到社会的各个领域，正在日益改变着传统的工作、学习和生活的方式，推动着社会的科学发展。

科学计算是计算机最早的应用领域，是指利用计算机来完成科学研究和工程技术中提出的数值计算问题。在现代科学技术工作中，科学计算的任务是大量的和复杂的。利用计算机的运

算速度高、存储容量大和连续运算的能力，可以解决人工无法完成的各种科学计算问题。例如，工程设计、地震预测、气象预报、火箭发射等都需要由计算机承担庞大而复杂的计算量。

（2）过程控制

过程控制是利用计算机实时采集数据、分析数据，按最优值迅速地对控制对象进行自动调节或自动控制。采用计算机进行过程控制，不仅可以大大提高控制的自动化水平，而且可以提高控制的时效性和准确性，从而改善劳动条件、提高产量及合格率。因此，计算机过程控制已在机械、冶金、石油、化工、电力等部门得到广泛的应用。

（3）辅助技术

计算机辅助技术包括 CAD、CAM 和 CAI。

- CAD（计算机辅助设计）

CAD 是利用计算机系统辅助设计人员进行工程或产品设计，以实现最佳设计效果的一种技术。CAD 技术已应用于飞机设计、船舶设计、建筑设计、机械设计、大规模集成电路设计等。采用计算机辅助设计，可缩短设计时间，提高工作效率，节省人力、物力和财力，更重要的是提高了设计质量。

- CAM（计算机辅助制造）

CAM 是利用计算机系统进行产品的加工控制过程，输入的信息是零件的工艺路线和工程内容，输出的信息是刀具的运动轨迹。将 CAD 和 CAM 技术集成，可以实现设计产品生产的自动化，这种技术被称为计算机集成制造系统。有些国家已把 CAD 和 CAM、计算机辅助测试及计算机辅助工程组成一个集成系统，使设计、制造、测试和管理有机地组成为一体，形成高度的自动化系统，因此产生了自动化生产线和“无人工厂”。

- CAI（计算机辅助教学）

CAI 是利用计算机系统进行课堂教学。教学课件可以用 PowerPoint 或 Flash 等制作。CAI 不仅能减轻教师的负担，还能使教学内容生动、形象逼真，能够动态演示实验原理或操作过程，激发学生的学习兴趣，提高教学质量，为培养现代化高质量人才提供了有效方法。

（4）多媒体应用

随着电子技术特别是通信和计算机技术的发展，人们已经有能力把文本、音频、视频、动画、图形和图像等各种媒体综合起来，构成一种全新的概念——“多媒体”。在医疗、教育、商业、银行、保险、行政管理、军事、工业、广播、交流和出版等领域中，多媒体的应用发展很快。

（5）计算机网络

计算机网络是由一些独立的和具备信息交换能力的计算机互联构成，以实现资源共享的系统。计算机在网络方面的应用使人类之间的交流跨越了时间和空间障碍。计算机网络已成为人类建立信息社会的物质基础，它给我们的工作带来极大的方便和快捷，如在全国范围内的银行信用卡的使用、火车和飞机票系统的使用等。可以在全球最大的互联网络——Internet 上进行浏览、检索信息、收发 E-mail、阅读书报、玩网络游戏、选购商品、参与众多问题的讨论、实现远程医疗服务等。

项目2
掌握计算机系统的组成

计算机系统组成

项目描述

在对计算机有了一个基本的认识后，下面就开始具体了解计算机是由哪些部件组成的，以及它是怎么工作的。计算机是怎么构成的呢？它为什么能给我们的生活带来如此大的改变呢？这就要从计算机的系统组成说起。

项目分析

计算机系统由两大部分组成，一个是硬件系统，一个是软件系统。硬件系统是组成计算机的电子元件，就是我们所说的“裸机”，而软件系统包括操作系统、语言和所有的应用程序。

相关知识

1. 计算机的工作原理

计算机的基本工作原理可以概括为存取程序和程序控制。存取程序是指将事先编好的程序和处理中所需要的数据通过输入/输出设备输入到内存储器中。程序控制是指从内存储器中逐条读取程序中的指令，执行每条指令相对应的操作，并将结果送回至存储器中。

2. 计算机之父

冯·诺依曼是20世纪最重要的数学家之一，是在现代计算机、博弈论、核武器和生化武器等诸多领域内有杰出建树的最伟大的科学全才之一，被后人称为“计算机之父”，如图1-19所示。

图1-19　冯·诺依曼和ENIAC

ENIAC是世界上第一台电子计算机，1946年2月14日在费城开始运行。ENIAC证明电子真空技术可以大大地提高计算技术，不过ENIAC本身存在两大缺点：① 没有存储器；② 它用布线接板进行控制，有时甚至要搭接几天，计算速度也就被这一工作抵消了。ENIAC研制组的莫克利和埃克特显然是感到了这一点，他们也想尽快着手研制另一台计算机，以便改进。

冯·诺依曼由ENIAC研制组的戈尔德斯廷中尉介绍参加ENIAC研制小组后，便带领这批富有创新精神的年轻科技人员，向着更高的目标进军。1945 年，他们在共同讨论的基础上，发表了一个全新的“存储程序通用电子计算机方案”——EDVAC（Electronic Discrete Variable Automatic Computer）。在这一过程中，冯·诺依曼显示出他雄厚的数理基础知识，充分发挥了他的顾问作用、探索问题和综合分析的能力。

EDVAC 方案明确了新机器由 5 个部分组成：运算器、逻辑控制装置、存储器、输入和输出设备，并描述了这 5 部分的职能和相互关系。EDVAC 还有两个非常重大的改进：① 采用了二进制，不但数据采用二进制，指令也采用二进制；② 建立了存储程序，指令和数据便可一起放在存储器里，并做同样处理，简化了计算机的结构，大大提高了计算机的速度。

1946 年 7 月到 8 月间，冯·诺依曼和戈尔德斯廷、勃克斯在 EDVAC 方案的基础上，为普林斯顿大学高级研究所研制 IAS 计算机时，又提出了一个更加完善的设计报告——《电子计算机逻辑设计初探》。以上两份既有理论又有具体设计的文件，首次在全世界掀起了一股“计算机热”，它们的综合设计思想，便是著名的“冯·诺依曼机”，其中心就是存储程序原则——指令和数据一起存储。这个概念被誉为“计算机发展史上的一个里程碑”。它标志着电子计算机时代的真正开始，指导着以后的计算机设计。

项目实现

本项目将详细向大家介绍计算机系统的组成。

1. 计算机系统的组成

计算机系统是由硬件系统和软件系统两大部分组成的。

硬件是指构成计算机的物质实体，如主机、显示器、键盘、鼠标等。软件指程序及相关程序的技术文档资料，是用户与硬件之间的接口界面。软件是用来指挥计算机具体工作的程序和数据，是整个计算机的灵魂。

硬件是肉眼看得见的机器部件，通常所看到的计算机会有一个机箱，里面是各式各样的电子元件，还有键盘、鼠标、显示器、打印机等，它们是计算机工作的物质基础。不同种类的计算机，都可以将其硬件划分为功能相近的几大部分。

软件是程序及有关文档的总称。程序是由一系列指令组成的，每条指令都能指挥计算机完成特定的任务，把执行结果按照某种格式输出。

计算机在系统里是一个整体，既包括硬件又包括软件，二者缺一不可。计算机在没有软件支持之前称作“裸机”，裸机是无法进行任何任务处理的。反之，如果没有硬件支持，单靠软件本身也无法发挥作用。计算机系统的组成如图 1-20 所示。

2. 计算机的硬件系统

硬件是指计算机系统中由电子、机械和光电原件等组成的各种计算机部件和计算机设备。这些部件和设备依据计算机系统机构的要求，构成一个有机整体，称为计算机硬件系统。半个世纪以来，计算机虽然在性能上有了很大发展，但它的硬件基本构成与第一台计算机大同小异，都是由运算器、控制器、存储器、输入设备和输出设备五大部分组成的，如图 1-21 所示。

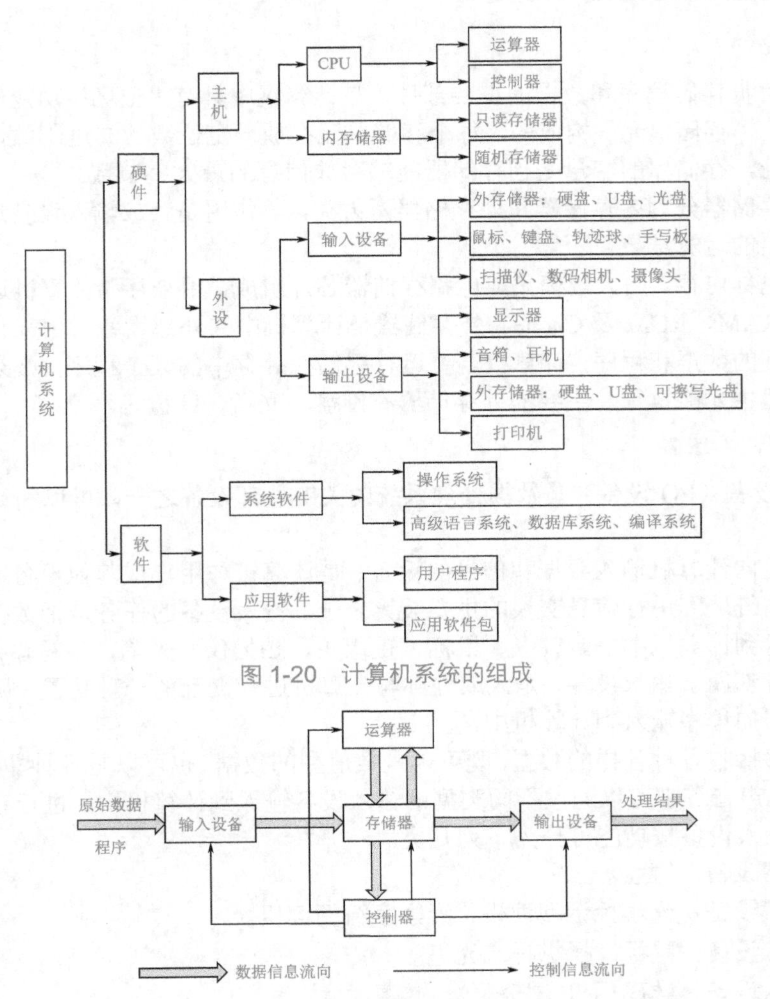

图 1-20　计算机系统的组成

图 1-21　计算机的硬件系统

（1）运算器

运算器是对数据信息进行加工和处理的部件，主要由算术逻辑运算单元和寄存器组两部分构成，它的速度决定了计算机的运算速度。它能够完成各种算术运算（如加、减、乘、除）和逻辑运算（如逻辑与、或、非等）及其他操作（如取数、存数、移位等）。

在运算过程中，运算器不断得到由存储器提供的数据，运算后又把结果送回存储器保存起来。整个运算过程是在控制器统一指挥下，按程序中编排的操作顺序进行的。

（2）控制器

控制器是整个计算机系统的控制中心，它指挥计算机各部分协调工作，保证计算机按照预先规定的目标和步骤有条不紊地进行操作及处理。它主要由指令寄存器、指令译码器、指令计数器以及其他一些电路组成。控制器根据用户以程序方式下达的任务，按时间顺序从存储器中取出指令，并对指令代码进行翻译，然后向各部件发出相应的命令，使指令规定的操作得以执行。

通常，运算器和控制器集成在一块芯片上，构成中央处理器（CPU）。可以说，CPU 是计算机的核心和关键，计算机的性能主要取决于 CPU。

(3) 存储器

存储器是负责存储程序和数据的重要部件，是计算机中具有“记忆”功能的部件。存储器是由成千上万个“存储单元”构成的，每个存储单元存放一定位数的二进制数，每个存储单元都有唯一的地址，存储器的容量是指存储器能够存放信息的最大字节数。

计算机的存储器分为内存储器和外存储器两大类，其作用是存放输入设备送来的数据、程序及运算器送出的运算结果。

内存储器也称内存，由大规模集成电路存储器芯片组成，用来存储计算机运行中的各种数据，常见的有 RAM、ROM 及 Cache。外存储器是计算机中的外部设备，用来存放大量暂时不参加运算或处理的数据和程序，计算机若要运行存储在外存中的某个程序，必须将它从外存储器读到内存储器中才能执行。主要的外存储器有硬盘、光盘、U 盘等。

(4) 输入/输出设备

输入/输出设备（I/O 设备）是数据处理系统的关键外部设备之一，可以和计算机本体进行交互使用。

输入设备是向计算机输入数据和信息的设备，是计算机与用户或其他设备通信的桥梁，是用户和计算机系统之间进行信息交换的主要装置之一。输入设备的任务是把数据、指令及某些标志信息等输送到计算机中去。键盘、鼠标、摄像头、扫描仪、光笔、手写输入板、游戏杆、语音输入装置等都属于输入设备，是人或外部与计算机进行交互的一种装置，用于把原始数据和处理这些数据的程序输入到计算机中。

计算机能够接收各种各样的数据，既可以是数值型的数据，也可以是各种非数值型的数据，如图形、图像、声音等都可以通过不同类型的输入设备输入到计算机中，进行存储、处理和输出。计算机的输入设备按功能可分为下列几类。

- 字符输入设备：键盘。
- 光学阅读设备：光学标记阅读机、光学字符阅读机。
- 图形输入设备：鼠标、操纵杆、光笔。
- 图像输入设备：数码相机、扫描仪、传真机。
- 模拟输入设备：语言模数转换识别系统（如光电纸带输入器、卡片输入器、光学字符读出器、磁带输入装备、汉字输入装备、鼠标等），将数据、程序和控制信息送入计算机内。

输出设备是把计算或处理的结果或中间结果以人能识别的各种形式，如数字、符号、字母等表示出来。因此，输入/输出设备起到了人与机器之间进行联系的作用。常见的输出设备有显示器、打印机、绘图仪、影像输出系统、语音输出系统、磁记录设备等。

显示器是计算机必不可少的一种图文输出设备，它的作用是将数字信号转换为光信号，使文字与图形在屏幕上显示出来。打印机也是 PC 上的一种主要输出设备，它把程序、数据、字符图形打印在纸上。

控制台打字机、光笔、显示器等既可作输入设备，也可作输出设备。

输入/输出设备（I/O）起着人和计算机、设备和计算机、计算机和计算机的联系作用。

(5) 接口

接口是 CPU（或主机）与外部设备交换信息的部件，起“桥梁”的作用。

3. 计算机的软件系统

计算机的各种程序和文档称为计算机的软件。软件是计算机的灵魂，计算机功能的强弱不仅取决于硬件系统的配置，也取决于所配的软件情况。计算机软件一般分为两大类：系统软件和应用软件。

（1）系统软件

系统软件是计算机软件中的重要部分，它是管理和控制计算机软硬件资源，方便用户使用计算机的一组程序的集合。系统软件主要包括以下几类。

- 操作系统，如 UNIX、Windows、Linux 等。
- 程序设计语言，包括机器语言、汇编语言、高级语言、智能语言。
- 数据库管理系统，如 Access、SQL Server、Oracle 等。
- 系统服务程序，如编辑程序、调试程序、装配和连接程序、测试程序等。

操作系统是对计算机系统中所有硬件与软件资源进行统一管理、调度及分配的核心软件。操作系统为用户提供一个使用计算机的工作环境，是用户与计算机的接口，是最基本的系统软件。

（2）应用软件

应用软件是为解决某些具体问题而开发的各种应用程序，如财务管理软件、图书管理软件、绘图软件等。

常用的应用软件如下。

- 文字处理软件，如 Office、WPS 等。
- 互联网软件，如 QQ、IE、迅雷等。
- 多媒体软件，如暴风影音、绘声绘影等。
- 分析软件，如 SPSS、SAS 等。
- 协作软件，如 Teambition、Worktile 等。
- 商务软件，如会计用友、金蝶等。

应用软件多种多样，非常丰富，熟练应用一些软件会极大地提高工作效率。

项目3 计算机病毒与防治

计算机病毒与防治

项目描述

当我们买来一台计算机后先不要急着上网浏览五花八门的信息，网上的信息虽然很精彩，但也往往存在很多陷阱，那就是木马等病毒，感染了木马等病毒的计算机不仅卡、慢，甚至系统崩溃，还可能导致重要信息丢失及个人信息泄露，最终使我们的信息和财产受损。如何使我们的计算机免于木马等病毒的入侵呢？

项目分析

通过对计算机病毒相关知识的了解，使大家掌握计算机病毒的概念、类型及常见症状，学会计算机病毒的防治方法，使我们能安全地使用计算机。

相关知识

1. 什么是计算机病毒

计算机病毒是一种具有强破坏性和感染力的计算机程序。这种程序和其他程序不同，当它进入正常工作的计算机以后，会搞乱或者破坏已有的信息。由于它具有再生的能力，会自动进入有关的程序进行自我复制，打乱正在运行的程序，破坏程序的正常运行。这种程序由于像病毒一样可以自我繁殖，因此被称为“计算机病毒”。

2. 计算机病毒的各类

计算机病毒的种类很多，分类方法也很多，按其表现可分为良性病毒和恶性病毒两种。良性病毒的危害比较小，它一般只干扰屏幕，如国内出现的“圆点”病毒就是如此；恶性病毒的危害性很大，它会毁坏数据或文件，也可以使程序停止运行并造成网络瘫痪，如“大麻”病毒、“耶路撒冷”病毒和“蠕虫”病毒就属于这一类，这类病毒发作后，会给用户造成不可挽回的损失。

按工作机理分，可以把病毒分为以下几种。

（1）引导区病毒

引导区病毒也叫初始化病毒，它把自己附属在磁盘的引导区部分，当计算机系统被引导时，病毒取得系统控制权，驻留内存，在所有时间里对系统进行控制。例如，截获所有系统中断，监视系统的活动，寻找任何读、写和格式化等操作。因此，对于利用计算机上网的人们来说，最糟糕的事就是一个病毒驻留在计算机的主引导区内，每当启动计算机时病毒也被启动。这就意味着当引导信息被装入时，病毒就会感染硬盘上的所有文件。多数情况下，用户必须用其他设备启动，如 CD-ROM 等，以便跳过对病毒的启动。然而，最坏的情况是，病毒识别出反病毒程序并在用户启动这些程序前删除它们。

（2）文件型病毒

文件型病毒通常是指可执行文件病毒，这类病毒通过感染可执行文件起作用，一旦病毒启动，它把自己和所有启动的可执行文件连接在一起，通常是在程序后端加上病毒代码。当受感染文件执行时，病毒自身也执行，并开始恶性循环。一个可执行病毒从它运行到用户关机会一直驻留在内存中，即使用户退出已感染程序也会如此。例如，病毒感染了 Word 程序，则所有在 Word 程序之后运行的应用也会被感染，这样病毒会散布到整个系统。“耶路撒冷”病毒和“维也纳”病毒即属于文件型病毒。

（3）入侵型病毒

入侵型病毒将自身或其变种黏附到现有宿主程序体的中间，而不是宿主程序体的头部或尾部，并对宿主程序进行修改。它能在没有干预的情况下，在宿主程序中找到恰当的位置将自己插入。对这种病毒的检测和消除都比较困难。

（4）外壳型病毒

外壳型病毒将自己的复制品或其变种包围在宿主程序的头部或尾部，可以对原来的程序不

做任何修改。在运行宿主程序时，该病毒首先进入内存，有半数以上的外壳病毒就是以这种方式进行传播的，如“黑色星期五”病毒。

3．计算机病毒的常见症状

计算机病毒类似于生物病毒，它能把自身依附在文件上或寄生在存储媒体里，能对计算机系统进行各种破坏。同时，病毒有独特的复制能力，能够自我复制，具有传染性，可以很快地传播蔓延。当文件被复制或在网络中从一个用户传送到另一个用户时，它们就随同文件一起蔓延开来，但又常常难以根除。与生物病毒不同的是，几乎所有的计算机病毒都是人为地制造出来的，是一段可执行的代码，是一个程序。

计算机感染病毒后的常见症状有：

① 计算机系统运行速度减慢；
② 计算机系统经常无故发生死机；
③ 计算机系统中的文件长度发生变化；
④ 计算机的存储容量异常减少；
⑤ 系统引导速度减慢；
⑥ 丢失文件或文件损坏；
⑦ 计算机屏幕上出现异常显示；
⑧ 系统不识别硬盘；
⑨ 键盘输入异常；
⑩ 文件的日期、时间、属性等发生变化；
⑪ 文件无法正确读取、复制或打开；
⑫ Windows 操作系统无故频繁出现错误；
⑬ 系统异常重新启动；
⑭ 不应驻留内存的程序驻留内存。

项目实现

本项目将介绍计算机病毒的防治方法。

计算机病毒的防治要从防毒、查毒、解毒 3 个方面进行。

1．防毒

根据系统的特性和网络的性能要求，采取相应的系统安全措施预防病毒侵入计算机。

2．查毒

利用病毒软件在指定的环境里进行病毒的排查，该环境包括内存、文件、引导区（含主导区）和网络等，且查毒能够准确地报出病毒名称。

3．解毒

利用病毒软件根据不同类型病毒对感染对象的修改，并按照病毒的感染特性所进行的恢复。该恢复过程不能破坏未被病毒修改的内容。感染对象包括：内存、引导区（含主引导区）、可执行文件、文档文件和网络等。

随着因特网和企业 Intranet 直接相连，要保护的不再仅仅是单机，而是把网络作为一个整体来保护，因此只在一台计算机上安装防病毒软件是不够的，需要一种不仅适用于单机，而且也适用于计算机网络的杀毒软件。

目前国内常见的杀毒软件品牌有奇虎 360、瑞星、金山、卡巴斯基等，其产品 Logo 如图 1-22 所示。

360 杀毒 Logo

瑞星杀毒 Logo

金山毒霸 Logo

卡巴斯基 Logo

图 1-22　常见杀毒软件的 Logo

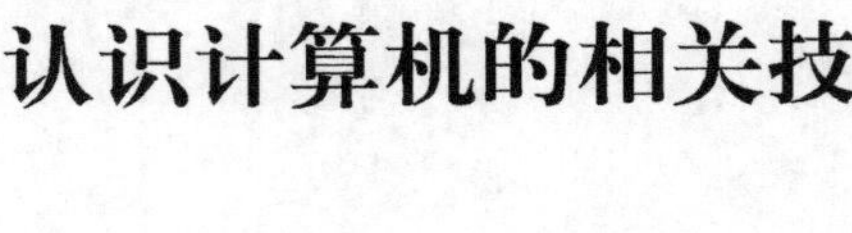

项目 4 认识计算机的相关技术

项目描述

计算机单纯的计算研究满足不了人们的需求，计算机技术面临着一系列新的重大变革。冯·诺伊曼体制的简单硬件与专门逻辑已不能适应软件日趋复杂、课题日益繁杂庞大的趋势，要求创造服从于软件需要和课题自然逻辑的新体制。并行、联想、专用功能化以及硬件、固件、软件相复合，是新体制的重要实现方法。计算机将由信息处理、数据处理过渡到知识处理，知识库将取代数据库。自然语言、模式、图像、手写体等进行人-机会话将是输入/输出的主要形式，使人-机关系达到高级的程度。

项目分析

通过对计算机相关技术的了解，使大家对计算机技术有一个全面的了解，并熟知计算机发展趋势，认识计算机发展的新知识、新技术、新名词。

相关知识

1. 大数据

大数据，指无法在一定时间范围内用常规软件工具进行捕捉、管理和处理的数据集合，是需要新处理模式才能具有更强的决策力、洞察发现力和流程优化能力的海量、高增长率和多样

化的信息资产。

在维克托·迈尔·舍恩伯格及肯尼斯·库克耶编写的《大数据时代》中，大数据指不用随机分析法（抽样调查）这种捷径，而采用所有数据进行分析处理。大数据具有5V特点（IBM提出）：Volume（大量）、Velocity（高速）、Variety（多样）、Value（低价值密度）、Veracity（真实性）。

大数据技术的战略意义不在于掌握庞大的数据信息，而在于对这些含有意义的数据进行专业化处理。换而言之，如果把大数据比作一种产业，那么这种产业实现盈利的关键，在于提高对数据的“加工能力”，通过“加工”实现数据的“增值”。

从技术上看，大数据与云计算的关系就像一枚硬币的正反面一样密不可分。大数据必然无法用单台的计算机进行处理，必须采用分布式架构。它的特色在于对海量数据进行分布式数据挖掘。但它必须依托云计算的分布式处理、分布式数据库和云存储、虚拟化技术。

随着云时代的来临，大数据也吸引了人们越来越多的关注。分析师团队认为，大数据通常用来形容一个公司创造的大量非结构化数据和半结构化数据，这些数据在下载到关系型数据库用于分析时会花费过多时间和金钱。大数据分析常和云计算联系到一起，因为实时的大型数据集分析需要像MapReduce一样的框架来向数十、数百甚至数千台计算机分配工作。

大数据需要特殊的技术，以有效地处理大量的容忍经过时间内的数据。适用于大数据的技术包括大规模并行处理数据库、数据挖掘、分布式文件系统、分布式数据库、云计算平台、互联网和可以扩展的存储系统。

2．云计算

云计算是基于互联网的相关服务的增加、使用和交付模式，通常涉及通过互联网来提供动态易扩展且经常是虚拟化的资源。云是网络、互联网的一种比喻说法。过去在图中往往用云来表示电信网，后来也用来表示互联网和底层基础设施的抽象。因此，云计算甚至可以让你体验每秒10万亿次的运算能力，拥有这么强大的计算能力可以模拟核爆炸、预测气候变化和市场发展趋势。用户通过计算机、手机等方式接入数据中心，按自己的需求进行运算。

对云计算的定义有多种说法。对于到底什么是云计算，至少可以找到100种解释。现阶段广为接受的是美国国家标准与技术研究院的定义：云计算是一种按使用量付费的模式，这种模式提供可用的、便捷的、按需的网络访问，进入可配置的计算资源共享池（资源包括网络、服务器、存储、应用软件、服务），这些资源能够被快速提供，只须投入很少的管理工作，或与服务供应商进行很少的交互。

云计算是分布式计算、并行计算、效用计算、网络存储、虚拟化、负载均衡、热备份冗余等传统计算机和网络技术发展融合的产物。

云计算使计算分布在大量的分布式计算机上，而非本地计算机或远程服务器中，企业数据中心的运行将与互联网更相似。这使得企业能够将资源切换到需要的应用上，根据需求访问计算机和存储系统。

这好比是从古老的单台发电机模式转向了电厂集中供电的模式。它意味着计算能力也可以作为一种商品进行流通，就像煤气、水电一样，取用方便，费用低廉。最大的不同在于，它是通过互联网进行传输的。

3．物联网

物联网是新一代信息技术的重要组成部分，也是“信息化”时代的重要发展阶段。其英文名称是 Internet of Things（IoT）。顾名思义，物联网就是物与物相连的互联网。这有两层意思：其一，物联网的核心和基础仍然是互联网，是在互联网基础上的延伸和扩展的网络；其二，其用户端延伸和扩展到了任何物品与物品之间，进行信息交换和通信，也就是“物物相息”。物联网通过智能感知、识别技术与普适计算等通信感知技术，广泛应用于网络的融合中，也因此被称为继计算机、互联网之后世界信息产业发展的第三次浪潮。物联网是互联网的应用拓展，与其说物联网是网络，不如说物联网是业务和应用。因此，应用创新是物联网发展的核心，以用户体验为核心的创新 2.0 是物联网发展的灵魂。

4. 人工智能

人工智能（AI）是研究、开发用于模拟、延伸和扩展人的智能的理论、方法、技术及应用系统的一门新的技术科学。人工智能是计算机科学的一个分支，它企图了解智能的实质，并生产出一种新的能以人类智能相似的方式做出反应的智能机器。该领域的研究包括机器人、语言识别、图像识别、自然语言处理和专家系统等。人工智能从诞生以来，理论和技术日益成熟，应用领域也不断扩大，可以设想，未来人工智能带来的科技产品，将会是人类智慧的“容器”，如图1-23 所示。

图 1-23　人工智能

人工智能是对人的意识、思维的信息过程的模拟。人工智能不是人的智能，但能像人那样思考，也可能超过人的智能。

人工智能是一门极富挑战性的科学，从事这项工作的人必须懂得计算机、心理学和哲学知识。人工智能是内涵十分广泛的科学，它由不同的领域组成，如机器学习、计算机视觉等。总体来说，人工智能研究的一个主要目标是使机器能够胜任一些通常需要人类智能才能完成的复杂工作。但不同的时代、不同的人对这种“复杂工作”的理解是不同的。

人工智能是研究使计算机来模拟人的某些思维过程和智能行为（如学习、推理、思考、规划等）的学科，主要包括计算机实现智能的原理、制造类似于人脑智能的计算机，使计算机能实现更高层次的应用。人工智能涉及计算机科学、心理学、哲学和语言学等学科，可以说几乎是自然科学和社会科学的所有学科，其范围已远远超出了计算机科学的范畴。人工智能与思维科学的关系是实践和理论的关系，人工智能处于思维科学的技术应用层次，是它的一个应用分支。从思维观点来看，人工智能不仅限于逻辑思维，还要考虑形象思维、灵感思维才能促进人工智能的突破性的发展。数学常被认为是多种学科的基础科学，数学也进入语言、思维领域。数学不仅在标准逻辑、模糊数学等范围发挥作用，它也进入人工智能学科，它们将互相促进而更快地发展。

项目实现

本项目将介绍计算机的一些相关技术应用。

1. 多媒体技术

多媒体技术是利用计算机对文本、图形、图像、声音、动画、视频等多种信息综合处理，

建立逻辑关系和人机交互作用的技术。

真正的多媒体技术所涉及的对象是计算机技术的产物，而其他的单纯事物，如电影、电视、音响等，均不属于多媒体技术的范畴。

在计算机行业里，媒体有两种含义：其一是指传播信息的载体，如语言、文字、图像、视频、音频等；其二是指存储信息的载体，如ROM、RAM、磁带、磁盘、光盘等，主要的载体有CD-ROM、VCD、网页等。多媒体是近几年出现的新生事物，正在飞速发展和完善之中。

图1-24 多媒体教学

多媒体技术中的媒体主要指前者，就是利用计算机把文字、图形、影像、动画、声音及视频等媒体信息都数位化，并将其整合在一定的交互式界面上，使计算机具有交互展示不同媒体形态的能力。它极大地改变了人们获取信息的传统方法，符合人们在信息时代的阅读方式。多媒体技术的发展改变了计算机的使用领域，使计算机由办公室、实验室中的专用品变成了信息社会的普通工具，广泛应用于工业生产管理、学校教育、公共信息咨询、商业广告、军事指挥与训练，甚至家庭生活与娱乐等领域，如图1-24所示。

2. 信息安全技术

信息安全是为数据处理系统建立和采取的技术和管理的安全保护，保护计算机硬件、软件数据不因偶然或者恶意的原因而遭到破坏、更改和泄露。随着计算机技术的飞速发展，计算机信息安全问题越来越受关注。信息安全技术主要包括以下几点。

（1）密码技术。

密码技术主要包括密码算法和密码协议的设计与分析技术，是指在获得一些技术或资源的条件下破解密码算法或密码协议的技术。密码分析可被密码设计者用于提高密码算法和协议的安全性，也可被恶意的攻击者利用。

（2）标识与认证技术。

在信息系统中出现的主体包括人、进程和系统等实体。从信息安全的角度看，需要对实体进行标识和身份鉴别，这类技术称为标识与认证技术，如口令技术、公钥认证技术、在线认证服务技术等。

（3）授权与访问控制技术。

在信息系统中，可授权的权限包括读/写文件、运行程序和访问网络等，实施和管理这些权限的技术称为授权技术。

（4）网络与系统攻击技术。

网络与系统攻击技术是指攻击者利用信息系统的弱点破坏或非授权地侵入网络和系统的技术，如口令攻击、拒绝服务攻击等。

（5）网络与系统安全防护与应急响应技术。

（6）安全审计与责任认定技术。

（7）主机系统安全技术。

操作系统需要保护所管理的软硬件、操作和资源等安全，数据库需要保护业务操作、数据存储等的安全，这些安全技术称为主机系统安全技术。

（8）网络系统安全技术。

在基于网络的分布式系统或应用中，信息需要在网络中传输，用户需要利用网络登录并执行操作，因此需要相应的信息安全措施，这些安全技术称为网络系统安全技术。

（9）恶意代码检测与防范技术。

（10）信息安全评测技术。

信息安全评测是指对信息安全产品或信息系统的安全性等进行验证、测试、评价和定级，以规范它们的安全特性。

（11）安全管理技术。

安全管理技术包括安全管理制度的制定、物理安全管理、系统与网络安全管理、信息安全等级保护及信息资产的风险管理等。

3．网络技术

网络技术是从20世纪90年代中期发展起来的新技术，它把互联网上分散的资源融为有机整体，实现资源的全面共享和有机协作，使人们能够透明地使用资源的整体能力并按需获取信息。资源包括高性能计算机、存储资源、数据资源、信息资源、知识资源、专家资源、大型数据库、网络、传感器等。当前的互联网只限于信息共享，网络则被认为是互联网发展的第三阶段。网络可以构造地区性的网络、企事业内部网络、局域网网络，甚至家庭网络和个人网络。网络的根本特征并不一定是它的规模，而是资源共享，消除资源孤岛。

单元小结1

本单元共完成3个项目，学完后应该有以下收获。

- 了解计算机的相关概念。
- 了解计算机的发展历史和特点。
- 了解计算机的分类和应用领域。
- 了解计算机的工作原理。
- 熟悉计算机软硬件系统的组成。
- 掌握计算机病毒的相关知识与防治方法。
- 了解计算机的相关新技术。

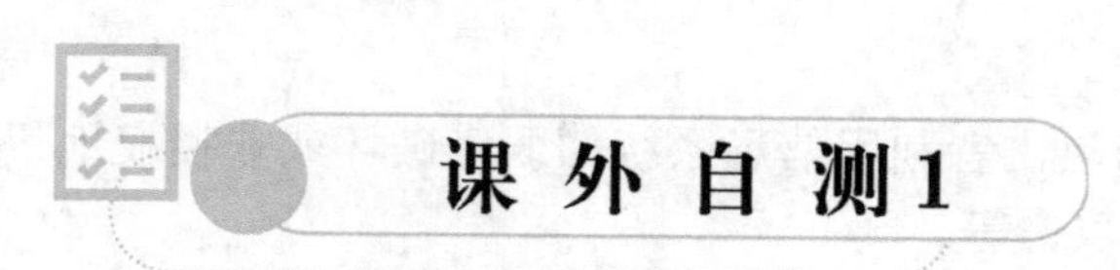

课外自测1

一、单选题

1．第4代计算机采用的主要电子元件是______。

A．电子管　　B．晶体管　　C．集成电路　　D．大规模集成电路

2．网络计算机不包括______。
A．服务器　B．客户机　C．工作站　D．交换机

3．计算机的应用领域不包括_________。
A．过程控制　B．计算机辅助设计　C．计算机维修　D．信息管理

4．计算机系统由_______和________组成
A．主机　B．硬件系统　C．软件系统　D．显示器

5．下列不属于输入/输出设备的是________。
A．显示器　B．鼠标　C．U 盘　D．打印机

6．下列属于系统软件的是______。
A．财务管理软件　B．MS Office　C．WPS　D．SQL Server

7．下列属于应用软件的是________。
A．Windows 2000　B．Oracle　C．IE　D．VC++

8．计算机技术不包括_________。
A．安装技术　B．多媒体技术　C．信息安全技术　D．网络技术

9．电子商务属于计算机_________的应用。
A．信息安全技术　B．网络技术　C．多媒体技术　D．云计算技术

10．计算机发展的趋势不包括__________。
A．云计算　B．物联网　C．软件应用　D．人工智能

二、实操题

1．认识计算机硬件并了解目前计算机价格行情。请到当地的电脑城配置一台适合大学生使用的台式计算机或笔记本电脑，并写明详细配置及价格清单，建议货比三家。

2．练习输入指法。请在本地计算机上安装好金山打字通软件，按照正确的指法要求练习键盘、英文、中文及特殊符号的输入，要求输入速度每分钟不低于 50 个汉字。

扩展阅读1

1．诺曼·麦克雷．天才的拓荒者——冯·诺依曼传[M]．范秀华，等译．上海：上海科技教育出版社，2008.

2．Charles Petzold.图灵的密码——他的生平、思想及论文解读[M]．杨卫东，等译.北京：人民邮电出版社，2012.

使用和管理计算机

操作系统是一种特殊的用于控制计算机的程序。它是计算机底层的系统软件，负责管理、调度、指挥计算机的软硬件资源使其协调工作，没有它，任何计算机都无法正常运行。它能够在用户和计算机硬件之间架起一座桥梁，一方面向用户提供友好的操作界面，另一方面向硬件提供管理复杂的各类设备的功能，使之能够有序、协作完成用户提交的作业任务。操作系统向下管理计算机硬件资源，向上面对用户提供友好接口，使得用户可以更为方便地操作计算机。例如，一个用户(也可以是程序)将一个文件存盘，操作系统就会开始工作：管理磁盘空间的分配，将要保存的信息由内存写到磁盘等。当用户要运行一个程序时，操作系统必须先将程序载入内存，当程序执行时，操作系统会让程序使用 CPU。

Windows 7 是由微软公司开发的，具有革命性变化的操作系统，是为 PC 开发的基于可视化窗口的多任务操作系统。该系统旨在让人们的日常计算机操作更加简单和快捷，为人们提供高效易行的工作环境。Windows 7 操作系统具有界面美观、系统性能稳定、快速流畅的特点，在视觉效果、窗口管理、任务栏管理、文件管理和快速访问应用程序方面具有强大的功能。

项目1
使用计算机

Windows 7 基本操作

设置任务栏和开始菜单

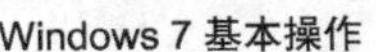

项目描述

小李在入学时拥有一台属于自己的计算机，但是对所装的 Windows 7 操作系统并不熟悉。为了能更快地熟练使用计算机，小李通过上网查找资料，学习 Windows 7 的新特性和功能，以便更好地管理自己的文件系统，高效地使用计算机上的各种资源，进行更好的人机交互。

项目分析

在安装完 Windows 7 系统之后，了解 Windows 7 的桌面，熟悉 Windows 7 的工作环境以及基本操作，通过设置个性化桌面，以及对任务栏和“开始”菜单的使用及鼠标键盘的操作，能够快速控制和掌握属于自己的计算机。

相关知识

1. Windows 7 简介

(1) Windows 7 的特点及功能

Windows 7 除了具有图形用户界面操作系统的多任务、即插即用、多用账户等特点外，还比以往版本拥有更友好的窗口设计、更方便快捷的操作环境。Windows 7 在提高用户的个性化、计算机的安全性、视听娱乐的优化、设置家庭及办公网络方面都有很大改进，这些技术可使计算机的运行更加有效率而且更加可靠。

(2) Windows 7 的运行环境

Windows 7 操作系统对中央处理器、内存容量、硬盘、显卡等设备的最低 PC 硬件配置指标如下。

中央处理器：1.6GHz 及以上，推荐 2.0GHz 及以上。

内存容量：256MB 及以上，推荐 1GB 以上，旗舰版的内存在开机时就达到 800MB，若想正常并流畅运行它，建议安装 2GB 以上的内存。

硬盘容量：12GB 以上可用空间。

显卡：集成显卡 64MB 以上。

以上配置只是可运行 Windows 7 操作系统的最低指标，更高的指标可以明显提高运行性能。

2. 系统的启动和退出

(1) 启动 Windows 7 系统

打开显示器和主机电源，按下计算机上的“开机”键，等待屏幕出现自启动内容表示开机成功。

稍后会看到“欢迎”屏幕出现，此时屏幕上会显示用户建立的账户，单击用户图标进入系统，若有密码则输入密码后单击“登录”按钮进入 Windows 7 操作系统界面，如图 2-1 所示。

图 2-1 Windows 7 系统界面

(2) 退出 Window 7 系统

单击“开始”按钮，在打开的“开始”菜单中选择“关机”命令即可关闭计算机，退出 Windows 7 操作系统。

或者按 Alt+F4 组合键，选择“关机”选项，单击“确定”按钮，如图 2-2 所示。

图 2-2 按 Alt+F4 组合键关机

专家点睛

Windows 7 操作系统为用户提供了 3 种方式来关闭计算机。

① “关机”：保存用户更改的所有设置，并将当前内存中的信息保存到硬盘中，然后关闭计算机电源。

② “待机”：将当前处于运行状态的数据保存在内存中，只对内存供电，下次唤醒时文档和应用程序还像离开时那样打开着，使用户能够快速开始工作。但是，如果待机过程中发生意外断电，所有未保存的工作将全部丢失。

③ “重新启动”：保存用户更改的Windows设置，并将当前内存中的信息保存在硬盘中，关闭计算机后重新启动。

3．Windows 7 桌面

启动后的Windows 7的工作界面即桌面，其组成如图2-3所示。

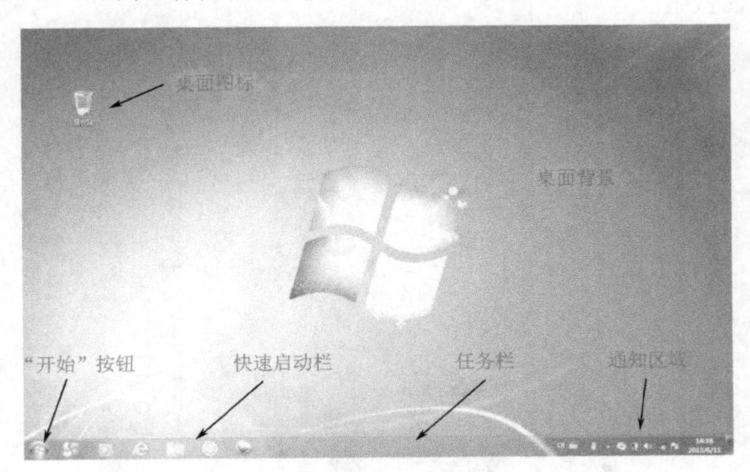

图2-3 Windows 7桌面的组成

Windows 7 桌面主要由任务栏、通知区域、“开始”按钮、桌面背景、桌面图标组成。其中桌面背景可以根据自己的喜好进行更改，也可以根据需要添加或删除桌面图标。

桌面图标：图标是代表文件、文件夹、程序和其他项目的小图片，如“计算机”图标、“用户文件夹”图标、“控制面板”图标、“回收站”图标等。

（1）向桌面上添加快捷方式

找到要为其创建快捷方式的项目，右击该项目，在弹出的快捷菜单中选择“发送到”→“桌面快捷”命令，在桌面上便添加了该项目的快捷方式，如图2-4所示。

（2）添加或删除常用的桌面图标

常用的桌面图标包括计算机、个人文件夹、回收站、网络。添加或删除常用的桌面图标操作步骤如下。

图2-4 添加的快捷方式

- 右击桌面的空白区域，在弹出的快捷菜单中选择“个性化”命令，打开“个性化”窗口。
- 在左侧窗格中选择“更改桌面图标”选项，打开“桌面图标设置”对话框，如图2-5所示。
- 勾选想要添加到桌面的图标的复选框，或取消勾选要从桌面上删除的图标的复选框，单击“确定”按钮即可。

（3）调整桌面图标的大小

桌面图标的大小可以通过使用不同的视图进行调整，其操作步骤如下。

- 右击桌面的空白区域，在弹出的快捷菜单中选择“查看”命令。
- 在级联菜单中选择“大图标”“中等图标”或“小图标”等命令来调整不同视图。

“开始”按钮：位于桌面的左下角，单击该按钮会打开“开始”菜单，用户可以启动各种程序，打开文件夹或文档，或者进行“关机”“锁定”“睡眠”等操作。

任务栏：位于桌面的底部。从左至右依次为“开始”按钮、快速启动区、程序按钮区、通知区域和显示桌面按钮。

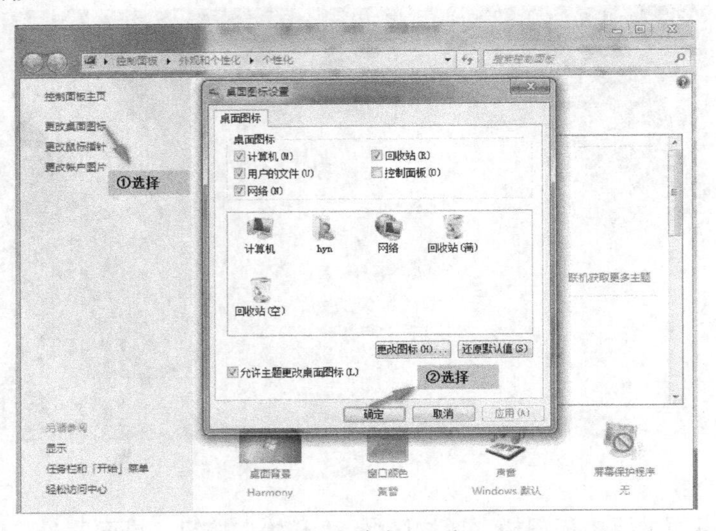

图 2-5　更改桌面图标

4．窗口的组成

Windows 7 每启动一个程序都会生成一个程序窗口，如图 2-6 所示，同时在任务栏上产生一个按钮，程序、窗口、任务栏按钮基本上是一一对应的。Windows 启动几个程序，桌面上就产生几个窗口，任务栏上也就增加几个按钮。Windows 窗口，包括标题栏、菜单栏、命令按钮、工作区、状态栏等。

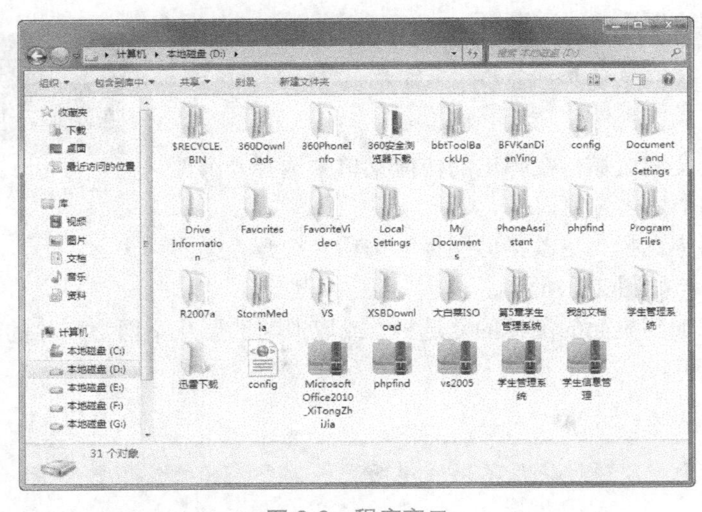

图 2-6　程序窗口

(1) 标题栏

顶边下面紧挨着的就是标题栏。标题栏的最左边是控制菜单图标，最右边是窗口控制按钮。

(2) 滚动条

当工作区中的内容不能在窗口中全部显示时，工作区会出现水平或垂直的滚动条或者二者皆有。可以拖动滚动条或者单击滚动条两端的滚动箭头，显示所有内容，也可以使用鼠标上的滚轮。

(3) 边框和角

决定窗口大小的四条边。可以用鼠标指针拖动这些边框和角以更改窗口的大小。

(4) 最大化/最小化/还原/关闭按钮

位于窗口的顶部，通过最右侧的3个按钮可以进行最小化、最大化、关闭窗口操作。

(5) 地址栏

显示了当前窗口所处的目录位置，即我们常说的“文件路径”，单击三角按钮。可以展开所要访问窗口的文件夹，单击层名称按钮，可以选择所要访问的窗口。

(6) 菜单栏

存放了当前窗口中的许多操作选项。一般菜单栏里包含了多个菜单项，分别单击其菜单项也可弹出下级菜单，从中选择操作命令。在菜单栏的下方，列出了一些当前窗口的常用操作按钮。

(7) 工作区

它是窗口最主要也是最大的区域，用于显示对象和操作结果。

(8) 导航窗格

位于窗口的左侧，是 Windows 系统提供的资源管理工具，我们可以用它查看计算机的所有资源。它由两部分组成，位于上方的是收藏夹链接，其下则是树状目录列表，折叠三角符号可折叠、隐藏，使我们能更清楚、更直观地认识计算机的文件和文件夹。另外，在“资源管理器”中还可以对文件进行各种操作，如复制、移动等。

5. 窗口的操作

(1) 打开窗口

双击要打开的程序图标，或者右击程序图标，在弹出的快捷菜单中选择“打开”命令，即可打开程序窗口。

(2) 关闭窗口

- 单击“关闭”按钮 x 。
- 按 Alt+F4 组合键。
- 右击标题栏，在弹出的快捷菜单中选择“关闭”命令。
- 在任务栏上展开要关闭的窗口列表，在列表中单击右侧的“关闭”按钮 x 。

(3) 调整窗口的大小

要改变窗口的尺寸，则需要将鼠标指针移到窗口的边框或角上，当鼠标指针变成双箭头时按住鼠标左键进行拖动，窗口大小即被改变。

(4) 移动窗口

当窗口的大小没有被设为最大化或最小化时，可以将鼠标指针放在标题栏处，然后按住鼠标左键拖动鼠标即可将窗口在桌面上移动。

(5) 切换窗口

- 打开“我的电脑”“我的文档”“网上邻居”，用鼠标切换：单击窗口的组成部分，在这3个窗口之间进行切换。
- 用键盘切换：按 Alt+Esc、Alt+Tab、Alt+Shift+Tab 组合键切换窗口。

项目实现

本项目将通过定制个性化桌面、设置任务栏和“开始”菜单、使用鼠标和键盘，来完成对计算机的基本操作。

1. 定制个性化桌面

计算机显示器的分辨率是其性能的重要指标，它代表整个区域内包含的像素数目，分辨率越高，像素数量就越多，可视面积就越大，显示效果就越好。

设置计算机显示器的分辨率为“推荐分辨率”，操作步骤如下。

- 右击桌面空白处，在弹出的快捷菜单中选择“屏幕分辨率”命令，打开“屏幕分辨率”窗口，如图 2-7 所示。

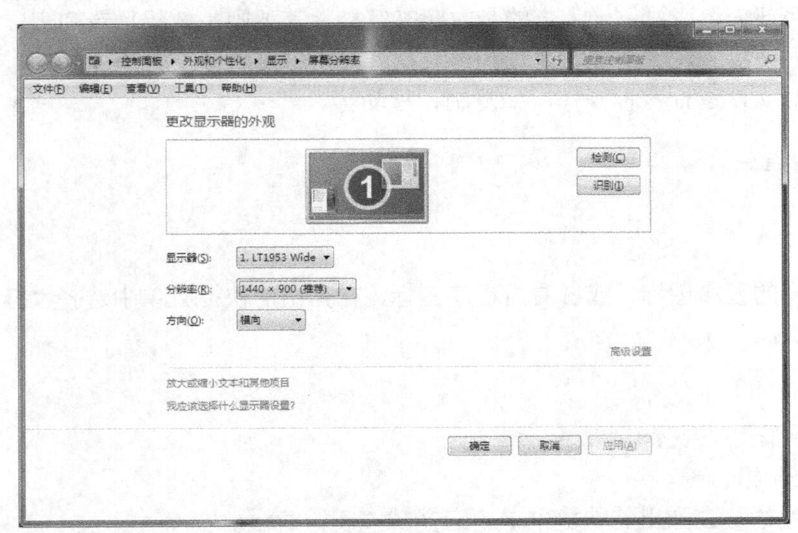

图 2-7 “屏幕分辨率”窗口

● 单击“分辨率”右侧的下拉按钮，选择合适的分辨率（推荐）。

● 单击“确定”按钮，关闭窗口，或单击“应用”按钮，不关闭窗口，完成操作。在这中间，会出现“是否要保留这些显示设置”的提示信息，单击“保留更改”按钮可确定新的分辨率。如果不想保留新设置的分辨率，单击“还原”按钮可恢复到设置前的分辨率，如图 2-8 所示。

图 2-8 “显示设置”对话框

桌面背景指的是桌面启动后，默认显示的背景图片。在 Windows 7 中，用户可以将其更改为指定的静态图片，或者指定为多张图片。

设置桌面背景为幻灯片放映的动态图片，操作步骤如下。

● 右击桌面空白处，在弹出的快捷菜单中选择“个性化”命令，打开“个性化”窗口，如图 2-9 所示。

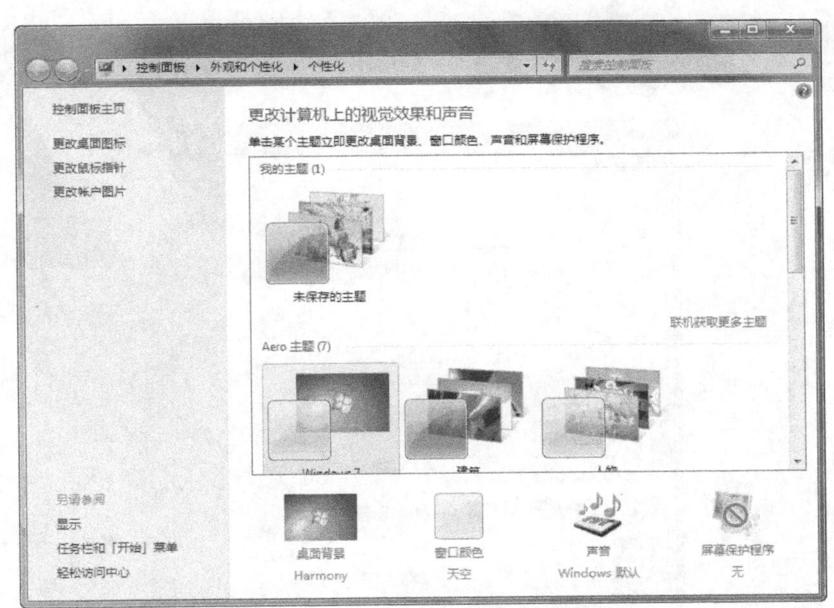

图 2-9 “个性化”窗口

● 选择“桌面背景”选项，打开“桌面背景”窗口，如图 2-10 所示。此时可以选择 Windows 自带的图片，也可浏览其他图片。选择 6 幅图片，设置图片位置为“填充”，图片间隔时间为“30 分钟”，勾选“无序播放”复选框。

图 2-10 “桌面背景”窗口

- 单击“保存修改”按钮，设置完成。

更改屏幕保护为“三维文字”，更改电源设置，操作步骤如下。

- 在“个性化”窗口中选择“屏幕保护程序”选项，打开“屏幕保护程序”设置对话框，如图 2-11 所示。

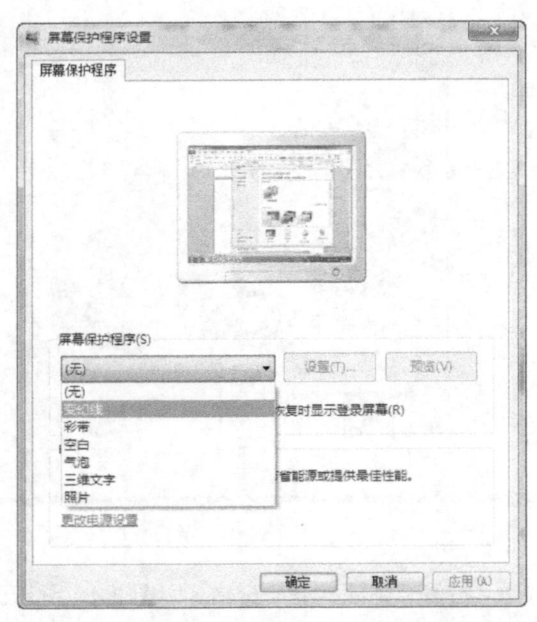

图 2-11 “屏幕保护程序设置”对话框

- 在“屏幕保护程序”下拉列表中选择“三维文字”选项，单击“应用”按钮，屏幕保护程序更改完毕。
- 在“屏幕保护程序设置”对话框中，单击下方的“更改电源设置”超链接，进入“更改

计划的设置：节能”界面，设置“关闭显示器”或“使计算机进入睡眠状态”的时间，如图 2-12 所示。

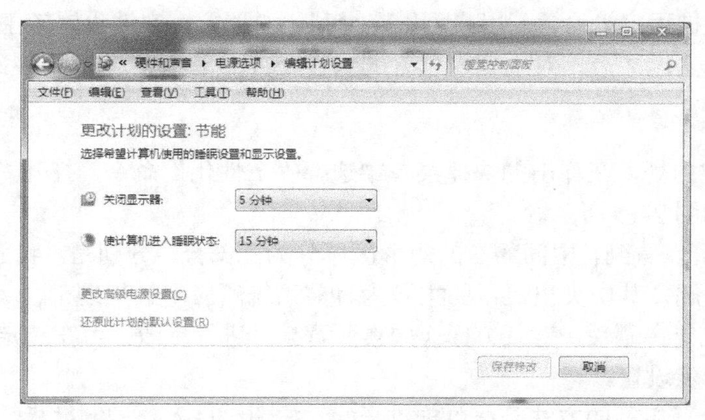

图 2-12　设置电源

对两个时间进行设置后，单击“保存修改”按钮，完成对关闭显示器和进入计算机休眠状态的时间设置。

专家点睛

Windows 7 操作系统为用户提供了 3 种方式来关闭计算机：关机、待机和重新启动。

以上操作可以通过以下方法完成，单击“开始”按钮，进入“控制面板”窗口，选择“硬件和声音”选项后，进入设置界面，在“电源选项”中进行设置。

更改计算机的图标，操作步骤如下。

- 在“个性化”窗口中选择“更改桌面图标”选项，打开“桌面图标设置”对话框，如图 2-13 所示。
- 单击“更改图标”按钮，打开“更改图标”对话框，选择需要的图表，如图 2-14 所示。

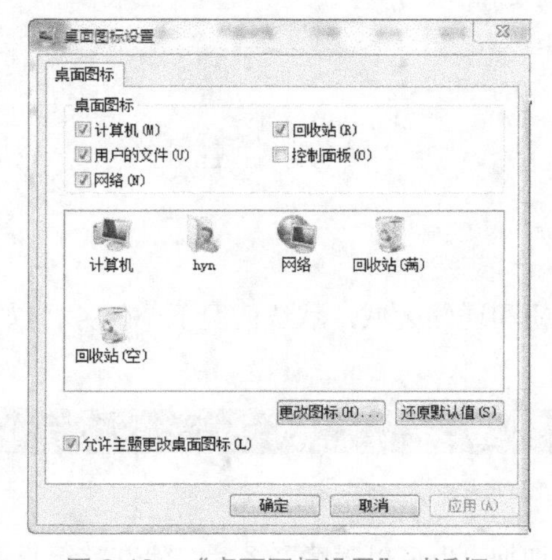

图 2-13　“桌面图标设置”对话框

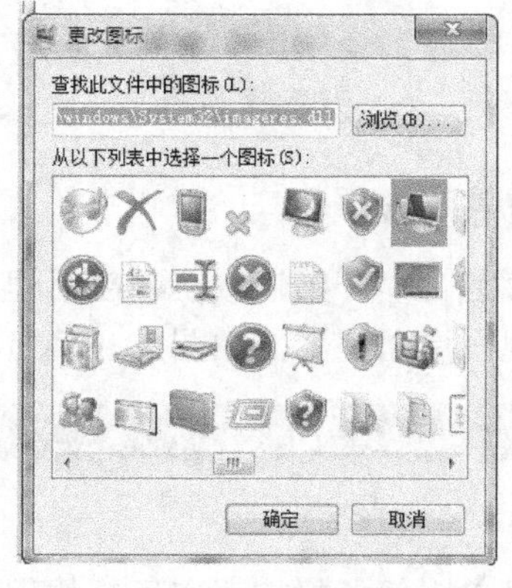

图 2-14　“更改图标”对话框

- 单击“确定”按钮，图表更改完成。

桌面主题是关于桌面的综合设置。在 Windows 7 系统中，一个主题包含桌面背景、窗口颜色、声音及屏幕保护程序等设置。用户可以选择某一主题，一次性设置该主题所涵盖的系统设置，也可以在选择主题之后，对主题内包含的这 4 个方面单独设置。

更改桌面主题，操作步骤如下。

- 右击桌面空白处，在弹出的快捷菜单中选择“个性化”命令，打开“个性化”窗口，选择指定的主题，如图 2-15 所示。
- 由图 2-15 可以看到，中间靠右的矩形区域分为三部分，分别是：我的主题、Aero 主题、基本和高对比度主题，其中突出显示的主题为目前系统所应用的主题。
- 如果想在选定主题后，对某方面（如桌面背景）进行更改，可在选定主题后，选择窗口下方的选项来进一步设置。
- 另外一种设置主题的方法是：单击“开始”按钮，进入“控制面板”窗口，选择“外观和个性化”选项组中的“更改主题”选项。

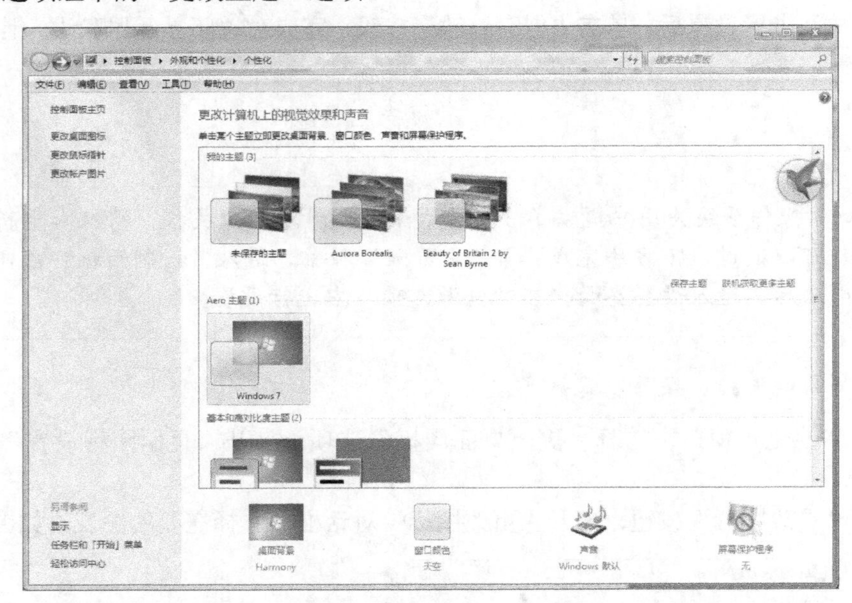

图 2-15 “个性化”窗口

2. 任务栏及“开始”菜单

(1) 任务栏的组成

任务栏包含“开始”按钮、应用程序按钮和通知区域，默认情况下，任务栏以“条形栏”的形式出现在桌面底部，如图 2-16 所示。

图 2-16 任务栏

可通过单击任务栏按钮在运行的程序间切换，也可以隐藏任务栏，将其移至桌面的两侧或

顶端。

● 快速启动栏：单击该工具栏中的图标均可以快速启动相应的应用程序。例如，单击“显示桌面”图标，即可把所有窗口都最小化，再单击一次还原窗口。

● 应用程序栏：该工具栏中存放了当前所有打开的窗口的最小化的图标，正在被操作的窗口的图标呈凹下状态。可以通过单击各图标实现各窗口的切换。

● 语言栏：该工具栏显示了当前使用的输入法。

● 通知区域：显示了一些应用程序的状态，如本地连接、杀毒软件、QQ等一些软件启动后，即可把程序图标放入通知区域。

调整任务栏的大小，操作步骤如下。

● 将鼠标指针放在任务栏空白处，右击，在弹出的快捷菜单中选择“属性”命令，打开“任务栏和「开始」菜单属性”对话框，如图2-17所示。

● 取消勾选“锁定任务栏”复选框，单击“确定”按钮，或者在任务栏空白处右击，取消勾选“锁定任务栏”复选框。

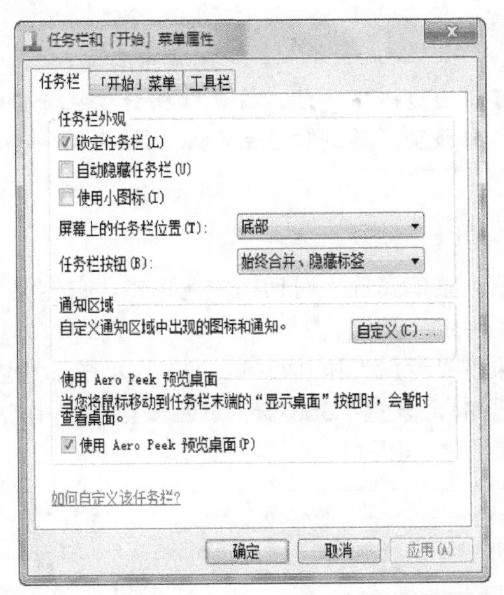

图2-17 “任务栏和「开始」菜单属性”对话框

● 将鼠标指针放在任务栏的边框上，向上或向下拖动鼠标调整大小，如图2-18所示。

图2-18 调整后的任务栏

调整任务栏的位置为右侧显示并自动隐藏，操作步骤如下。

● 在图2-19所示的“任务栏和「开始」菜单属性”对话框中，将“屏幕上的任务栏位置”设置为“右侧”，取消勾选“自动隐藏任务栏”复选框，如图2-19所示。

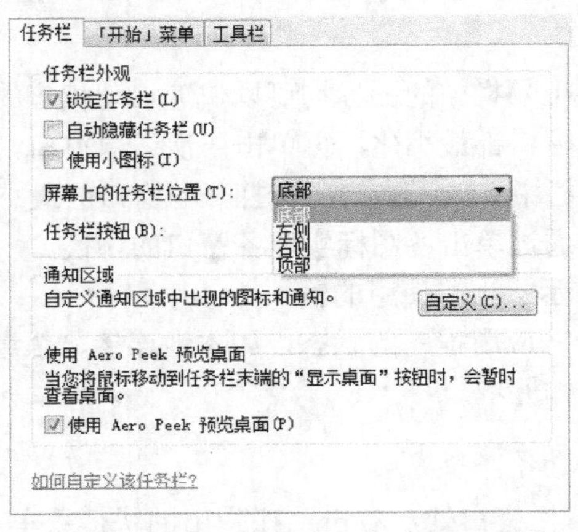

图 2-19 设置任务栏的位置

- 单击“确定”按钮，将任务栏移至屏幕右侧。

专家点睛

任务栏位置的调整也可以通过以下方法：将鼠标指针放在任务栏的空白处，按住鼠标左键不放拖动任务栏向屏幕的四周移动，移到位置后释放鼠标左键。

隐藏或显示通知区域的图标，操作步骤如下。

- 在“任务栏和「开始」菜单属性”对话框中，单击“自定义”按钮，取消勾选“自动隐藏任务栏”复选框，单击“确定”按钮。
- 在打开的对话框中设置“音量”和“网络”为“显示图标和通知”，设置“电源”和“操作中心”为“隐藏图标和通知”，设置“360 安全卫士安全防护中心模块”为“仅显示通知”，如图 2-20 所示。单击“确定”按钮即可。

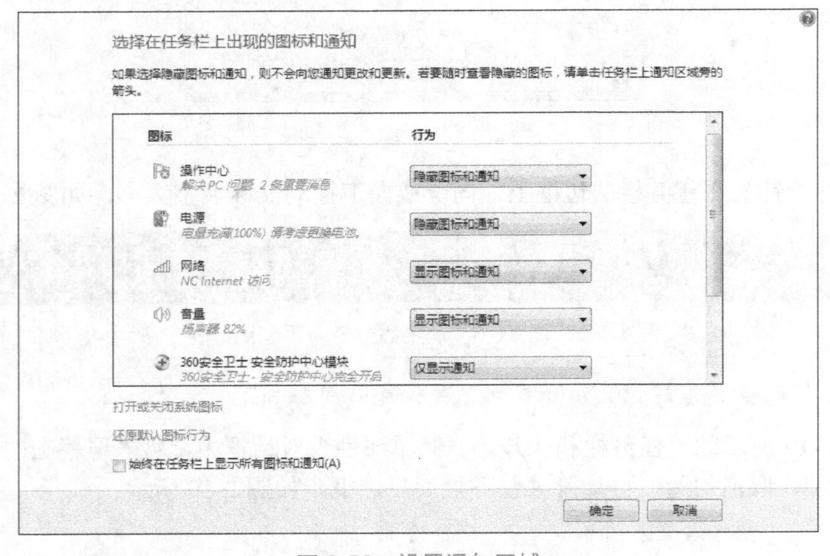

图 2-20 设置通知区域

专家点睛

显示图标和通知：在任务栏中一直显示。

隐藏图标和通知：在任务栏中一直隐藏。

仅显示通知：有系统通知或消息才在任务栏中显示。

（2）“开始”菜单的组成

“开始”菜单主要集中了用户可能用到的各种操作，如程序的快捷方式、常用的文件等，使用时只需单击即可，如图2-21所示。

“所有程序”中列出了一些当前用户经常使用的程序。选择“所有程序”命令，将显示比较全面的可执行程序列表。单击某个程序名，就会启动该程序。

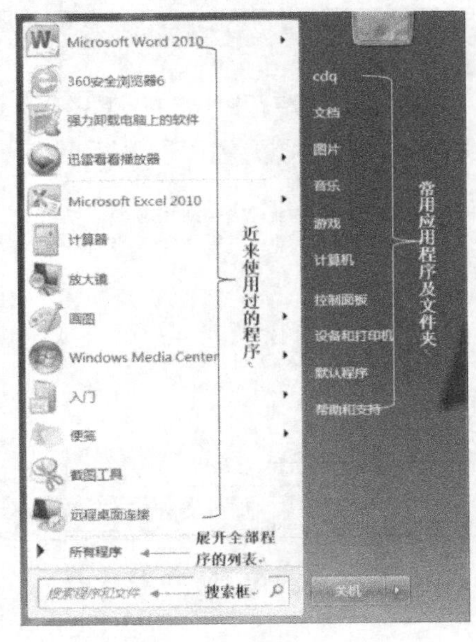

图2-21 “开始”菜单

设置“开始”菜单，操作步骤如下。

● 将“计算器”程序图标附到“开始”菜单。

单击“开始”按钮，打开“开始”菜单，右击“计算器”程序图标，在弹出的快捷菜单中选择“附到「开始」菜单”命令，如图2-22所示。或者直接将程序图标拖到“开始”菜单的左上角来锁定程序。

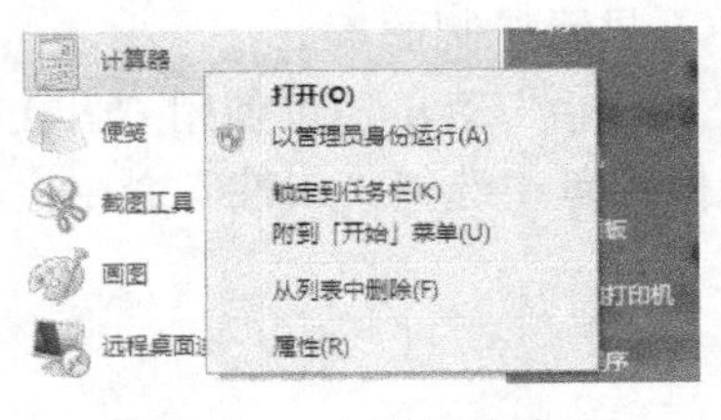

图2-22 右键快捷菜单

● 删除程序图标。

单击“开始”按钮，打开“开始”菜单，右击需要删除的程序图标，在弹出的快捷菜单中选择“从列表中删除”命令，如图 2-22 所示。

专家点睛

在“开始”菜单中删除的程序图标，不会将它从“所有程序”列表中删除，或是卸载此程序。

● 清除最近打开的文件和程序。

右击“开始”按钮，在弹出的快捷菜单中选择“属性”命令，打开“任务栏和「开始」菜单属性”对话框，选择“「开始」菜单”选项卡，取消勾选“存储并显示最近在「开始」菜单和任务栏中打开的项目”复选框，如图 2-23 所示。

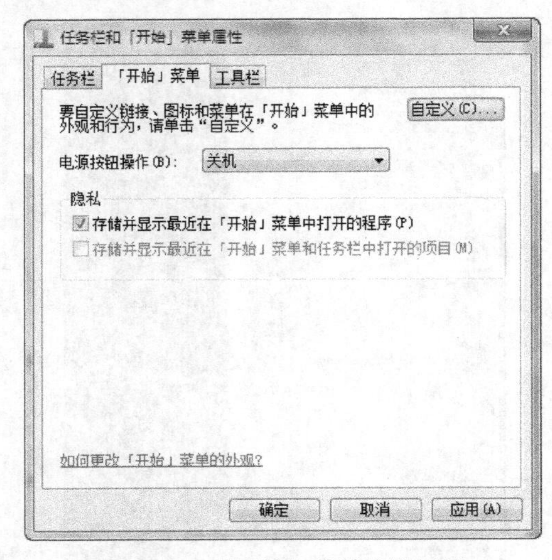

图 2-23 “开始”菜单隐私设置

专家点睛

随着时间的推移，“「开始」”菜单中的程序列表也会发生变化。出现这种情况有以下两种原因。

● 安装新程序时，新程序会添加到“所有程序”列表中。
● “开始”菜单会检测最常用的程序，并将其置于左侧窗格中以便快速访问。

● 在自定义“开始”菜单中不显示控制面板。

单击“开始”按钮即可打开“开始”菜单（可使用 Ctrl+Esc 组合键和 Windows 徽标键）。右击“开始”按钮，在弹出的快捷菜单中选择“属性”命令，打开“任务栏和「开始」菜单属性”对话框，如图 2-24 所示。

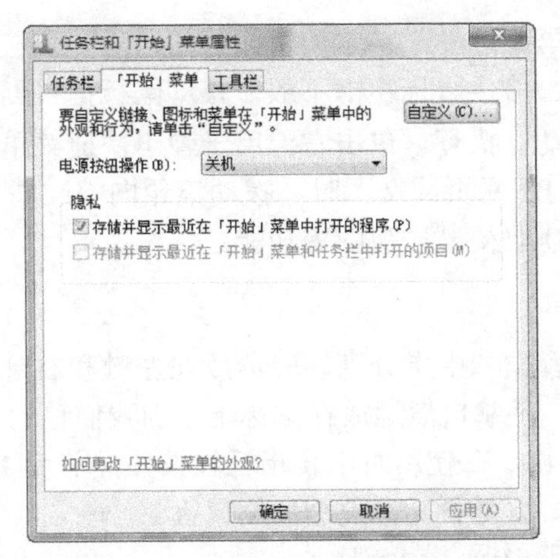

图 2-24　“任务栏和「开始」菜单属性”对话框

单击“自定义”按钮，打开“自定义「开始」菜单”对话框。在列表框的“控制面板”下选中“不显示此项目”单选按钮，单击“确定”按钮，如图 2-25 所示。

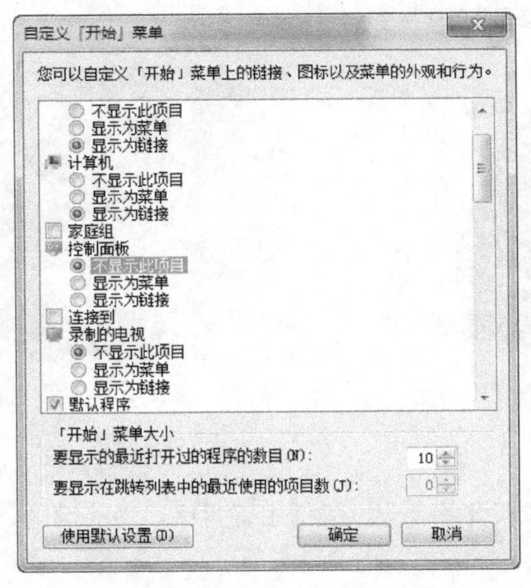

图 2-25　自定义“开始”菜单

3. 使用鼠标和键盘

鼠标和键盘是我们应用计算机的必要工具之一，只有学会了使用鼠标和键盘，才能更好地利用计算机为我们今后的学习和生活服务。

（1）鼠标的组成和功能

鼠标主要包括三部分：滚轮、左键、右键，如图 2-26 所示。

左键单击：按一下鼠标左键，立即释放，一般说到“鼠标单击”就是指单击鼠标左键。

右键单击：按一下鼠标右键，立即释放，又称右击。

左键双击：快速的连续两次单击鼠标左键，又称双击。

指向：移动鼠标指针到屏幕的一个特定位置或特定对象。

拖动：选定拖动的对象，按住鼠标左键不放，移动鼠标指针到目的地松开左键。

左键一般用于选定、拖动、执行。单击右键用于弹出快捷菜单。

滚轮的主要作用在浏览 IE 网页或文本时，拨动滚轮向前或向后进行浏览。也可实现图片翻帧、让屏幕自动滚动、快速取得最佳视图等功能。

（2）正确握鼠标的姿势

使用鼠标时，应把右手食指和中指分别轻轻地放在左键和右键上，大拇指放在鼠标左侧，无名指和小指放在鼠标右侧，手掌自然地放在鼠标上。当我们移动右手时，鼠标指针也随之移动，如图 2-27 所示。对于滚轮，在使用时用食指轻轻按住并前后滚动。

使用鼠标进行以下练习，看是否能够熟练使用鼠标。

- 用鼠标左键单击“我的电脑”图标。
- 用鼠标左键双击“回收站”图标。
- 用鼠标右键单击桌面空白处。
- 用鼠标左键按住“回收站”不放并拖动。
- 用鼠标将桌面图标摆成“中”字。

图 2-26　鼠标

图 2-27　使用鼠标的姿势

（3）键盘简介

键盘是计算机重要的输入设备之一，包括主键盘区、功能键区、编辑键区、辅助键区和状态指示灯，如图 2-28 所示。

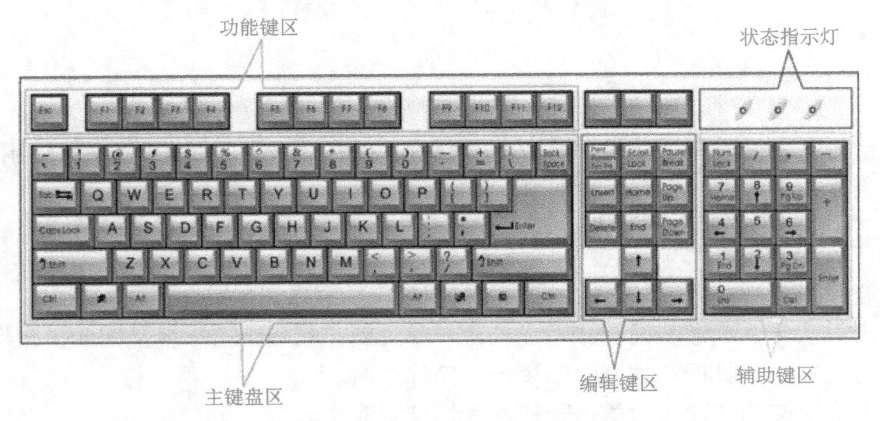

图 2-28　键盘区位

主键盘区除包含26个英文字母、10个数字符号、各种标点符号、数学符号、特殊符号等字符键外，还有若干基本的功能控制键。

功能键区包含F1～F12功能键，主要用于扩展键盘的输入控制功能，各个功能键的作用在不同的软件中通常有不同的定义。

编辑键区也称光标控制键区，主要用于控制或移动光标。

辅助键区也称数字键区，主要用于数字符号的快速输入。在数字键盘中，各个数字符号键的分布紧凑、合理，适于单手操作，在录入内容为纯数字符号的文本时，使用数字键盘将比使用主键盘更方便，更有利于提高输入速度。

状态指示灯用来指示各区域的工作状态。

键盘上还包括常用的功能键（见图2-29）以及一些常用的组合键（见表2-1）。

退格键（Backspace）：删除当前光标前面的字符。

删除键（Delete）：删除当前光标后面的字符。

大写键（CapsLock）：大写锁定键。

上挡键（Shift）：输入双字符键上面的符号。

控制键（Ctrl）：辅助功能。

图2-29　键盘常用的功能键

表2-1　常用的组合键

组合键	功　能	组合键	功　能
Alt+Tab	在打开的各个窗口之间切换	Ctrl+Alt+Delete	强制关闭程序，结束任务
Ctrl+A	全部选取	Ctrl+X	剪切
Ctrl+C	复制	Ctrl+V	粘贴
Ctrl+Z	撤销	Ctrl+Esc	打开“开始”菜单
Shift+Delete	直接删除，不放入回收站	Delete	删除，放入回收站
Ctrl+空格	启动和关闭中文输入法	Ctrl+Shift	在各种输入法之间进行切换
Alt	激活菜单栏	Alt+F4	关闭应用程序窗口

(4) 键盘姿势

开始打字之前一定要端正坐姿。如果坐姿不正确，不但会影响打字的速度，还会很容易疲劳、出错。正确的坐姿如下。

- 身子要坐正，双脚平放在地上。
- 肩部放松，上臂自然下垂。
- 手腕要放松，轻轻抬起，不要靠在桌子上或键盘上。
- 身体与键盘的距离，以两手刚好放在基本键上为准。

(5) 键盘指法

键盘指法是指如何运用 10 个手指进行击键的方法，规定每个手指的分工以充分调动 10 个手指的作用，并实现盲打，从而提高打字的速度。

输入时左右手的 8 个手指（除大拇指外），从左到右分别自然平放到如图 2-30 所示的 8 个键位上。

图 2-30 键盘区位

专家点睛

键盘上的 ASDFJKL; 8 个键称为基本键，在打字时双手要放在这 8 个键上，如图 2-31 所示，正确的击键姿势如下。

- 端坐在椅子上，腰身挺直，全身保持自然放松状态。
- 视线基本与屏幕上沿保持在同一水平线。
- 两肘下垂轻轻地贴在腋下，手掌与键盘保持平行，手指稍微弯曲，大拇指轻放在空格键上，其余手指轻放在基本键位上。
- 击键要有节奏，力度要适中，击完非基本键后，手指应立即回至基本键。
- 空格键用大拇指侧击，右手小指击 Enter 键。

(6) 如何成为打字高手

每个手指除了指定的基本键外，还分工有其他的字键，称为它的范围键，如图 2-31 所示。

图 2-31 手指分工图

专家点睛

指法练习技巧：左右手指放在基本键上；击完其他键迅速返回原位；食指击键注意键位角度；小指击键力量保持均匀；数字键采用跳跃式击键。

初学打字，掌握适当的练习方法，对于提高自己的打字速度，成为一名速记高手是非常必要的，一定把手指按照分工放在正确的键位上，有意识地慢慢记忆键盘字符的位置，体会不同键位上字键被敲击时手指的感觉，逐步养成不看键盘输入的习惯。

指法的训练可以采取两个步骤来实施。第一个步骤：采用一般的指法训练软件（金山打字或快打一族）练习盲打，使盲打字母的击键频率达到每分钟 300 键次。第二个步骤：进行看打或听打（录音）练习，要求击键准确，击键频率在每分钟 350 键次左右。

进行打字练习时必须集中精力，充分做到手、脑、眼协调一致，尽量避免边看原稿边看键盘，这样容易分散记忆力，初级阶段的练习即使速度很慢，也一定要保证输入的准确。

练习

和同学进行 300 字的打字比赛，看谁打字快。

项目 2
管理计算机

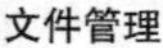
文件管理

项目描述

若计算机里面的文件杂乱无章，就会大大降低使用计算机的工作效率。本项目主要介绍如何管理计算机中的文件，让它更好地帮助我们进行学习、工作和生活。本项目主要通过文件及文件夹的基本操作、控制面板的设置，以及如何使用库和收藏夹来管理计算机。

项目分析

首先我们通过 Windows 7 资源管理器对文件及文件夹进行管理，包括文件及文件夹的建立、复制、移动等操作。控制面板的设置包括显示属性、键盘和鼠标属性、日期和时间属性、输入法以及网络属性等系统环境的配置。

相关知识

1. 文件、文件夹

(1) 文件和文件夹的定义

文件是存储在磁盘上的一组相关信息。在计算机中，一篇文档、一幅图画、一段声音等都是以文件的形式存储在计算机的磁盘中的。

文件夹是存放文件的场所，用于存储文件或低一层文件夹。文件夹可以存放文件、应用程序或者其他文件夹。为了便于管理大量的文件，Windows 7 系统使用文件夹组织和管理文件。如图 2-32 所示。

专家点睛

人们利用计算机所输入的文档、声音、图形图像、视频等信息以计算机文件的形式保存在计算机的存储器里，以文件夹的形式对其进行分类存放和管理。

(2) 文件或文件夹的操作

我们在用计算机整理文件的过程中，主要涉及的操作有文件或文件夹的新建、重命名、移动、复制、删除等。

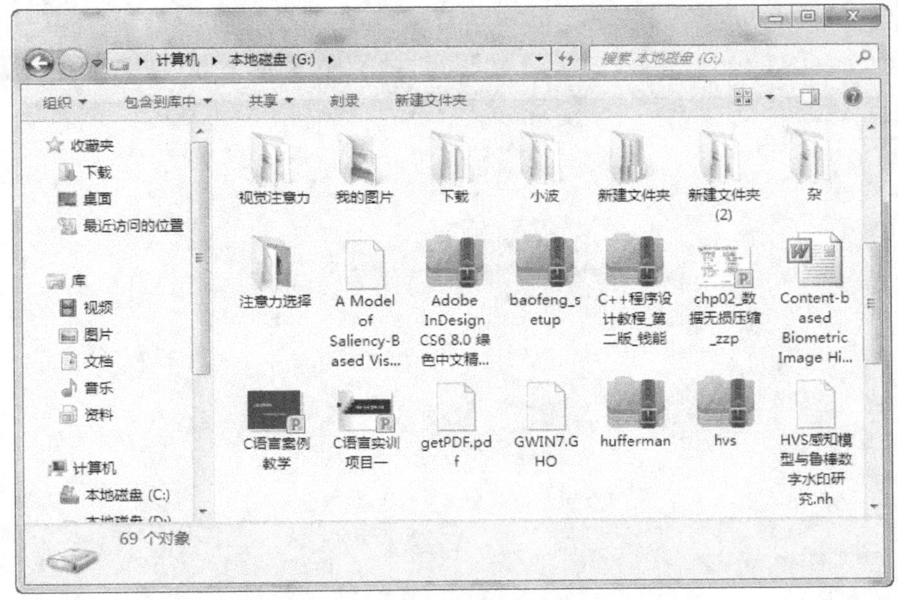

图 2-32　文件和文件夹

（3）创建新文件、文件夹

方法一：可以在窗口的“文件”菜单中选择“新建”命令，在弹出的级联菜单中选择要新建的文件或文件夹。

方法二：在窗口工作区域的空白处右击，在弹出的快捷菜单中选择“新建”命令，在弹出的级联菜单中选择要新建的文件或文件夹，也可以创建文件或文件夹。

注：新建的文件夹不占用内存空间。

（4）重命名文件、文件夹

用户可以根据需要更改已经命名的文件或文件夹的名称。更改文件或文件夹名称的方法有3种。

- 用鼠标不连续地双击某个文件或文件夹，即用鼠标单击选定该文件或文件夹后，再单击该文件或文件夹的名称即可进行更改。
- 选中文件或文件夹，右击，在弹出的快捷菜单中选择“重命名”命令，如图2-33所示。
- 选中文件或文件夹，然后按快捷键F2更改名称。

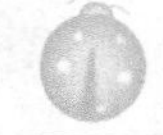

专家点睛

在更改文件或文件夹名称时要注意：在相同目录下不能有相同名称的文件或文件夹，因此在更改名称时要注意不能与同一文件中的文件或文件夹名称相同。文件的名称包含两个部分，一部分是文件的名称，一部分是文件的扩展名，在更改文件的名称时只是更改文件的名称部分，而扩展名部分则要保留，不能把扩展名也更改或删除，否则会导致文件不可用。

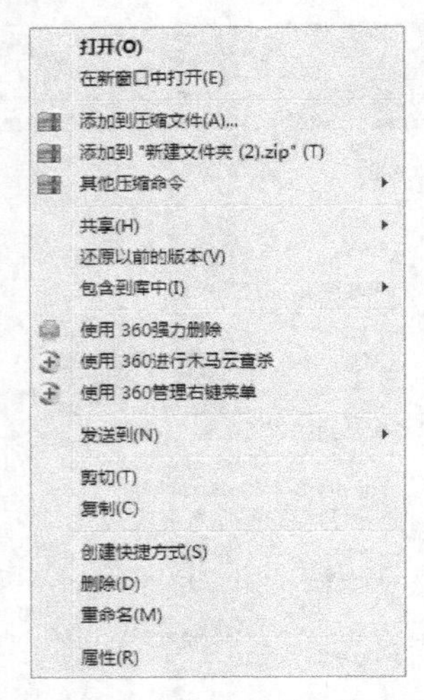

图 2-33　重命名文件和文件夹

（5）选择文件和文件夹

- 选择连续的文件或文件夹

用鼠标选择连续的文件或文件夹，单击要选择的第一个文件或文件夹后按住 Shift 键，再单击要选择的最后一个文件或文件夹，则以所选第一个文件或文件夹和最后一个文件或文件夹为对角线的矩形区域内的文件或文件夹全部选定。

- 选择不连续的文件或文件夹

首先单击要选择的第一个文件或文件夹，然后按住 Ctrl 键，再单击要选定的文件或文件夹。

（6）复制文件或文件夹

方法一：选择要复制的文件或文件夹，右击，在弹出的快捷菜单中选择“复制”命令（Ctrl+C），到目标位置的空白区域右击，在弹出的快捷菜单中选择“粘贴”命令（Ctrl+V）即可，如图 2-34 所示。

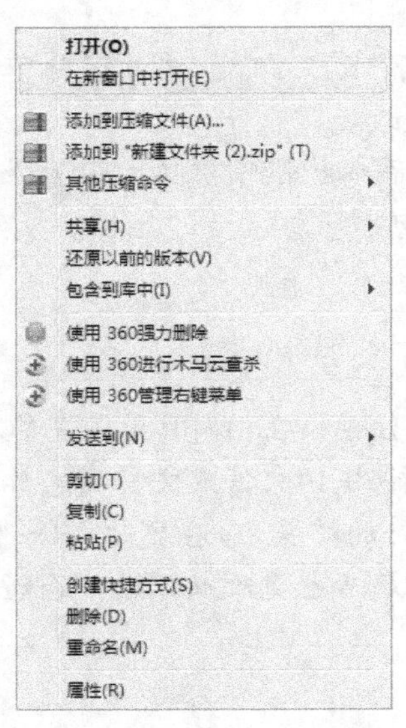

图 2-34　文件和文件夹的复制、移动、粘贴

方法二：单击源文件夹或盘符（即复制前文件所在的文件夹）；选定要复制的文件或文件夹；按住 Ctrl 键的同时，把所选内容拖动到目标文件夹（即复制后文件所在的文件夹）即可。

（7）移动文件或文件夹

方法一：选择要移动的文件或文件夹，在图标上按住鼠标左键，拖动到目标位置即可。

方法二：选择要移动的文件或文件夹，右击，在弹出的快捷菜单中选择“剪切”命令（Ctrl+X），到目标位置空白处右击，在弹出的快捷菜单中选择“粘贴”命令（Ctrl+V）即可。

（8）删除文件或文件夹

- 逻辑删除

第一步：选定要删除的文件或文件夹。

第二步：选择“编辑”→“删除”命令，或单击工具栏上的“删除”按钮，也可以按 Delete 键。

第三步：在打开的对话框中单击“是”按钮。

- 彻底删除

第一步：选定要删除的文件或文件夹。

第二步：按住 Shift 键的同时，选择“编辑”→“删除”命令，或按住 Shift 键的同时，单击工具栏上的“删除”按钮，也可以按 Shift+Delete 组合键。

第三步：在打开的对话框中单击“是”按钮。

（9）恢复文件或文件夹

双击“回收站”图标，打开“回收站”窗口，选择“文件”→“还原”命令。

（10）查看和设置文件或文件夹属性

每一个文件和文件夹都有一定的属性信息，并且对于不同的文件类型，其属性对话框中的信息也各不相同，如文件夹的类型、文件路径、占用的磁盘空间、修改时间和创建时间等。在 Windows 7 中，一般一个文件或文件夹都包含只读、隐藏、存档几个属性。如图 2-35 所示的是文件的属性对话框。

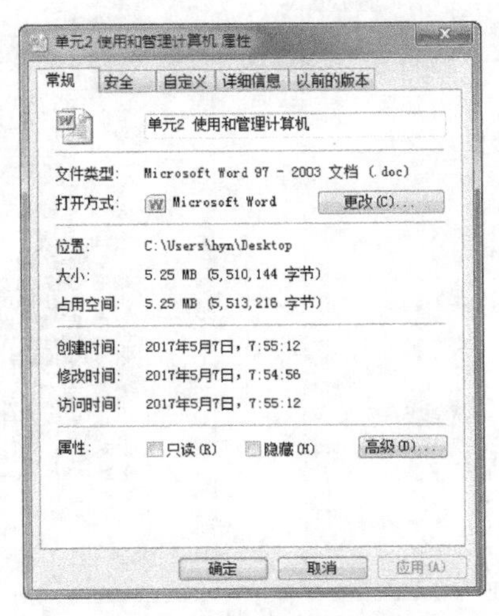

图 2-35　文件的属性对话框

其中，在“属性”选项组中，选择不同的选项可以更改文件的属性。

只读：文件或文件夹只可以阅读，不可以编辑或删除。

隐藏：指定文件或文件夹隐藏或显示。

（11）文件夹选项设置

在 Windows 7 中，可以使用多种方式查看窗口中的文件列表。可以利用“文件夹选项”来设置文件夹。在“文件夹选项”对话框中有 3 个选项卡：“常规”“查看”“搜索”。下面主要介绍“常规”和“查看”选项卡。

- “常规”选项卡

“浏览文件夹”选项组：用于指定所打开的每一个文件夹是使用同一窗口还是分别使用不同窗口。

“打开项目的方式”选项组：用于选择以何种方式打开窗口或桌面上的选项，即可以选择是单击打开项目还是双击打开项目。

“导航窗格”选项组：用于在窗格中使用树形结构显示打开的文件和文件夹。

单击“还原为默认值”按钮便可以使设置返回到系统默认的方式，如图 2-36 所示。

- “查看”选项卡

该选项卡控制计算机上所有文件夹窗口中文件夹和文件的显示方式。它主要包含“文件夹视图”和“高级设置”两部分。

“文件夹视图”选项组：此处包含两个按钮，它们分别可以使所有的文件夹的外观保持一致；单击“应用到文件夹”按钮可以使计算机上的所有文件夹与当前文件夹有类似的设置；单击“重置文件夹”按钮，系统将重新设置所有文件夹（除工具栏和 Web 视图外）为默认的视图设置。

“高级设置”列表框：在该列表框中主要包含“记住每个文件夹的视图设置”复选框、“在标题栏显示完整路径”复选框、“隐藏已知文件类型的扩展名”复选框、“鼠标指向文件夹和桌面项时显示提示信息”复选框。

在“隐藏文件和文件夹”列表中有两个单选按钮，可以指定隐藏文件或文件夹是否在该文件夹的文件列表中显示，如图 2-37 所示。

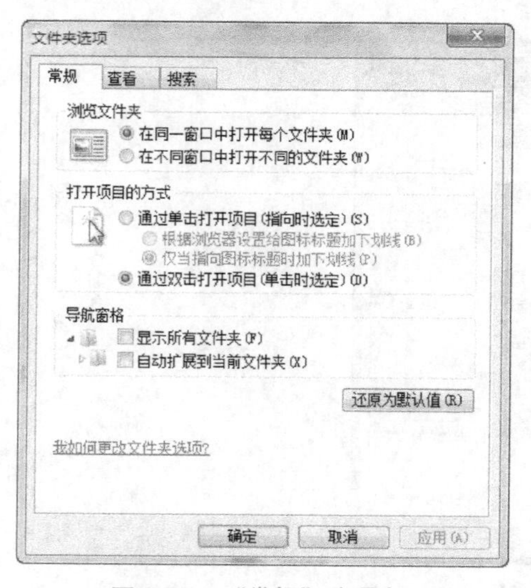

图 2-36 “常规”选项卡

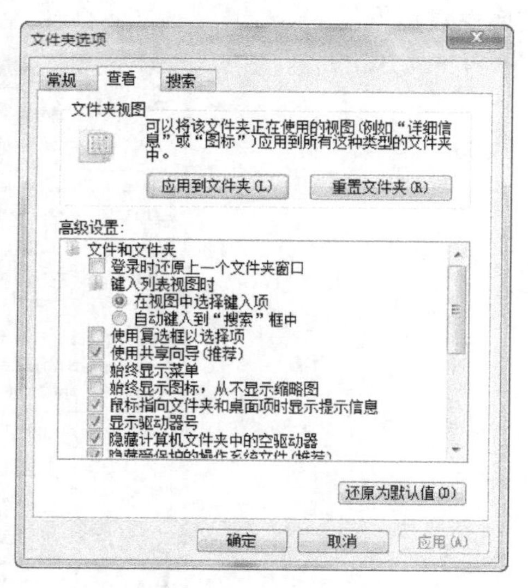

图 2-37 “查看”选项卡

专家点睛

剪贴板是内存中的一块区域，是 Windows 7 内置的一个非常有用的工具，用来临时存放数据信息。回收站主要用来存放用户临时删除的文档资料，存放在回收站的文件可以恢复。回收站是一个特殊的文件夹，默认在每个硬盘分区根目录下的 Recycler 文件夹中，该文件夹是隐藏的。

（12）Windows 7 的库

- 认识 Windows 7 中的库

“库”的全名叫“程序库(Library)”，是指一个可供使用的各种标准程序、子程序、文件以及它们的目录等信息的有序集合。

- 库的启动方式

在 Windows 7 中，“库”有两种启动方式。

第一种：单击任务栏中“开始”菜单旁边的文件夹图标。

第二种：打开“计算机”窗口，单击左侧导航栏中的“库”。

- 库的类别

文档库：用来组织和排列文字处理文档、电子表格、演示文稿以及其他与文本有关的文件。

音乐库：用来组织和排列数字音乐，如从音频 CD 翻录或从 Internet 下载的歌曲。

图片库：用来组织和排列数字图片，图片可从数字照相机、扫描仪或者网络中获取。

视频库：用来组织和排列视频，视频可来自于数字照相机、数字摄像机及网络下载等。

2．文件名、文件类型

为了存取保存在磁盘中的文件，每个文件都必须有一个名称——文件名。文件名由主文件名和扩展名组成，扩展名表示文件的类型，见表 2-2。文件名的命名规则如下。

- 文件名的长度可达 255 个字符（包括驱动器和完整路径信息）。
- 一个文件有 3 个字符的文件扩展名，用以标识文件类型：.exe、.com、.txt、.bmp。
- 文件名或文件夹中不能出现以下字符：<、>、/、\、:、*、?、|。
- 文件名和文件夹名可以使用汉字（每个汉字相当于两个英文字符）。
- 可以使用多个分隔符的名字，如 this is a file.sub.txt。
- 在查找时可以使用通配符“*”和“? ”。
- 文件类型可以分为可执行文件和数据文件两大类。

可执行文件的内容是可以被计算机识别并执行的指令，这类文件主要是一些应用软件。常见的扩展名是“.exe”。

数据文件是能够被计算机处理、加工的各种数字化信息，但必须借助相关的应用软件才能打开。常见的类型有文本信息、图片信息、声音信息、视频信息等。

表 2-2　文件扩展名及文件类型

扩展名	文件类型	扩展名	文件类型
.exe	应用程序	.bmp	位图文件
.com	应用程序	.txt	文本文件
.sys	系统文件	.doc	Word 文档文件
.bat	批处理文件	.xls	电子表格文件
.dll	动态链接库文件	.ppt	演示文稿
.ini	系统配置文件	.avi	多媒体文件
.hlp	帮助文件	.htm	网页文件

项目实现

1. 管理文件和文件夹

在“我的电脑”的 E 盘根目录下创建文件夹“E1”和“E2”，操作步骤如下。

● 双击桌面上“我的电脑”图标，打开“我的电脑”窗口，再双击 E 盘图标，打开 E 盘窗口。

● 在 E 盘窗口空白处右击，在弹出的快捷菜单中选择“新建”→“文件夹”命令，如图 2-38 所示。

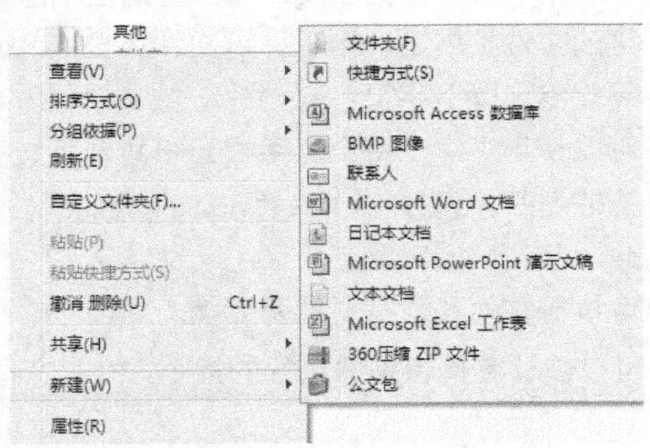

图 2-38　新建文件夹

● 窗口中增加了一个名字为“新建文件夹”的新文件夹，这时候它的名称的背景颜色为蓝色，输入“E1”。

用同样的方法建立文件夹“E2”。

专家点睛

在“计算机”窗口中包含本地磁盘驱动器，一般来说有本地磁盘C、本地磁盘D、本地磁盘E、本地磁盘F和本地磁盘G五个驱动器，如图2-39所示。任意双击打开一个驱动器都可以浏览到里面所包含的文件和文件夹。

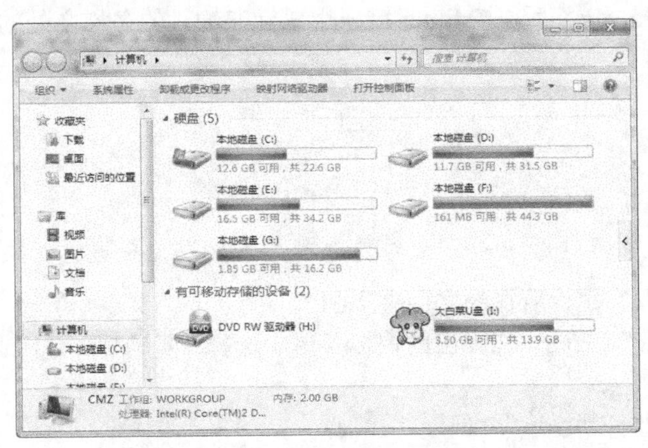

图2-39　本地磁盘驱动器

在“E1”文件夹里新建文本文件，文件名为“my.docx”，文件内容为“hello，my friend”，操作步骤如下。

- 通过“我的电脑”图标打开E盘的“E1”文件夹窗口。
- 在窗口的空白处右击，在弹出的快捷菜单中选择“新建”命令或选择“文件”→“新建”命令，在弹出的级联菜单中选择“Microsoft Word 文档”命令，如图2-40所示。

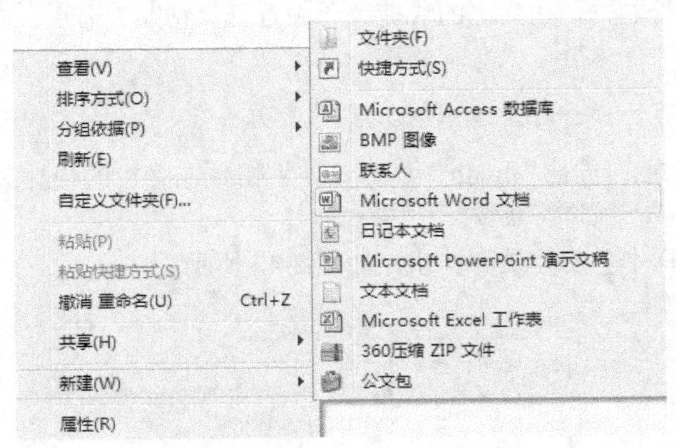

图2-40　新建Microsoft Word文档

- “E1”文件夹中增加了一个名字为“新建文本文档.docx”的新文件，这时候它的名称的背景颜色为蓝色，输入“my.docx”文件名。
- 双击“my.docx”图标，打开编辑窗口，输入“hello，my friend”，单击“关闭”按钮，在打开的对话框选择“保存”按钮。

把“E2”文件夹重命名为“mydir”，操作步骤如下。

● 双击桌面上“我的电脑”图标，打开“我的电脑”窗口，再双击 E 盘图标，打开 E 盘窗口。

● 右击“E2”文件夹，在弹出的快捷菜单中选择“重命名”命令，这时原来的名字背景变为蓝色。

● 输入新名字“mydir”后，按 Enter 键或用鼠标在输入的名称之外的窗口内单击即可，如图 2-41 所示。

图 2-41　重命名文件夹

把“E1”文件夹中的“my.docx”文件复制到“mydir”文件夹中，操作步骤如下。

● 打开“my.docx”文件所在的文件夹“E1”。

● 选中“my.docx”，右击，在弹出的快捷菜单中选择“复制”命令，或选择“编辑”→“复制”命令。

● 打开目标文件夹“mydir”窗口。

● 在窗口的空白处右击，在弹出的快捷菜单中选择“粘贴”命令，或选择“编辑”→“粘贴”命令。

把 mydir 文件夹移动到 D 盘根目录下，操作步骤如下。

● 打开 E 盘根目录。

● 选中“mydir”文件夹，右击，在弹出的快捷菜单中选择“剪切”命令，或选择“编辑”→“剪切”命令，打开目标文件夹 D 盘根目录窗口。

● 在窗口的空白处右击，在弹出的快捷菜单中选择“粘贴”命令，或选择“编辑”→“粘贴”命令。

删除 C 盘根目录下的“mydir”文件夹，操作步骤如下。

● 打开 C 盘根目录，选中“mydir”文件夹，右击，在弹出的快捷菜单中选择“删除”命令，或选择“文件”→“删除”命令。

● 在打开的对话框中单击“是”按钮，如图 2-42 所示。

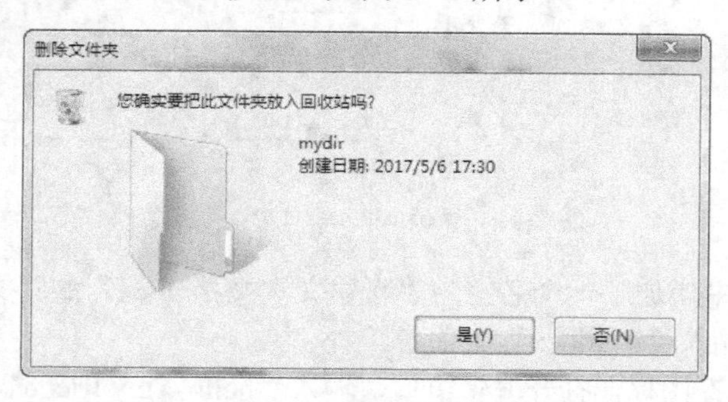

图 2-42　删除文件夹

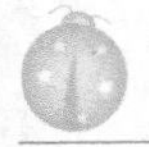

专家点睛

不论哪种方法，系统都会打开一个确认文件删除或确认文件夹删除的提示对话框，如图 2-42 所示。如果确定要删除，单击“是”按钮，要取消则单击“否”按钮。

恢复刚删除的“mydir”文件夹，操作步骤如下。

- 双击桌面上的“回收站”图标，打开“回收站”窗口。
- 选中“mydir”文件夹。
- 右击，在弹出的快捷菜单中选择“还原”命令，如图 2-43 所示。

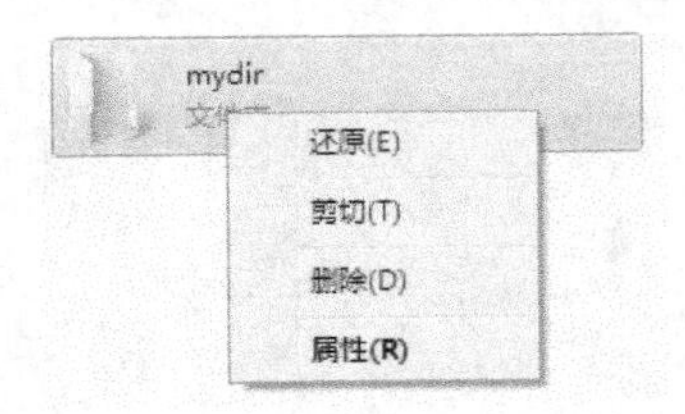

图 2-43　还原删除的文件

设置 E1 文件夹中的“my.docx”文件为隐藏文件，操作步骤如下。

- 打开要设置属性的文件所在的“E1”文件夹。
- 右击“my.docx”文件，在弹出的快捷菜单中选择“属性”命令，打开文件属性对话框，如图 2-44 所示。
- 勾选“只读”复选框。
- 单击“应用”按钮或“确定”按钮。

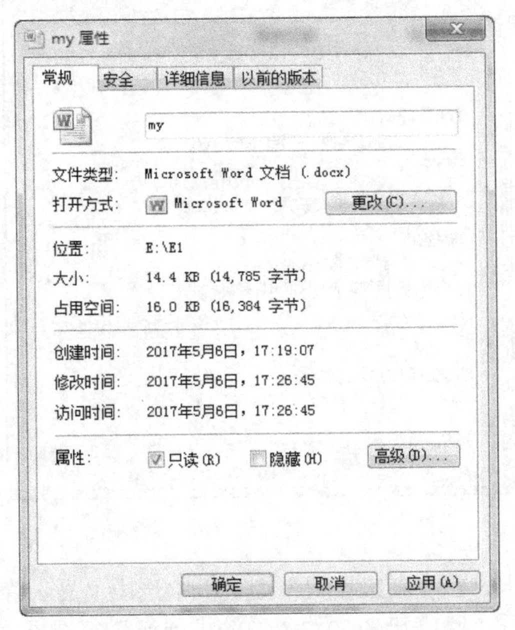

图 2-44　文件的属性对话框

显示已知文件扩展名和所有隐藏文件，操作步骤如下。

- 打开一个文件夹窗口。
- 单击窗口的“组织”菜单，如图 2-45 所示。

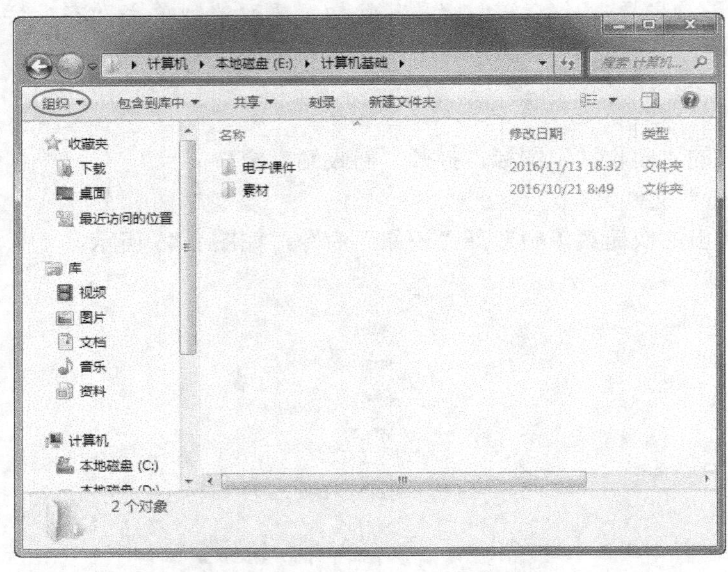

图 2-45　文件夹窗口“组织”菜单

- 在弹出的下拉菜单中选择“文件夹和搜索”菜单项，打开“文件夹选项”对话框，如图 2-46 所示。

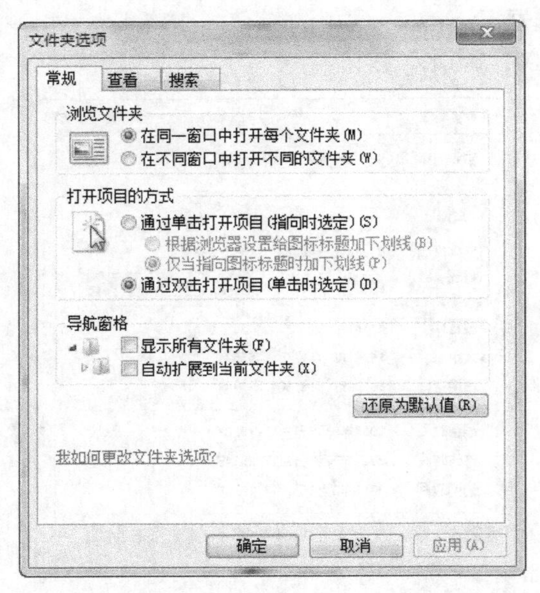

图 2-46　“文件夹选项”对话框

- 单击“查看”选项卡，在“高级设置”列表框中选中“显示隐藏的文件、文件夹和驱动器”单选框，以及取消勾选“隐藏已知文件类型的扩展名”复选框，如图 2-47 所示。

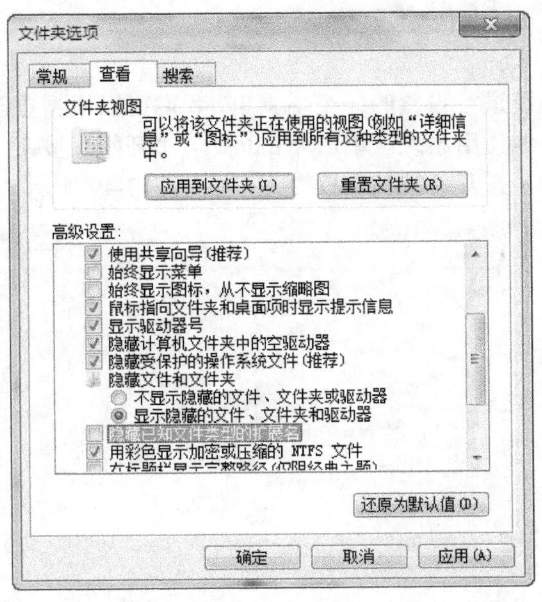

图 2-47　“查看”选项卡

- 单击“应用”按钮或“确定”按钮即可。

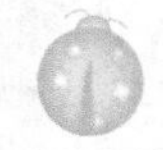

专家点睛

- 文件的显示方式：Windows 7 为用户提供了 8 种显示方式：“超大图标”“大图标”“中等图标”“小图标”“列表”“详细信息”“平铺”和“内容”。打开窗口中的“查看”菜单，便可以看到各种显示方式，如图 2-48 所示。用户也可以单击工具栏上的按钮，再从弹出的菜单中选择一种显示方式。
- 以不同的方式排列文件：在浏览窗口内容时，用户除了使用不同的方式显示文件外，还可以使用不同的方式来排列文件。在“查看”菜单中的“排序方式”中可以选择不同的方式，一般情况下有 4 种排列方式：“名称”“修改时间”“类型”和“大小”，如图 2-48 所示。当用户要以不同的方式显示文件或不同的方式排列文件时，还可以通过右击窗口工作区域的空白处，然后在弹出的快捷菜单中选择相应的显示方式或排列方式即可。

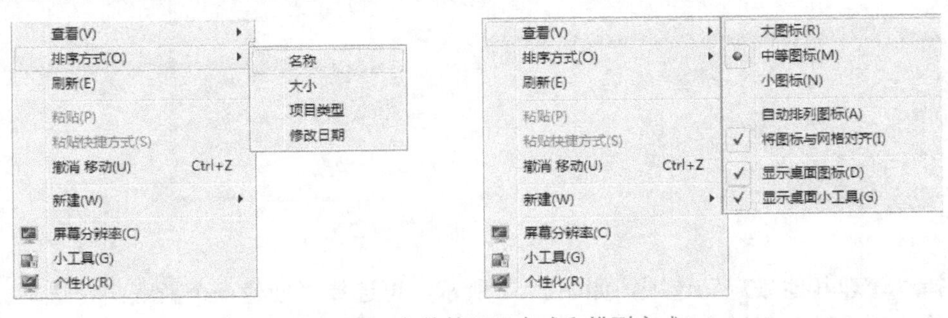

图 2-48　文件的显示方式和排列方式

2．控制面板

控制面板是用来对系统进行设置的一个工具集，我们可以根据自己的爱好来定制属于自己的工作环境，以便更有效地使用系统。单击 Windows 7“开始”按钮，在打开的“开始”菜单中选择“控制面板”命令，打开“控制面板”窗口，如图 2-49 所示。

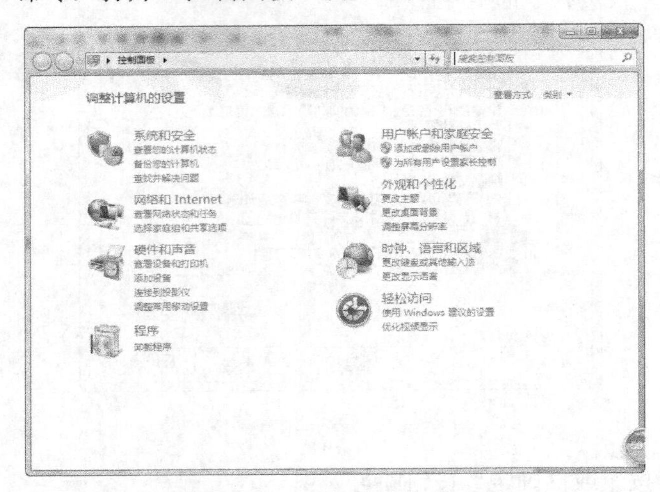

图 2-49 “控制面板”窗口

创建一个用户名为“mycomputer”的标准用户，操作步骤如下。

- 打开控制面板，选择“用户账户和家庭安全”→“用户账户”选项，打开“用户账户”窗口，如图 2-50 所示。

图 2-50 “用户账户”窗口

- 选择“管理其他账户”选项，如图 2-51 所示，再选择“创建一个新账户”选项。
- 在输入框中输入新用户的名字“mycomputer”。选中“标准用户”单选按钮，单击“创建账户”按钮，如图 2-52 所示。

图 2-51 创建一个新账户

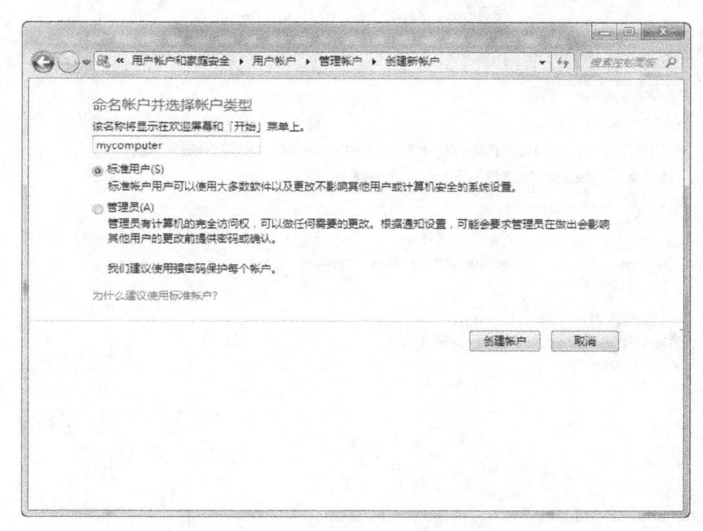

图 2-52 命名账户并选择账户类型

创建完成后，单击“开始”按钮，在打开的“开始”菜单中选择“注销”命令，选择用户名为“mycomputer”的用户账户，可进入 Windows 7 操作系统。

专家点睛

Windows 7 是一个多用户操作系统，用户账户的作用是给每一个使用这台计算机的人设置一个满足个性化需求的工作环境，这样多个人使用一台计算机就不会互相干扰，每个人也可以按照自己的需要来设置计算机属性。在 Windows 7 中，为用户设置了 3 种不同类型的账户：管理员账户、标准账户和来宾账户，它们各自的权限不一样。

- 管理员账户。

可以随意浏览、更改、删除计算机中的信息、程序，是拥有最高权限的用户。

● 标准账户。

只能浏览、更改自己的信息、图片，但是在进行一些会影响其他用户或安全的操作（如添加/删除程序）时，则需要经过管理员的许可。

● 来宾账户。

供那些没有创建用户的人临时使用。

● 更改账户图片。

选择“用户账户”窗口中的“更改图片”选项，然后在“为您的账户选择一个新的图片”选项组中选择一张图片，最后单击“更改图片”按钮。

● 为用户创建密码。

选择“用户账户”窗口中的“为您的账户创建密码”选项，然后在输入框中输入密码及确认密码，最后单击“创建密码”按钮，如图 2-53 所示。

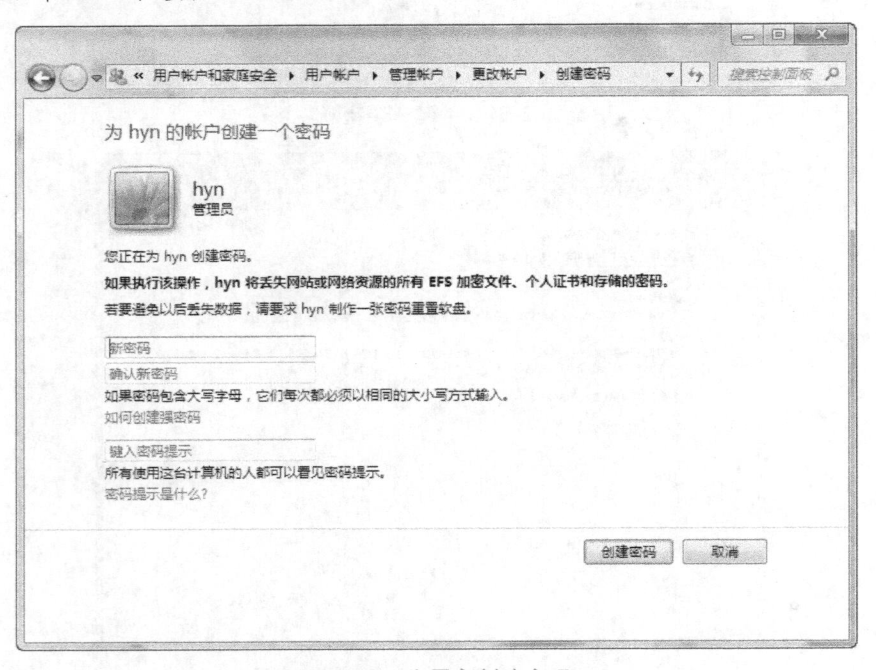

图 2-53　为用户创建密码

设置系统输入法，操作步骤如下。

① 打开“区域和语言选项”对话框。

② 删除“微软拼音-简捷 2010”输入法。

③ 添加“中文（简体）-微软拼音 ABC 输入风格”;

④ 更改“中文（简体，中国）-中文-QQ 拼音输入法”的快捷键为 Ctrl+Shift+1。

● 单击“开始”按钮，在打开的“开始”菜单中选择“控制面板”命令，选择“时钟、语言和区域”选项组中的“区域和语言”选项，打开“区域和语言”对话框。

● 选择“键盘和语言”选项卡，如图 2-54 所示。单击“键盘和其他输入语言”选项组中的“更改键盘”按钮，打开“文本服务和输入语言”对话框，或者在任务栏上右击“语言栏”

图标，在弹出的快捷菜单中选择“设置”命令。

● 在“已安装的服务”选项组中选中“微软拼音-简捷 2010”选项，然后单击右边的“删除”按钮，如图 2-55 所示。

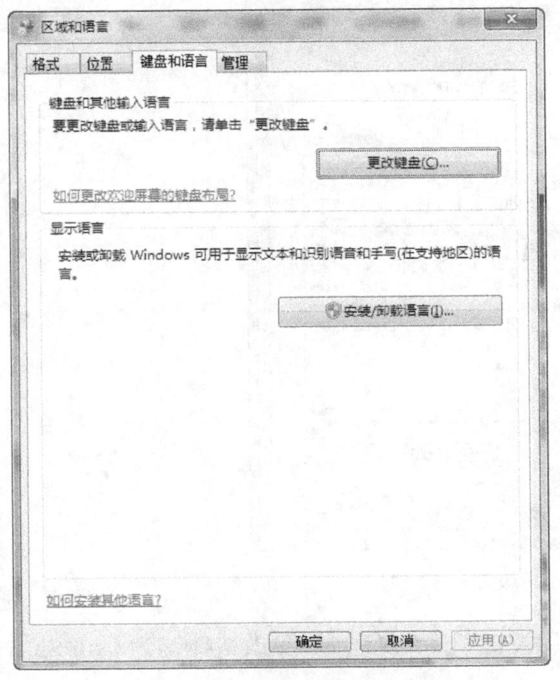

图 2-54　“键盘和语言”选项卡

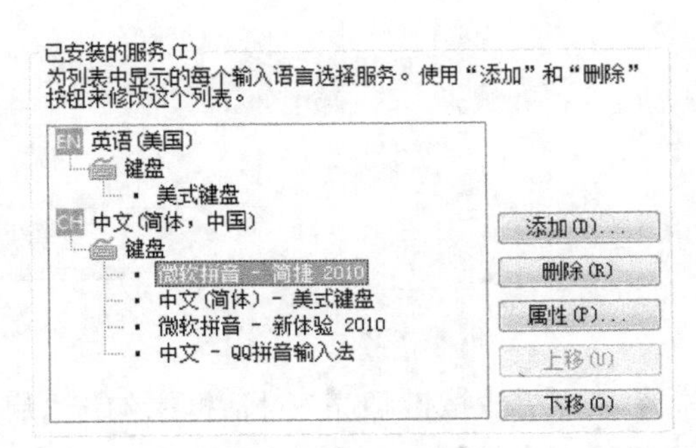

图 2-55　删除输入法

● 单击“文字服务和输入语言”对话框中的“添加”按钮，打开“添加输入语言”对话框，如图 2-56 所示。在列表框中选择“中文（简体）-微软拼音 ABC 输入风格”选项，单击“确定”按钮。

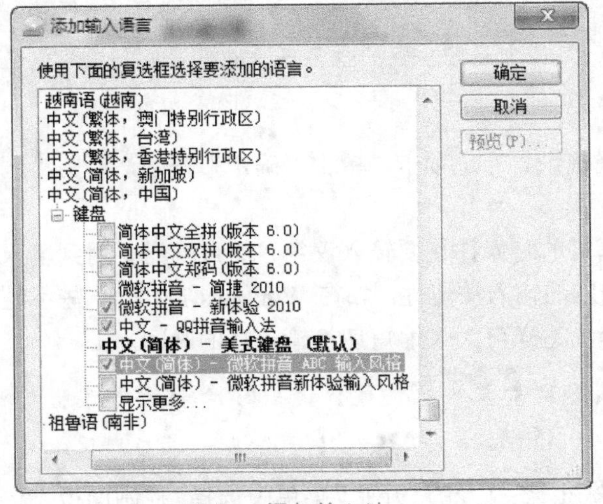

图 2-56　添加输入法

● 在“文字服务和输入语言”对话框中选择“高级键设置”选项卡，在“输入语言的热键”

列表框中选择“切换到中文（简体，中国）-中文-QQ 拼音输入法”，单击“更改按键顺序”按钮，如图 2-57 所示。

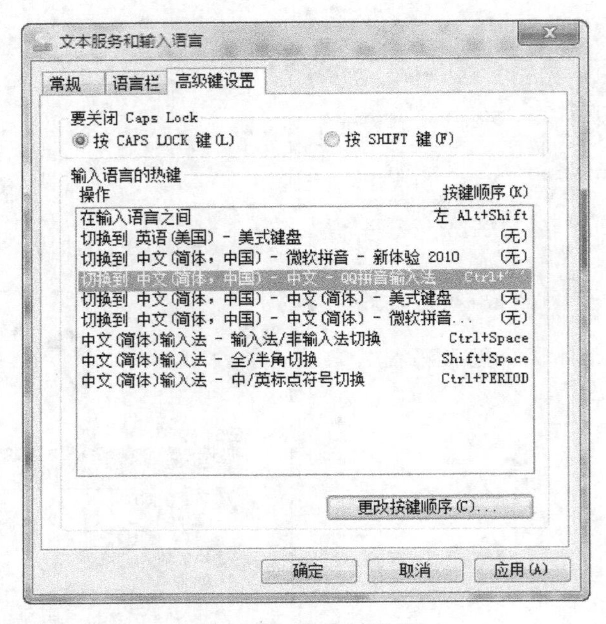

图 2-57　高级键设置

● 在“更改按键顺序”对话框中勾选“启用按键顺序”复选框，更改快捷键为 Ctrl+Shift+1，单击“确定”按钮，如图 2-58 所示。

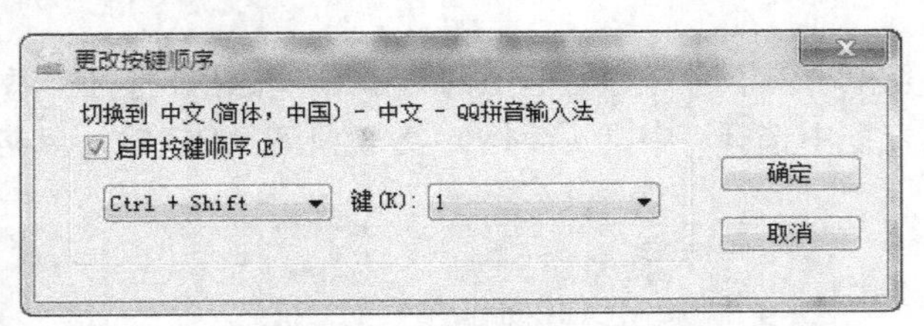

图 2-58　更改按键顺序

● 返回到“高级键设置”选项卡，单击“确定”按钮，返回“区域和语言”对话框，单击“确定”按钮。

用户在使用计算机的时候往往要输入汉字，那么就需要用到输入法，用户要用好某种输入法，还需要设置其相应的输入法属性，如在 Windows 7 中把一些不经常用的输入法删掉、设置其输入法的快捷键等，这样可大大缩短切换输入法的时间。

设置浏览器主页为空白页，以及设置退出时清除历史记录，以清除相关数据，操作步骤如下。

● 单击“开始”按钮，在打开的“开始”菜单中选择“控制面板”命令，选择“网络和 Internet”选项组中的“Internet”选项，打开“Internet 属性”对话框，如图 2-59 所示。

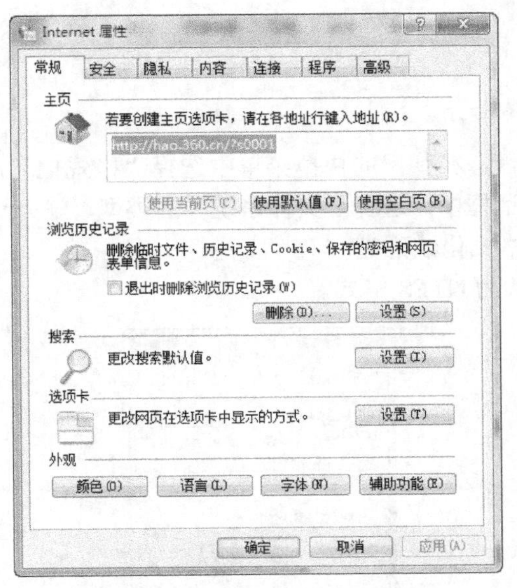

图2-59　“Internet 属性”对话框

● 选择“常规”选项卡，在“主页”选项组中单击“使用空白页”按钮，在“浏览历史记录”选项组中勾选“退出时删除浏览历史记录”复选框，单击“浏览历史记录”选项组中的“删除”按钮，如图2-60所示。

● 打开“删除浏览的历史记录”对话框，勾选“保留收藏夹网站数据”“Internet 临时文件”“Cookie”“历史记录”复选框，然后单击“删除”按钮，如图2-61所示。

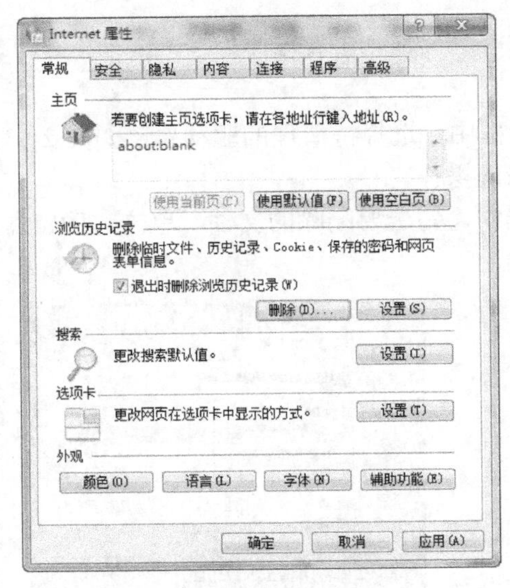

图2-60　“常规”选项

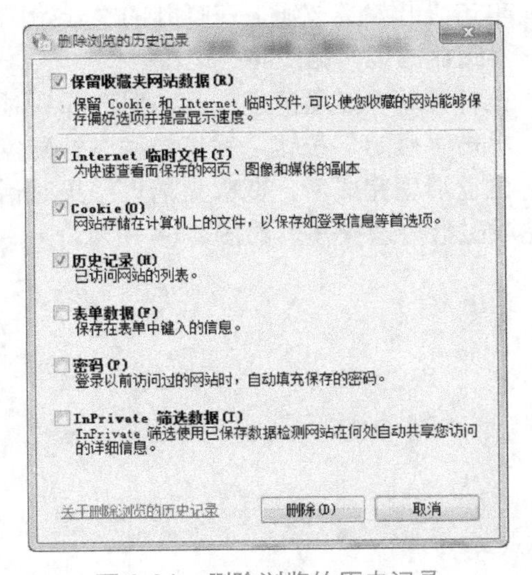

图2-61　删除浏览的历史记录

专家点睛

如果你删除了Cookie文件，你需要重新输入曾经在网页上保存过的密码。

3. 系统工具的使用

磁盘格式化，操作步骤如下。

- 右击要格式化的磁盘，在弹出的快捷菜单中选择“格式化”命令。
- 在打开的格式化对话框中，选择“文件系统”的类型，输入该卷名称，如图 2-62 所示。单击“开始”按钮，即可格式化该磁盘。

说明：Windows 7 默认为 NTFS 格式。

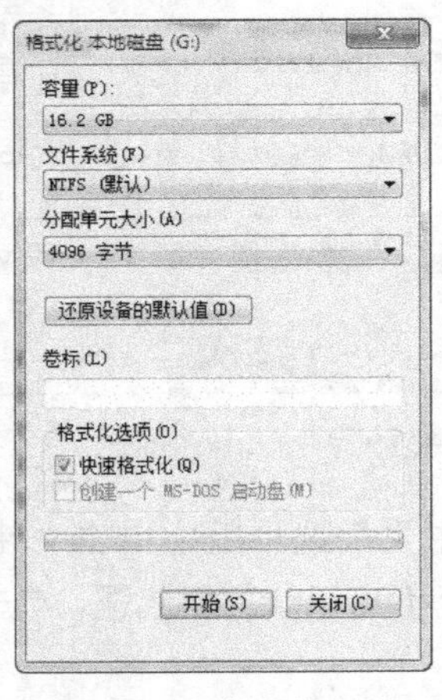

图 2-62　格式化磁盘

磁盘清理，操作步骤如下。

- 单击“开始”按钮，在打开的“开始”菜单中选择“所有程序”→“附件”→“系统工具”→“磁盘清理”命令。
- 在打开的“磁盘清理：驱动器选择”对话框中，选择待清理的驱动器，如图 2-63 所示。
- 单击“确定”按钮，系统自动进行磁盘清理操作。
- 磁盘清理完成后，在磁盘清理结果对话框中，勾选要删除的文件，单击“确定”按钮，即可完成磁盘清理操作，如图 2-64 所示。

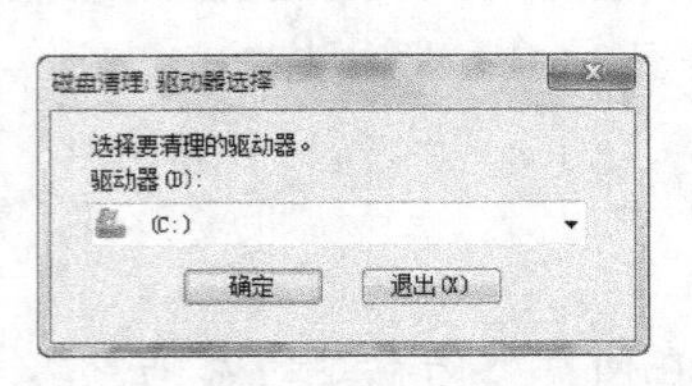

图 2-63　“磁盘清理：驱动器选择”对话框

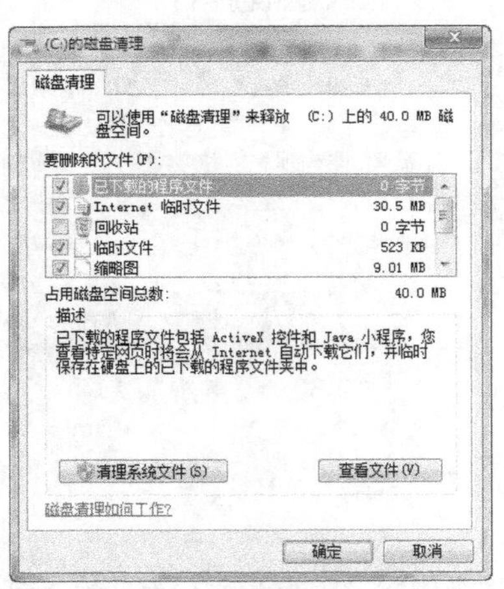

图 2-64　磁盘清理

磁盘碎片整理，操作步骤如下。

碎片整理有利于程序运行速度的提高。

- 单击“开始”菜单，在打开的“开始”菜单中选择“所有程序”→“附件”→“系统工具”→“磁盘碎片整理程序”命令。
- 在打开的“磁盘碎片整理程序”对话框中，选择待整理的驱动器，如图 2-65 所示，然后单击“磁盘碎片整理”按钮。

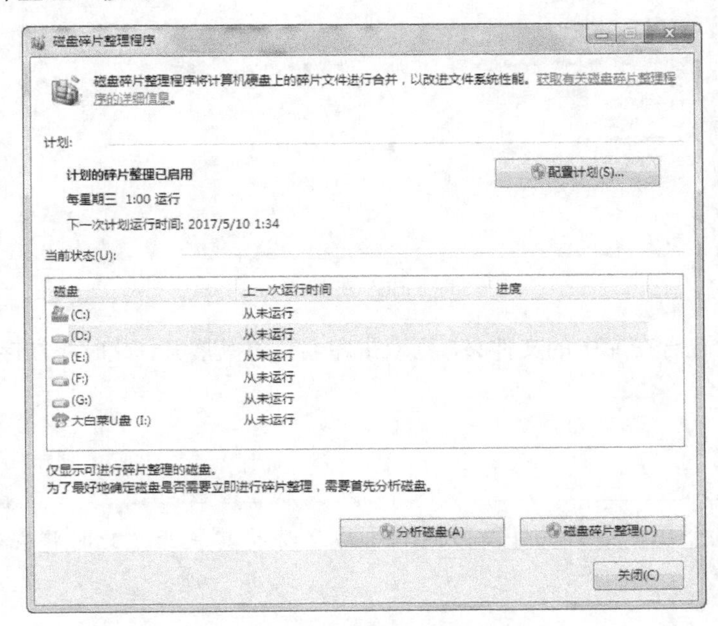

图 2-65 磁盘碎片整理

4. 使用库和收藏夹

文件管理的主要形式是以用户的个人意愿，用文件夹的形式作为基础分类进行存放，再按照文件类型进行细化。但随着文件数量和种类的增多，加上用户行为的不确定性，原有的文件管理方式往往会造成文件存储混乱、重复文件多等情况，已经无法满足用户的实际需求。而在 Windows 7 中，由于引进了“库”，文件管理更方便，可以把本地的文件添加到“库”，把文件收藏起来。

使用库，可以访问各种位置中的文件夹，这些位置如计算机或外部硬盘。选择“库”选项将其打开后，包含在库中的所有文件夹中的内容都将显示在文件列表中。

新建库的操作步骤如下。

- 打开“计算机”窗口，右击“库”选项，在弹出的快捷菜单中选择“新建”命令，如图 2-66 所示。
- 在其级联菜单中选择“库”选项；输入新库名“资料”。

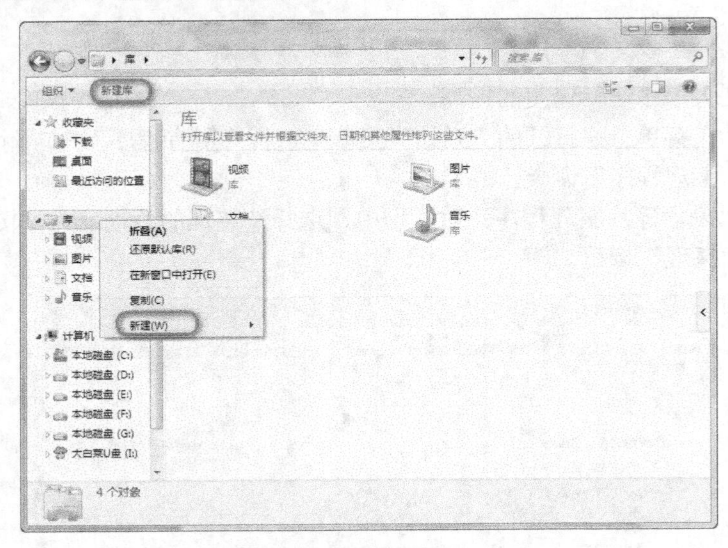

图 2-66　新建库

● 如要查看已包含在库中的文件夹，则双击库名称将其展开，此时将在库下列出其中的文件夹。

专家点睛

如要查看已包含在库中的文件夹，则双击库名称将其展开，此时将在库下列出其中的文件夹。

将文件夹添加到库，操作步骤如下。

● 双击打开新建的库“资料”，单击“包括一个文件夹”按钮，再选择想要添加到当前库的文件夹即可，如图 2-67 所示。

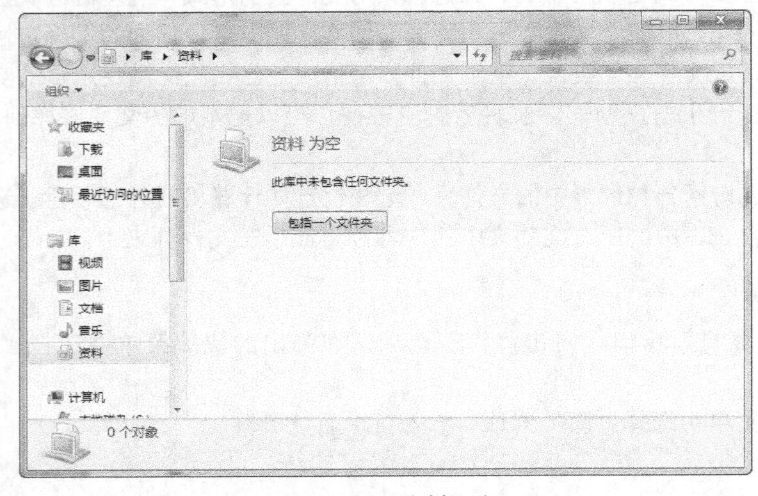

图 2-67　“资料”库

● 对于已经包括了一些文件夹的库，直接进入“库”，右击想要添加文件夹的库，在弹出的快捷菜单中选择“属性”命令，打开属性对话框，单击“包含文件夹”按钮，选中想要添加到当前库的文件夹即可，如图2-68所示。

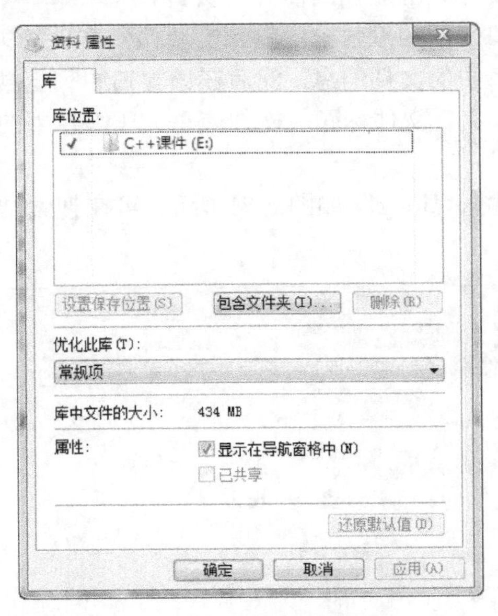

图2-68　属性对话框

● 右击需要添加到库的文件夹，在弹出的快捷键菜单中选择“包含到库中”命令，再选择目标库即可，如图2-69所示。

同样，若要删除库中的文件夹，则右击要删除的文件夹，在弹出的快捷菜单中选择“从库中删除位置”命令，如图2-70所示。但这样只是将文件夹从库中删除，不会从该文件夹的原始位置删除该文件夹。

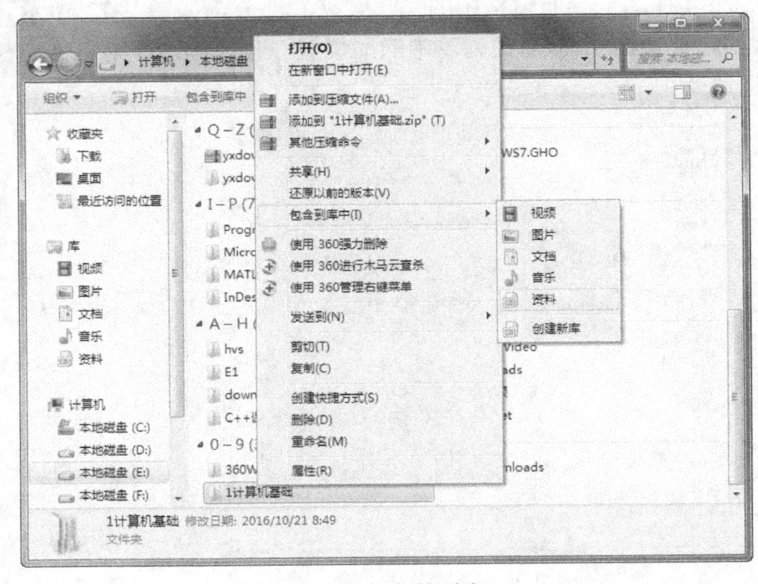

图2-69　添加文件到库

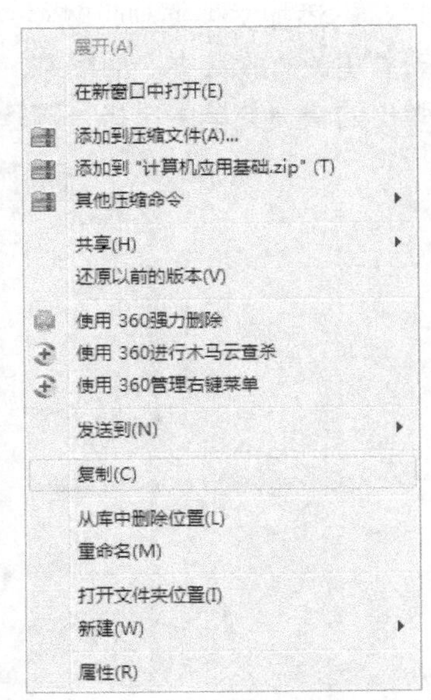

图2-70　从库中删除文件

在库中查找文件，操作步骤如下。

为了让用户更方便地在库中查找资料，系统还提供了一个强大的库搜索功能，这样我们可以不用打开相应的文件或文件夹就能找到需要的资料。

搜索时，在“库”窗口上面的搜索框中输入需要搜索文件的关键字，随后按 Enter 键，这样系统会自动检索当前的库中的文件信息，随后在该窗口中列出搜索到的信息。库搜索功能非常强大，不但能搜索到文件夹、文件标题、文件信息、压缩包中的关键字信息，还能搜索到一些文件中的信息。

在右上角的搜索框中输入“.jpeg”，如图 2-71 所示，可在搜索结果区域显示库中所有的.jpeg 文件。

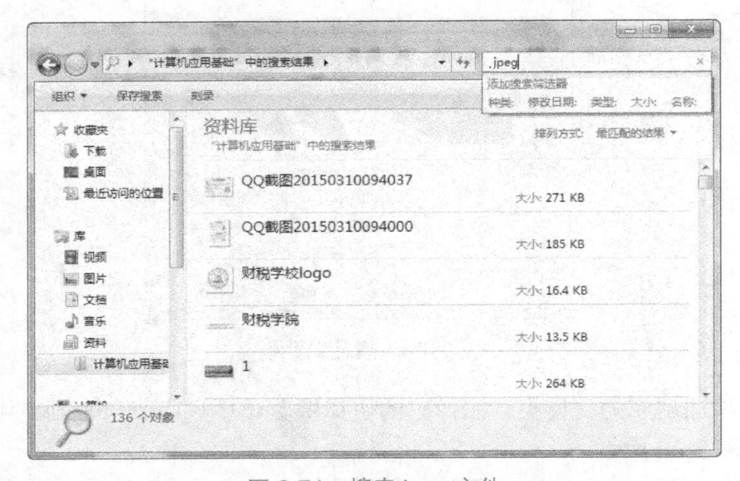

图 2-71　搜索.jpeg 文件

自定义收藏夹，操作步骤如下。

● 添加文件夹到收藏夹，则将其拖动到导航窗格中的“收藏夹”部分，如图 2-72 所示。若要更改“收藏夹”的顺序，则将“收藏夹”拖动到列表中的新位置。若要删除，则右击，在弹出的快捷菜单中选择“删除”命令。

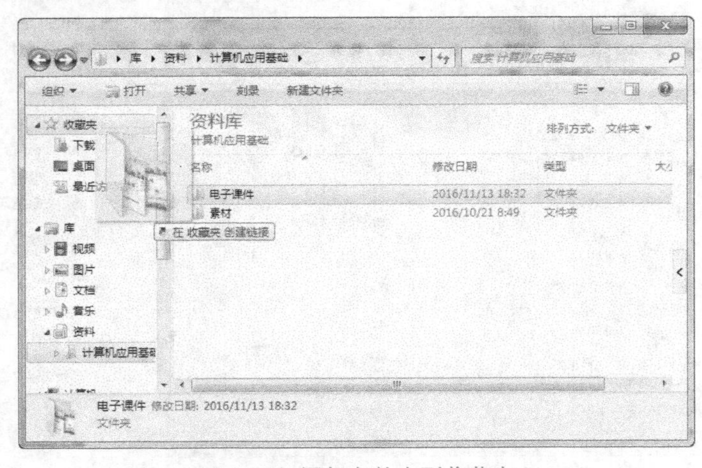

图 2-72　添加文件夹到收藏夹

● 若要还原导航窗格中的默认收藏夹，则右击“收藏夹”选项，在弹出的快捷菜单中选择“还原收藏夹链接”命令即可。在添加到收藏夹时，则无法将文件或网站添加为收藏夹，如图2-73所示。

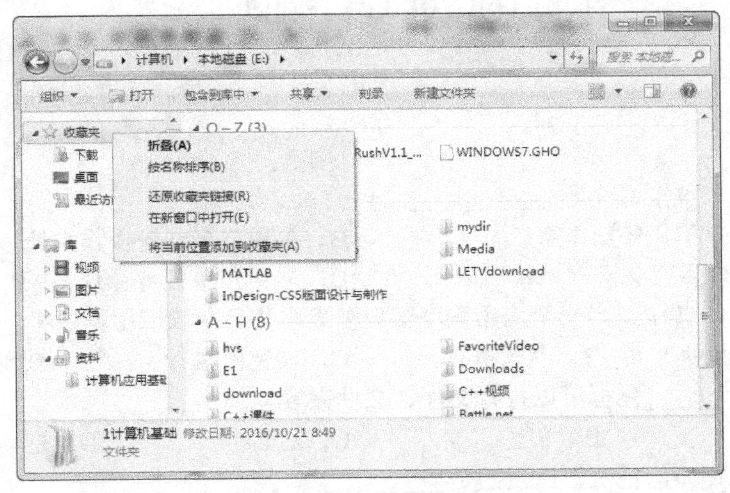

图2-73　还原收藏夹链接

单元小结2

本单元共完成两个项目，主要包括Windows 7的基本操作、Windows 7中文件与文件夹操作、控制面板中常用属性设置、库和收藏夹的使用等。学完后应该有以下收获。

- 了解Windows 7的功能和基本概念。
- 掌握Windows 7系统的启动和退出。
- 认识Windows 7窗口并掌握其基本操作。
- 掌握任务栏的组成、操作及属性设置。
- 掌握“开始”菜单的组成与设置。
- 掌握文件、文件夹的创建、重命名和删除。
- 掌握文件的浏览、选取、复制和移动。
- 掌握文件、文件夹属性与文件夹选项的设置。
- 掌握任务磁盘格式化、磁盘清理与碎片整理。
- 掌握桌面个性化属性设置。
- 掌握系统输入法设置。
- 掌握用户账户设置。
- 掌握库和收藏夹的使用。

课外自测2

一、单选题

1．Windows 7 操作系统是__________。

A．单用户单任务操作系统　　B．单用户多任务操作系统

C．多用户多任务操作系统　　D．多用户单任务操作系统

2．在 Windows 7 中，当一个应用程序窗口被最小化后，该应用程序将________。

A．被终止执　　B．继续执行　　C．被暂停执行　　D．被删除

3．利用_________鼠标可以打开文件、文件夹等。

A．双击　　B．滚轮　　C．右击　　D．拖动

4．下面关于窗口的说法，错误的是_________。

A．在还原状态下拖动窗口边框可以调整其大小

B．单击最小化按钮可将窗口缩放到任务栏中

C．在还原状态下拖动窗口的功能区可以改变其位置

D．在还原状态下拖动窗口的标题栏可以改变其位置

5．要同时选择多个文件或文件夹，可在按住_________键的同时，依次单击所要选择的文件或文件夹。

A．Ctrl　　B．Shift　　C．Alt　　D．Ctrl +Shift

6．利用_______对话框可以设置显示隐藏的文件或文件夹。

A．文件夹属性　　B．文件夹选项

C．自动播放　　D．删除文件夹

7．要设置 Windows 7 的桌面主题、桌面图标、桌面背景和屏幕保护程序，均可在“____”窗口中单击相应的按钮，然后在打开的窗口中进行相应的设置。

A．个性化　　B．控制面板

C．网络和共享中心　　D．用户账户

8．下列关于关闭应用程序的说法，错误的是_________。

A．单击程序窗口右上角的“关闭”按钮

B．按 Alt+F4 组合键

C．在“文件”菜单中选择“退出”命令

D．双击程序窗口的标题栏

9．Windows 7 可支持长达_______个字符的文件名。

A．8　　B．10　　C．64　　D．255

10．在资源管理器窗口中，出现在左窗格文件夹图标前的空心三角形标志表示_______。

A．该文件夹中有文件　　B．该文件夹中没有文件

C．该文件夹中有下级文件夹　　D．该文件夹中没有下级文件夹

二、实操题

1．熟悉 Windows 7 操作系统的使用环境（本题使用“第二单元\课外自测\1”文件夹）。

查看你所用计算机的属性，新建一个记事本文档，把所查看的计算机硬件配置参数记录在文档中，并以“我的计算机硬件.txt”为文件名保存在本文件夹中。

2．Windows 桌面基本操作。

正确开机后，完成以下 Windows 的基本操作。

（1）桌面操作。

设置图片/幻灯片为桌面背景；并将桌面上的某个图标添加到任务栏。

（2）桌面小工具应用。在桌面上添加/删除一个日历。

（3）切换窗口。练习用多种方法在已经打开的“计算机”“回收站”和“Word 2010”等不同窗口之间切换。

（4）对话框操作。打开“日期和时间”对话框，移动其位置，并更改当前不正确的系统日期与时间。打开“文本服务和输入语言”对话框，将语言栏中已安装的一种自己熟悉的中文输入法作为默认输入法。

（5）菜单操作。练习使用鼠标和键盘两种操作方法打开/关闭“开始”菜单、下拉菜单、控制菜单、快捷菜单、级联菜单。

3．控制面板的使用（本题使用“实验实训 01\基本技能实验\3”文件夹）。

利用控制面板完成以下操作。

（1）“开始”菜单设置。将记事本应用程序图标锁定到“开始”菜单，查看设置效果。

（2）参考建立“用户账户”和设置个性化桌面部分，设计一个自己喜欢的计算机个性化设置方案，并实施。

4．文件资源管理（本题使用“第二单元\课外自测\2”文件夹）。

（1）在本题所用文件夹中建立如图 2-74 所示的文件夹结构。

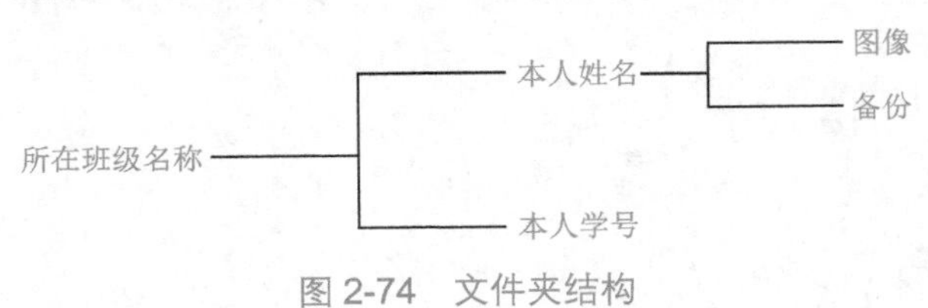

图 2-74 文件夹结构

（2）在 C 盘上查找“Control.exe”文件，建立其快捷方式，保存到“本人姓名”文件夹下，并改名为“控制面板”。

（3）调整窗口的大小和排列图标。打开“计算机”窗口，以“详细信息”方式查看其内容，并按“名称”排列窗口内的内容。然后复制此窗口的图像，粘贴到“画图”应用程序中，并以“窗口.bmp”为名保存在“图像”文件夹中。

（4）文件和文件夹的移动、复制、删除。将 C 盘“Windows”文件夹中第一个字符为 S、扩展名为.exe 的所有文件复制到“本人学号”文件夹中；将“图像”文件夹中的所有文件移动到“备份”文件夹中。

（5）在 Windows 帮助系统中搜索有关“将 Web 内容添加到桌面”的操作，将搜索到的内容复制到“写字板”程序的窗口中，以“记录 1.txt”为名保存在“本人学号”文件夹中。

（6）试着将上述“记录 1.txt”文件删除到回收站，再尝试从回收站中将它还原。

（7）将“所在班级名称”文件夹发送到“我的文档”文件夹中。

（8）写出表 2-3 中的图标所表示的文件类型。

表 2-3　图标及其所表示的文件类型

图标					
观察结果					

5．系统工具。

（1）试利用磁盘碎片整理程序对本地磁盘 D 进行碎片整理。

（2）试利用磁盘清理程序清理本地磁盘 D 上的无用文件。

6．你所在的协会办公室目前只有一台低版本操作系统的计算机。该计算机是公用的，一直没有人维护，所有的系统设置长期没有更新，只有一个公用账户，缺乏安全性，而且大家长期频繁地进行文件存取的操作，文件管理非常混乱，其运行速度也很慢。你作为一名大学生，请制订一个计划，来解决该计算机目前所存在的一些问题。

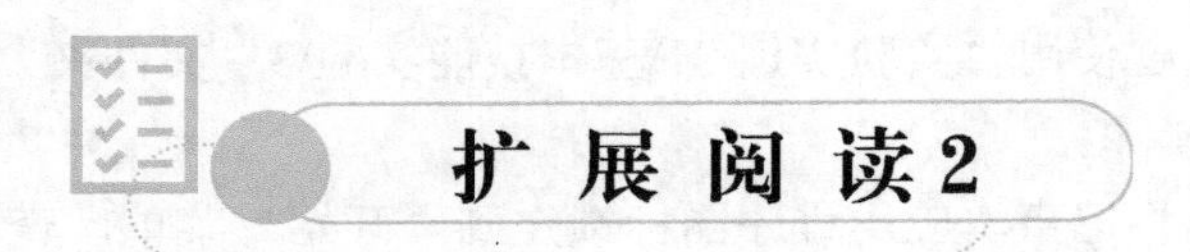

扩展阅读 2

1．丽莎·罗格克．微软启示录：比尔·盖茨语录[M]．阮一峰译．南京：译林出版社，2014.

2．保罗·弗莱伯格，等．硅谷之火：人与计算机的未来[M]．张华伟译．北京：中国华侨出版社，2014.

Word 2016 基本应用

Word 文字处理软件可以创建电子文档，并对电子文档进行文字的编辑与排版。在文档中还可以插入表格或多媒体素材文件，制作可视性极佳的表格文档或图文并茂的彩色文档，极大地丰富了文字的表现力。尤其在长文档的排版处理上，能够快速地针对文档的格式要求做出设置。本单元将通过 5 个项目来学习 Word 文档的基本操作，包括编辑文字和设置格式的方法与技巧，创建表格，插入图片和剪贴画，实现图文混排以及长文档排版应用中的方法和技巧，根据毕业论文格式要求，应用样式、自动生成目录、添加页眉页脚、插入封面等内容。

项目 1
制作教师教学能力培训计划

项目描述

为了提升教师队伍的教学能力，教务处工作人员制订了教师教学能力培训计划。首先要创建文档并编辑计划内容，制作电子计划书。为了使计划书更加美观，需要对它进行文字的排版、段落格式的设置和整体页面的美化。

项目分析

首先打开一个空白文档，输入和编辑计划内容，并添加项目编号，使文档层次结构清晰且有条理，完成电子计划书的创建。然后进行文字的排版，设置字体及段落格式，最后添加页面边框、文字底纹和段落底纹，完成页面整体的设置。

相关知识

1．启动和退出 Word 2016

（1）启动 Word 2016。

● 从“开始”菜单进入。单击“开始”按钮，在打开的“开始”菜单中选择“Word 2016”命令，如图 3-1 所示，即可启动 Word 2016。

● 从快捷方式进入。双击 Word 2016 快捷方式图标，或右击快捷方式图标，在弹出的快捷菜单中选择“打开”命令，即可启动 Word 2016，如图 3-2 所示。

● 通过双击 Word 2016 文件图标启动。在计算机上双击任意一个 Word 2016 文件图标，在打开该文件的同时即可启动 Word 2016，如图 3-3 所示。

（2）退出 Word 2016。

● 选择“文件”→“关闭”命令，如图 3-4 所示。

● 按 Alt+F4 组合键即可关闭 Word 窗口并退出 Word 2016。

● 单击 Word 2016 标题栏右侧的“关闭”按钮 × 即可退出 Word 2016。

● 右击任务栏上的 Word 2016 程序图标，在弹出的快捷菜单中选择“关闭窗口”命令即可退出 Word 2016。

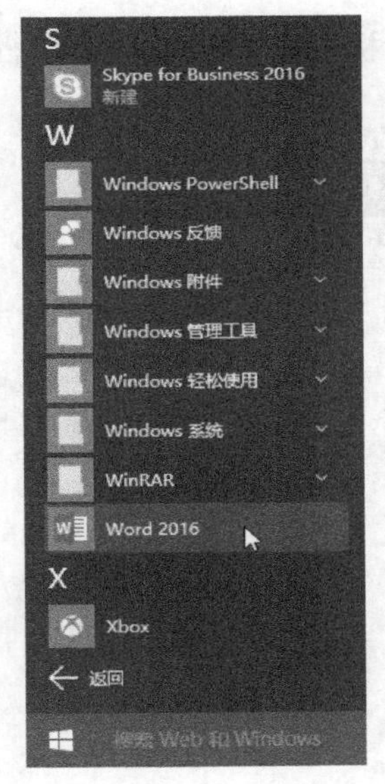

图 3-1　“开始”菜单的“Word 2016”命令

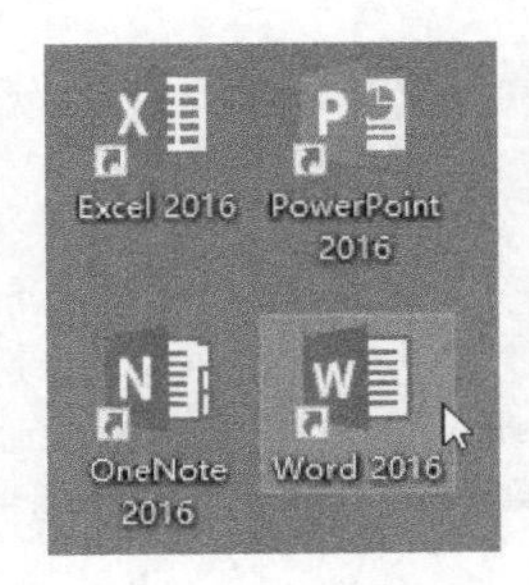

图 3-2　快捷方式图标

图 3-3　Word 2016 文件图标

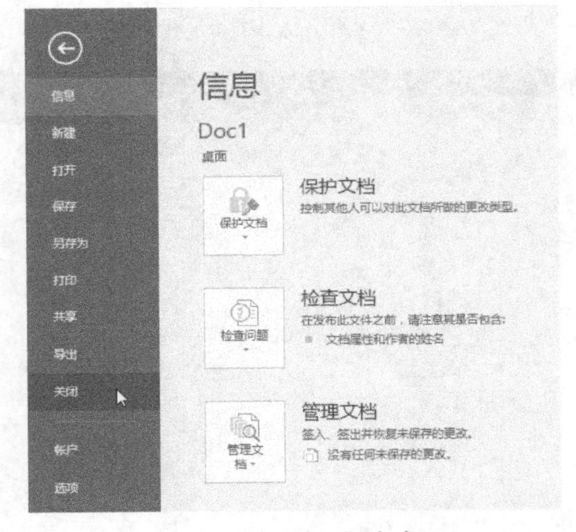

图 3-4　“关闭”命令

2. Word 2016 的工作界面

启动后的 Word 2016 的工作界面如图 3-5 所示。

Word 2016 的工作窗口主要由标题栏、功能区、编辑区、标尺、导航窗格、滚动条和状态栏等组成。

● *标题栏*

标题栏位于操作界面的最顶部，由快速访问工具栏、文档名、功能区显示选项按钮及窗口控制按钮组成。其中快速访问工具栏显示了 Word 中常用的命令按钮，如“保存”按钮、“撤销”按钮、“恢复”按钮等。用户可以根据需要自行设置快速访问工具栏中的命令按钮：单击其后的“自定义快速访问工具栏”按钮，弹出下拉列表，如图 3-6 所示，选择其中需要的命令即可添加，取消勾选即可去除。文档名位于标题栏的中央，为当前正在编辑的文档名称。

功能区的显示选项按钮提供了显示或隐藏功能区中选项卡和命令的选项，窗口控制按钮用于控制工作窗口的大小和退出 Word 2016 程序。

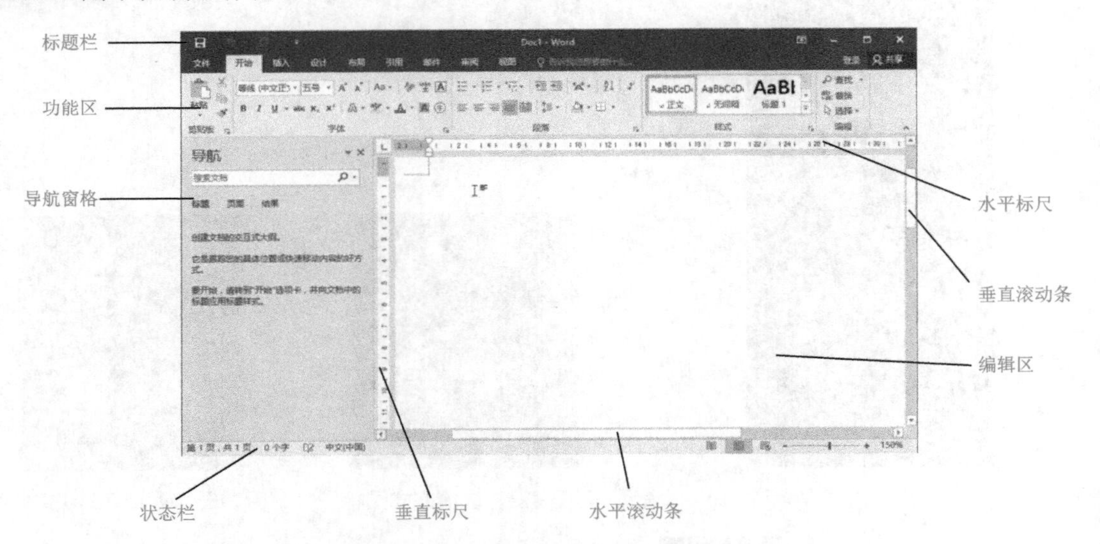

图 3-5　Word 2016 的工作界面

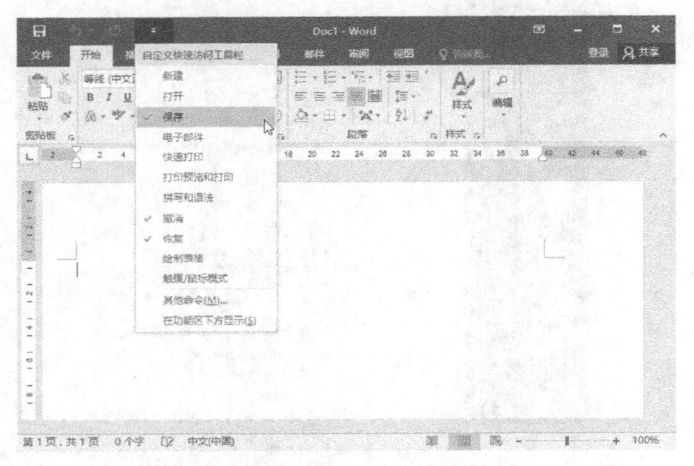

图 3-6　“自定义快速访问工具栏”下拉列表

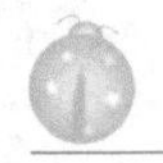

专家点睛

一个 Word 文件就是一个扩展名为“.docx”的文档文件，当新建 Word 文档时，其默认的名称为“文档 1”，可在保存时对其重新命名。编辑 Word 文档时，双击标题栏可以使窗口在“最大化”和“还原”状态之间切换，也可以利用窗口控制按钮调整窗口状态。快速访问工具栏中的按钮，在激活状态时呈现白色，未被激活时呈现不透明的灰色。

- **功能区**

功能区将常用功能和命令以选项卡、按钮、图标或下拉列表的形式分别显示。其中，文件的新建、保存、打开、关闭及打印等功能整合在“文件”选项卡下，便于使用。其他选项卡中

分类放置相应的工具，实现对文件的编辑、排版等操作。单击选项卡名称可以在不同的选项卡之间进行切换。单击功能区右上角的“功能区显示选项”按钮，可选择隐藏功能区、显示功能区或仅显示功能区上的选项卡名称。

专家点睛

右击“文件”选项卡，在快捷菜单中选择“自定义功能区”命令，如图 3-7 所示，可以修改功能区的工具按钮，如进行按钮的删除或添加。将鼠标指针停留在某个工具按钮上，可显示该按钮的功能。

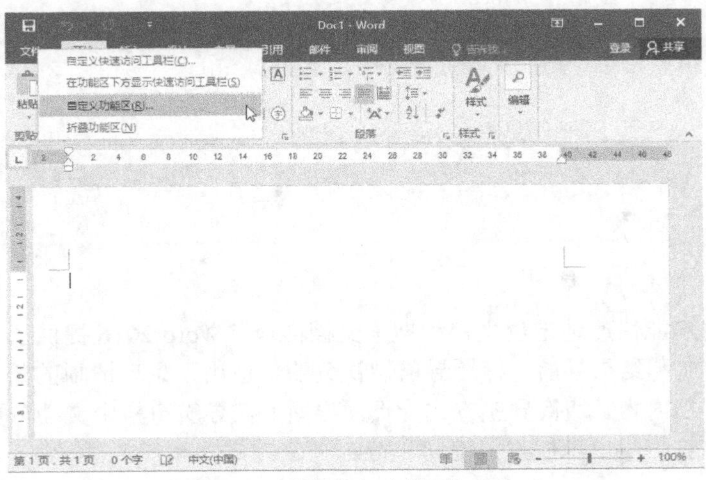

图 3-7　“自定义功能区”命令

● 编辑区

编辑区又称文本区，是文档窗口中央的空白处，用于实现文档的显示和输入等操作。在编辑区中，闪烁的竖直线“|”为插入点，指当前输入内容的键入位置，用于输入文本和插入各种对象。启动 Word 时，编辑区为空，插入点位于空白文档的开头。

专家点睛

在文档现有内容区域，用户可通过方向键移动插入点。此外，按 Ctrl+Home 组合键可将插入点快速定位到当前页的开头，按 Ctrl+End 组合键可将插入点定位到当前页的末尾。

● 标尺

标尺分为水平标尺和垂直标尺，用来设置页面尺寸及文本段落的缩进。水平标尺的左、右两边分别有左缩进标志和右缩进标志，用于限制文本的左右边界。

专家点睛

用户可自行设置是否显示标尺工具。勾选“视图”选项卡下“显示”组的“标尺”复选框，

可显示标尺；取消勾选则隐藏，如图 3-8 所示。

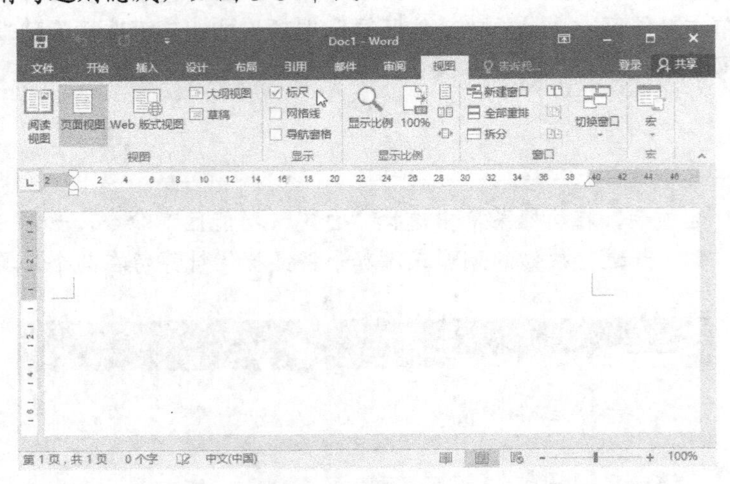

图 3-8 “标尺”复选框

● 导航窗格

导航窗格使用户能快速地定位文档和搜索文档内容。Word 2016 提供了 3 种导航功能，即标题导航、页面导航和结果导航。标题导航层次分明，适用于条理清晰的长文档，用户可通过单击标题来定位文档内容。切换导航方式为页面导航，在导航窗格中文档分页以缩略图的形式列出。使用结果导航，用户可搜索关键词和特定对象。

专家点睛

用户可自行设置是否显示导航窗格。勾选“视图”选项卡下“显示”组的“导航窗格”复选框，可显示导航窗格；取消勾选则隐藏。

● 滚动条

滚动条主要用来移动文档的位置。当文档内容超出屏幕区域时，可使用滚动条来调整内容至可视区域。Word 2016 的工作窗口有水平滚动条和垂直滚动条，分别位于编辑区的右侧和下方，由滚动箭头和滚动框组成。

● 状态栏

状态栏位于操作界面底部，其中状态栏的左侧显示文档的有关信息，如页码、字数等，右侧显示文档的多种视图模式、显示比例滑块及缩放级别按钮 100%。

专家点睛

打开 Word 2016 文档文件，系统默认使用“页面视图”模式，用户可单击不同视图模式按钮进行调整。若调整文档窗口的大小，可单击右下角缩放级别按钮，打开“显示比例”对话框，如图 3-9 所示，设置显示比例，或拖动显示比例滑块来放大或缩小比例，或按住 Ctrl 键，滚动鼠标滚轮来调整比例。

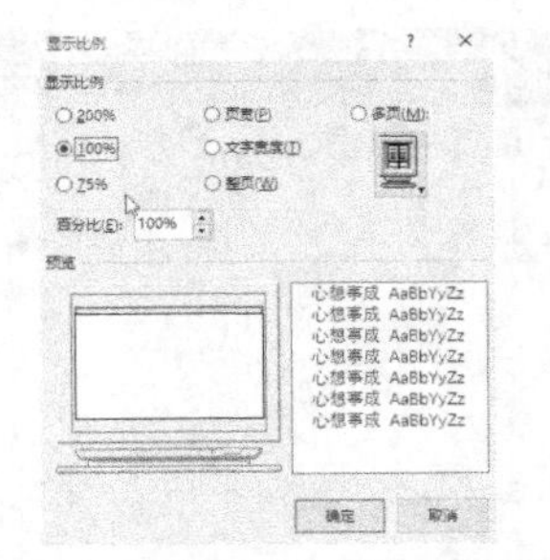

图 3-9　“显示比例”对话框

3．文件的基本操作

使用 Word 2016 创建的每一个文件都是以文档的形式保存的。文档的扩展名为“.docx”，文档的每一页是组成文档的基本单位。

（1）新建文档

● 通过“开始”菜单或桌面快捷方式启动 Word 2016，进入如图 3-10 所示的界面，单击“空白文档”按钮即可。

● 在文档目标位置右击，在弹出的快捷菜单中选择“新建”→“Microsoft Word 文档”命令，可创建新的 Word 2016 文档。

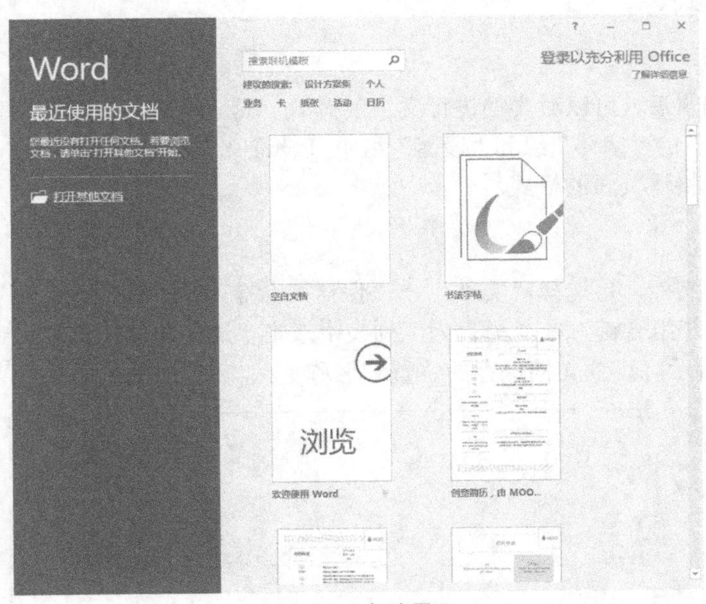

图 3-10　启动界面

（2）输入文本内容

在文档的编辑区，可在插入点处输入文本内容。Word 2016 提供了两种文本输入模式：插入和改写。插入模式为默认输入模式，输入新内容，插入点之后的原有文字会向后移动。右击状态栏，在弹出的快捷菜单中选择“改写”命令，如图 3-11 所示，可切换为改写模式。在此模式下，将插入点定位在需要改写的文本之前，输入新内容后，原文本会被替换。

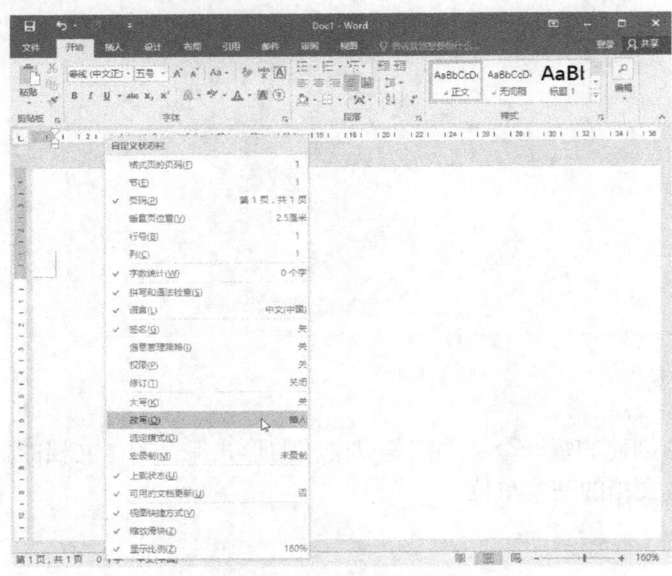

图 3-11 “改写”命令

(3) 插入非文本内容

单击“插入”选项卡下的按钮，可在文档中插入非文本内容，如图片、表格、形状、图表、特殊符号、数学公式等。

(4) 美化文档

完成文档的编辑后，可以对文档进行文字的排版、段落格式的设置和整体页面的美化，如在“开始”选项卡下的“字体”组和“段落”组中可设置文字和段落的格式，在“设计”和“布局”选项卡下设置整体页面的格式。

(5) 保存文档

要保存新建的文档，可选择“文件”→“保存”命令，或单击快速访问工具栏的“保存”按钮，或按 Ctrl+S 组合键，在“另存为”列表中双击“这台电脑”选项，弹出“另存为”对话框，如图 3-12 所示，设置文档保存的位置和名称。

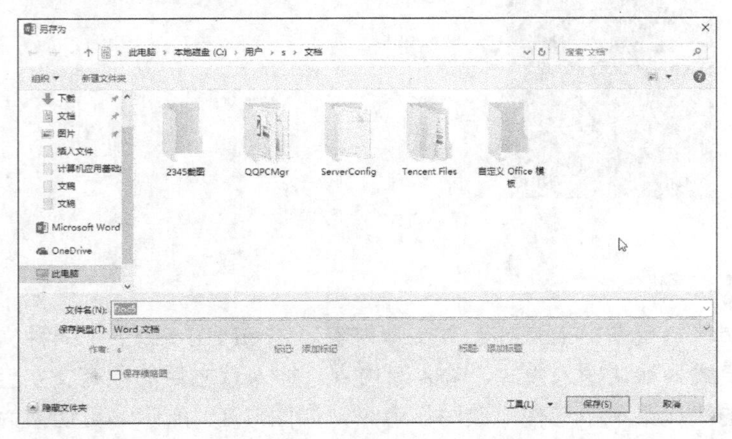

图 3-12 “另存为”对话框

专家点睛

"文件"选项卡中有"保存"和"另存为"两种保存方式。在保存一个新文档时，两种保存方式没有区别。而在保存已有文档时，二者是有区别的：选择"另存为"选项会打开对话框，可以改变当前文档的位置、名称及类型，而选择"保存"选项则不会打开对话框，只能以原位置、原名字、原类型的形式进行保存。

（6）打开文档

启动 Word 2016 后，选择左侧"打开其他文档"选项，在"打开"列表中，双击"这台电脑"选项，打开"打开"对话框，如图 3-13 所示，在左侧列表中选择文档所在的位置，在中间列表中选择要打开的文档，然后单击"打开"按钮，或直接双击要打开的文档，即可打开该文件。

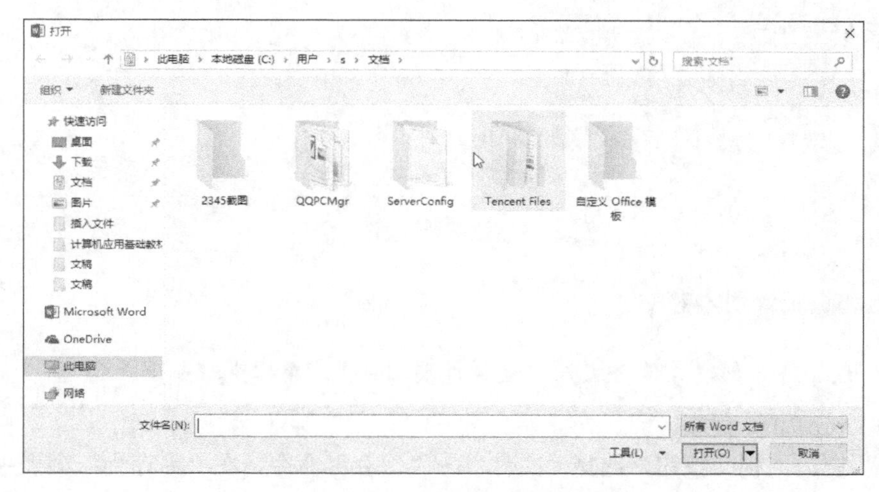

图 3-13　"打开"对话框

专家点睛

对用户最近编辑过的文档，可以通过"最近使用的文档"功能快速地找到并打开。启动 Word 2016，在左侧"最近使用的文档"列表中单击要打开的文档即可。

（7）关闭文档

在对文档进行编辑等操作后，保存相关修改，关闭 Word 2016 窗口即可。

项目实现

本项目将利用 Word 2016 制作如图 3-14 所示的"培训计划"文档。

（1）创建"培训计划"文档，输入计划内容，添加项目编号以设置文档层次，并在文档中插入当前日期。

（2）设置文档的字体格式及段落格式，并进行文字的排版，添加分栏、首字下沉效果。

（3）添加并设置页面边框。

（4）添加并设置文字底纹和段落底纹。

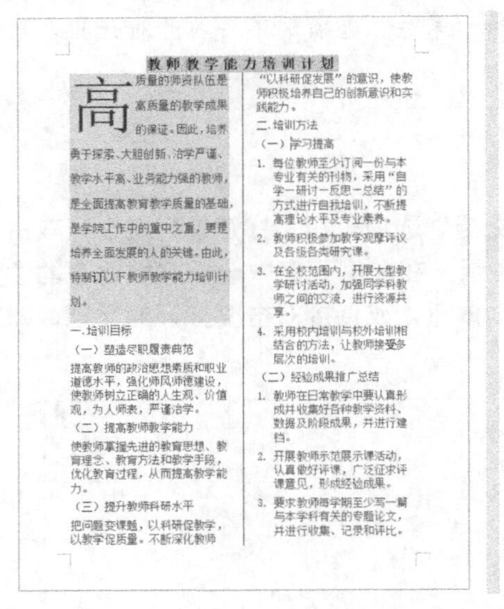

教师教学能力培训计划

高质量的师资队伍是高质量的教学成果的保证。因此，培养勇于探索、大胆创新、治学严谨、教学水平高、业务能力强的教师，是全面提高教育教学质量的基础，是学院工作中的重中之重，更是培养全面发展的人的关键。由此，特制订以下教师教学能力培训计划。

一.培训目标

（一）塑造尽职履责典范

提高教师的政治思想素质和职业道德水平，强化师风师德建设，使教师树立正确的人生观、价值观，为人师表，严谨治学。

（二）提高教师教学能力

使教师掌握先进的教育思想、教育理念、教育方法和教学手段，优化教育过程，从而提高教学能力。

（三）提升教师科研水平

把问题变课题，以科研促教学，以教学促质量。不断深化教师“以科研促发展”的意识，使教师积极培养自己的创新意识和实践能力。

二.培训方法

（一）学习提高

1. 每位教师至少订阅一份与本专业有关的刊物，采用“自学一研讨一反思一总结”的方式进行自我培训，不断提高理论水平及专业素养。
2. 教师积极参加教学观摩评议及各级各类研究课。
3. 在全校范围内，开展大型教学研讨活动，加强同学科教师之间的交流，进行资源共享。
4. 采用校内培训与校外培训相结合的方法，让教师接受多层次的培训。

（二）经验成果推广总结

1. 教师在日常教学中要认真形成并收集好各种教学资料、数据及阶段成果，并进行建档。
2. 开展教师示范展示课活动，认真做好评课，广泛征求评课意见，形成经验成果。
3. 要求教师每学期至少写一篇与本学科有关的专题论文，并进行收集、记录和评比。

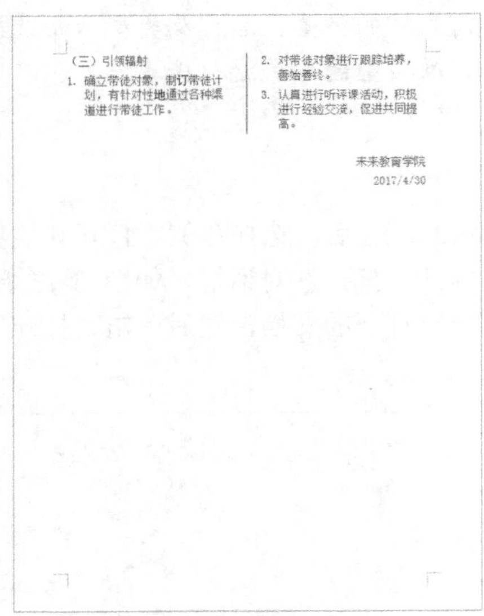

（三）引领辐射

1. 确立带徒对象，制订带徒计划，有针对性地通过各种渠道进行带徒工作。
2. 对带徒对象进行跟踪培养，善始善终。
3. 认真进行听评课活动，积极进行经验交流，促进共同提高。

未来教育学院

2017/4/30

图 3-14 “培训计划”文档

1．输入和编辑计划内容

打开 Word 2016，创建并保存文件“培训计划.docx”，操作步骤如下。

- 启动 Word 2016 程序。
- 单击“空白文档”按钮，选择“文件”→“保存”命令，在“另存为”列表中双击“这台电脑”选项，在打开的“另存为”对话框中单击左侧列表，选择文件保存的位置为“桌面”，并输入文件名“培训计划”，然后单击“保存”按钮保存文件。
- 打开“培训计划（素材）”文档，复制其内容，将内容粘贴到“培训计划”文档中。

在文档中添加项目编号，操作步骤如下。

- 将插入点定位在“培训目标”所在段落，为其添加一级编号。在“开始”选项卡的“段落”组中，单击“编号”下拉按钮 ，在弹出的下拉列表中选择“定义新编号格式”选项，打开“定义新编号格式”对话框，单击“字体”按钮，在“字体”对话框中设置编号字体效果，如图 3-15 所示。

设置编号样式、编号格式、对齐方式，如图 3-16 所示，单击“确定”按钮，得到文档一级编号，如图 3-17 所示。

- 定位插入点至下一行，为其添加二级编号。在“开始”选项卡的“段落”组中，单击“编号”下拉按钮，在弹出的下拉列表中选择“定义新编号格式”选项，打开“定义新编号格式”对话框，设置二级编号的样式、格式、对齐方式，如图 3-18 所示，单击“确定”按钮，得到文档二级编号，如图 3-19 所示。

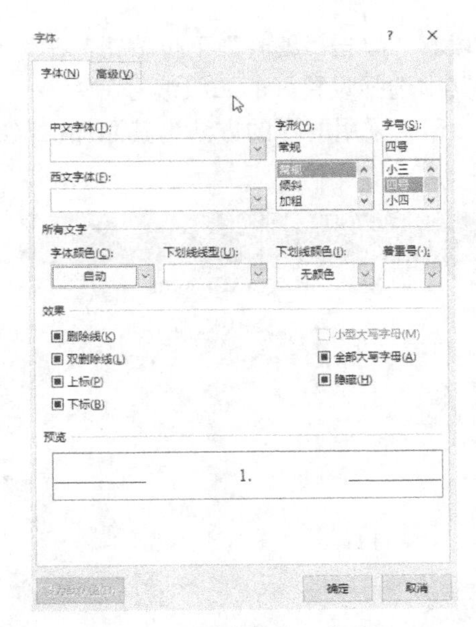

图 3-15　“字体” 对话框

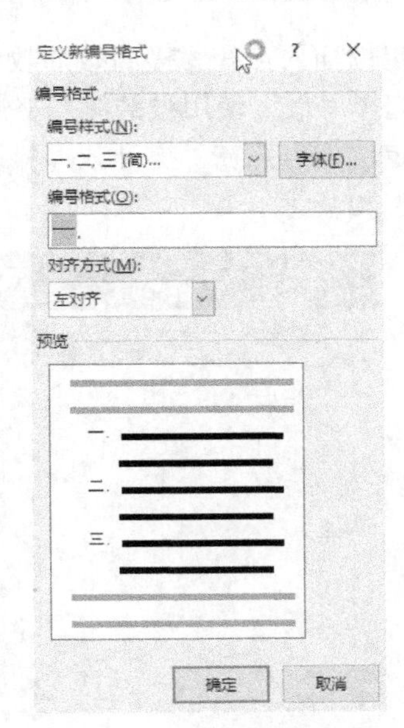

图 3-16　“定义新编号格式”对话框

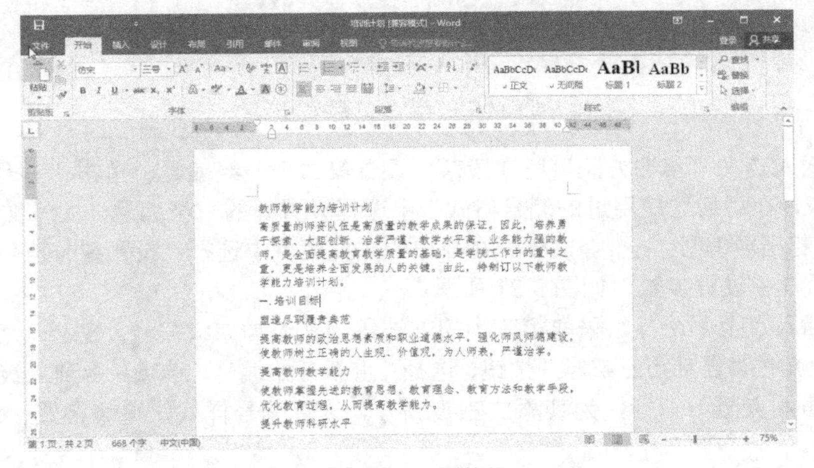

图 3-17　一级编号

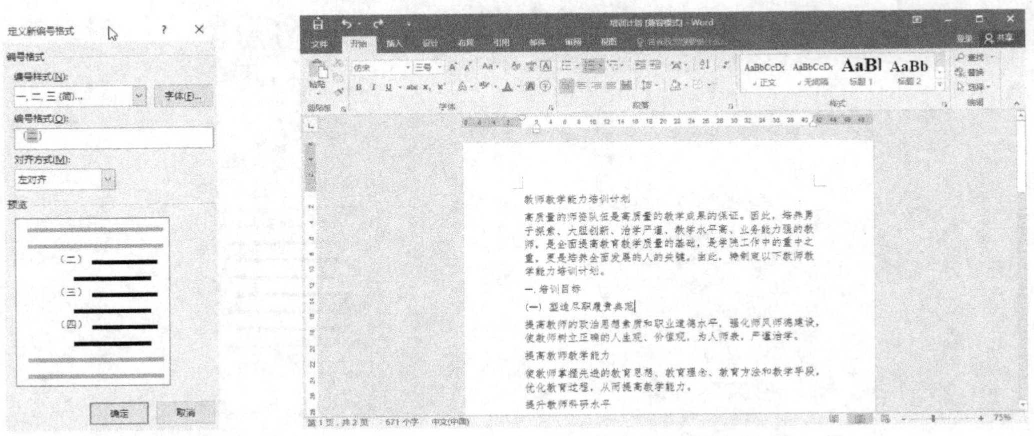

图 3-18　设置二级编号的格式

图 3-19　二级编号 “(一)”

● 定位插入点在“提高教师教学能力”所在段落。单击“编号”下拉按钮，在弹出的下拉列表中选择“最近使用过的编号格式”选项，在其中选择设置好的二级编号。

● 定位插入点在“提升教师科研水平”所在段落，采用同样的方法为其添加二级编号，效果如图 3-20 所示。

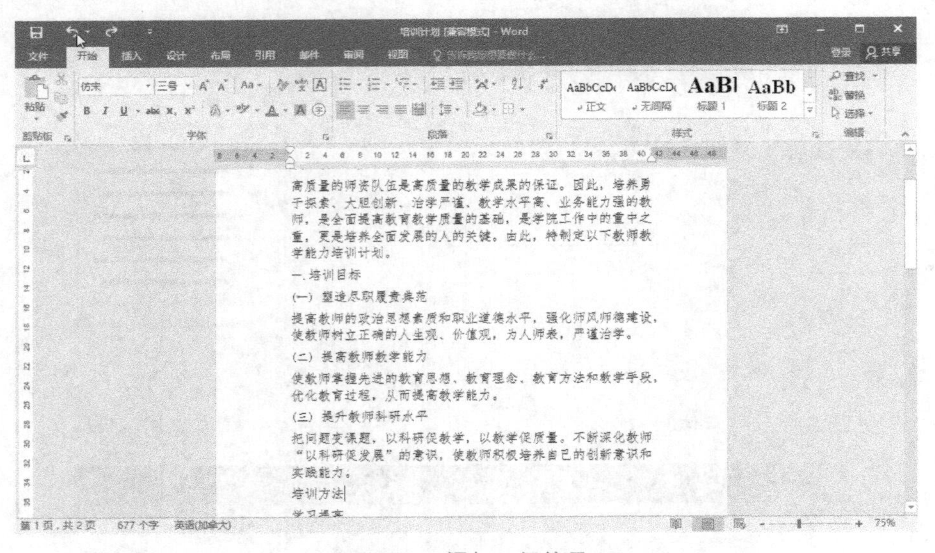

图 3-20　添加二级编号

● 定位插入点在“培训方法”所在段落，设置第二个一级编号。单击“编号”下拉按钮，弹出下拉列表，在“最近使用过的编号格式”中选择设置好的一级编号，此时文本前出现一级编号“二.”。若出现编号“一.”，右击，在弹出的快捷菜单中选择“设置编号值”命令，在“起始编号”对话框中设置参数，如图 3-21 所示。

● 定位插入点至下一行，采取第三步的方法，为其添加二级编号。若出现编号“(四)”，单击编号左上角的“自动更正选项”按钮，选择“重新开始编号”选项，得到二级编号“(一)”。

● 定位插入点至下一行，为其添加三级编号。设置编号样式、编号格式、对齐方式，如图 3-22 所示。

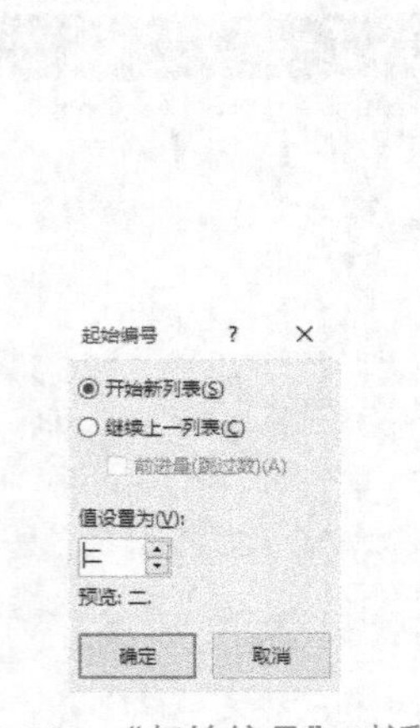

图 3-21　“起始编号”对话框

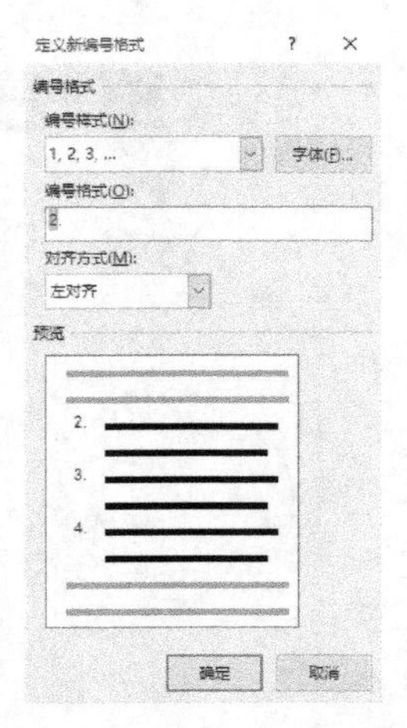

图 3-22　设置三级编号的格式

● 按照上述方法，为文档相关内容设置项目编号。

● 定位插入点在文字“塑造尽职履责典范”所在段落，调整项目编号与编号后文本之间的距离。右击，在弹出的快捷菜单中选择“调整列表缩进”命令，打开“调整列表缩进量”对话框，在“编号之后”选项组中选择“不特别标注”选项，如图 3-23 所示。

● 采用上一步的方法，将所有二级编号所在段落做同样的设置。

在文档最后一行插入当前日期，操作步骤如下。

在文本的末尾另起一行。在“插入”选项卡的“文本”组中，单击“日期和时间”按钮，打开“日期和时间”对话框，在“可用格式”列表框中选择第一种日期格式，并勾选“自动更新”复选框，如图 3-24 所示，单击“确定”按钮。

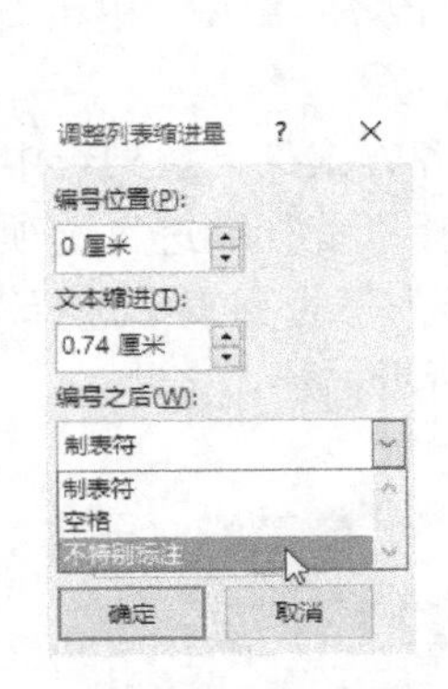

图 3-23　“调整列表缩进量”对话框

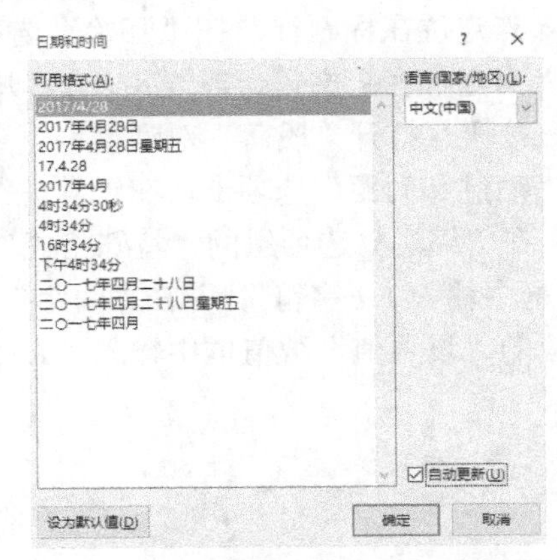

图 3-24　“日期和时间”对话框

2．设置字体格式及段落格式

将文档的标题设置为“宋体、小二、加粗”，字符间距为 3 磅，将正文设置为“宋体、四号”，操作步骤如下。

● 选定要设置的标题文字“教师教学能力培训计划”。在“开始”选项卡的“字体”组的“字体”下拉列表中选择“宋体”选项，如图 3-25 所示，在“字号”下拉列表中选择“小二”选项，并单击“字体”组的“加粗”按钮 B 。

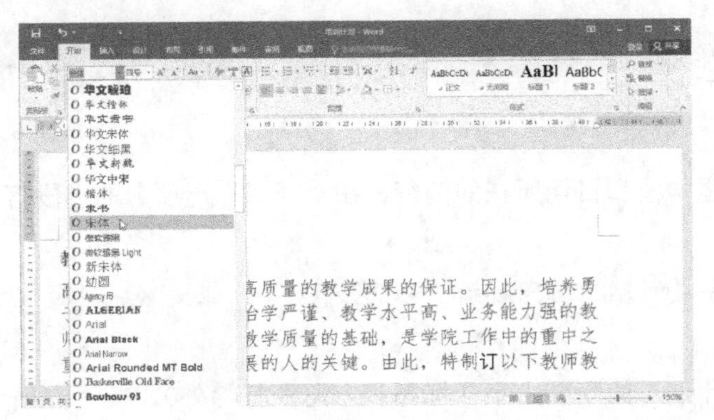

图 3-25　“字体”下拉列表

● 继续选定标题文字，在“开始”选项卡的“字体”组中，单击右下角的“对话框启动器”按钮，打开“字体”对话框，选择“高级”选项卡，在“字符间距”选项组的“间距”下拉列表中选择“加宽”选项，在相应的“磅值”数值框中输入“3 磅”，如图 3-26 所示，单击“确定”按钮。

● 选定除标题文字之外的文本并右击，在弹出的快捷菜单中选择“字体”命令，打开“字体”对话框，在“字体”选项卡的“中文字体”下拉列表中选择“宋体”选项，在“字号”列表框中选择“四号”选项，单击“确定”按钮。

将文档的标题设置为“居中对齐”，将正文第一段设置为“两端对齐、首行缩进 2 个字符、1.75 倍行距”，将文档末尾设置为“右对齐”，操作步骤如下。

● 将插入点定位在标题行，在“开始”选项卡的“段落”组中，单击“居中”按钮。

● 将插入点定位在正文第一段开头，在“开始”选项卡的“段落”组中，单击右下角的“对话框启动器”按钮，打开“段落”对话框。

● 选择“缩进和间距”选项卡，在“常规”选项组的“对齐方式”下拉列表中选择“两端对齐”选项，在“缩进”选项组的“特殊格式”下拉列表中选择“首行缩进”选项，在相应的“磅值”数值框中输入“2 字符”，并在“间距”选项组的“行距”下拉列表中选择“多倍行距”选项，在相应的“设置值”数值框中输入“1.75”，如图 3-27 所示。

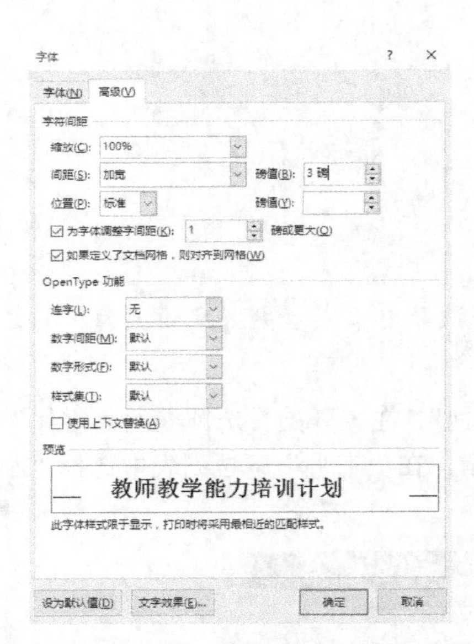

图 3-26 “字体”对话框的“高级”选项卡

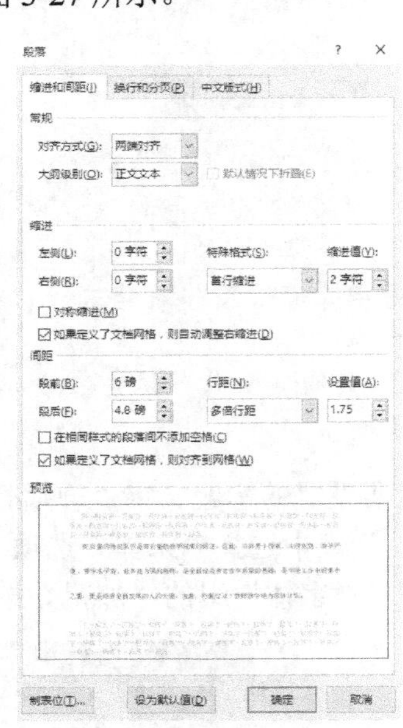

图 3-27 “段落”对话框的“缩进和间距”选项卡

● 选定文档末尾学校和日期所在的两行，在“开始”选项卡的“段落”组中，单击“右对齐”按钮。

将文档的正文分成两栏，栏间添加“分隔线”，并为正文第一段设置首字下沉效果，操作步骤如下。

● 选定“培训计划”的正文文字（标题和末尾两行除外），在“布局”选项卡的“页面设置”组中，单击“分栏”按钮，在弹出的下拉列表中选择“两栏”选项，如图 3-28 所示，将正文分成左右两栏。

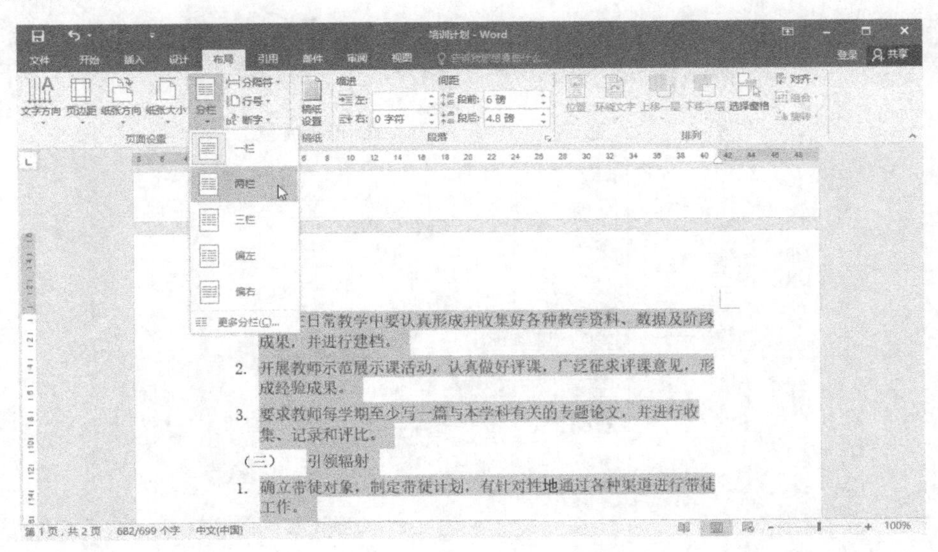

图 3-28　“分栏”下拉列表

● 在“分栏”下拉列表中选择“更多分栏”选项，打开“分栏”对话框，勾选“分隔线”复选框，如图 3-29 所示，单击“确定”按钮。

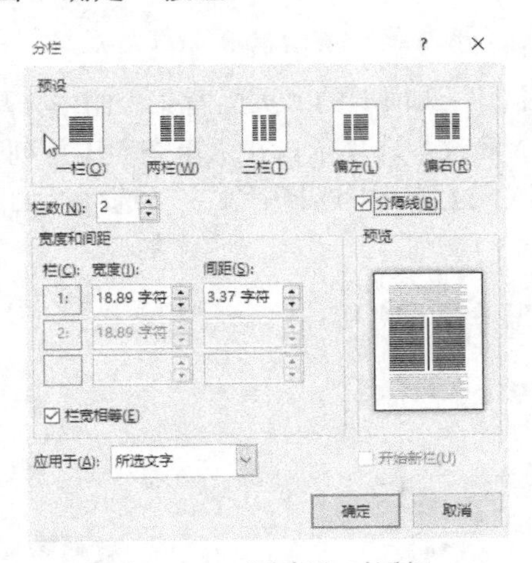

图 3-29　“分栏”对话框

● 将插入点置于正文第一段的前面，按 Backspace 键，取消首行缩进设置。在“插入”选项卡的“文本”组中，单击“首字下沉”按钮，在弹出的下拉列表中选择“下沉”选项。

3．添加页面边框

为文档添加并设置页面方框，操作步骤如下。

在“设计”选项卡的“页面背景”组中，单击“页面边框”按钮，打开“边框和底纹”对话框，选择“页面边框”选项卡，在“设置”列表中选择“方框”选项，在“颜色”下拉列表中选择“白色，背景 1，深色 50%”选项，在“宽度”下拉列表中选择“0.25 磅”选项，在

“应用于”下拉列表中选择“整篇文档”选项，如图 3-30 所示。

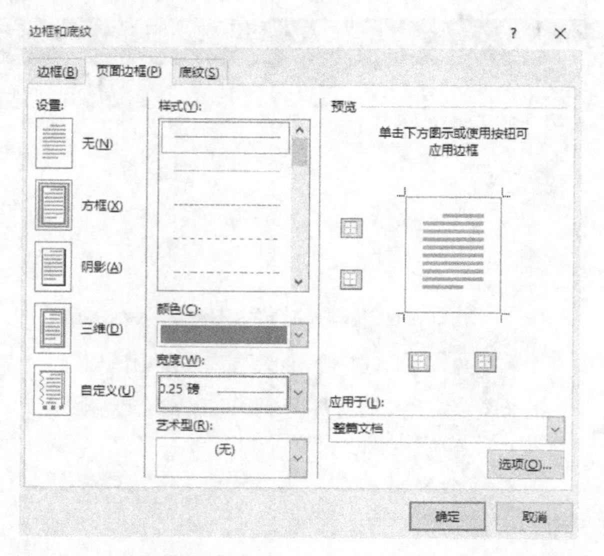

图 3-30　“边框和底纹”对话框的“页面边框”选项卡

4．添加并设置文字底纹和段落底纹

为文档标题添加文字底纹，并为正文第一段添加段落底纹，操作步骤如下。

- 选定标题文字。在“设计”选项卡的“页面背景”组中，单击“页面边框”按钮，打开“边框和底纹”对话框，选择“底纹”选项卡，在“填充”下拉列表中选择“白色，背景 1，深色 25%”选项，在“应用于”下拉列表中选择“文字”选项，如图 3-31 所示。

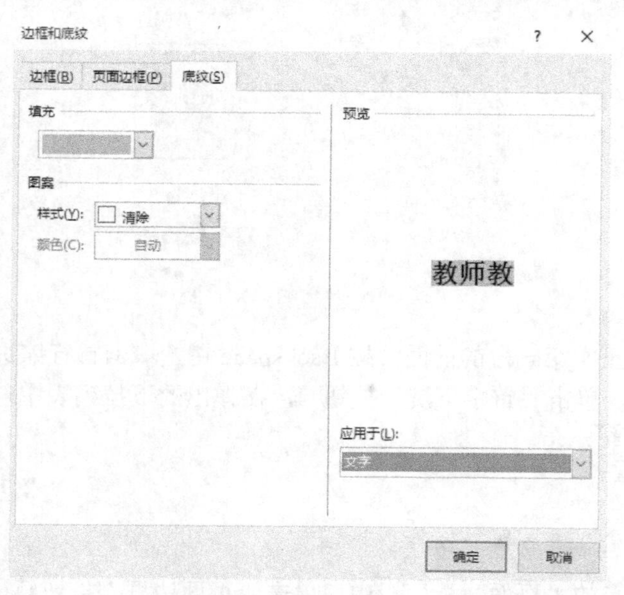

图 3-31　“边框和底纹”对话框的“底纹”选项卡

- 在正文第一段文字区域快速连续单击 3 次，选定第一段文字。在“设计”选项卡的“页

面背景”组中，单击“页面边框”按钮，打开“边框和底纹”对话框，选择“底纹”选项卡，在“填充”下拉列表中选择“白色，背景 1，深色 15%”选项，在“应用于”下拉列表中选择“段落”选项。

5. 保存文件

保存对文档的编辑及修改，操作步骤如下。

按 Ctrl+S 组合键，保存“培训计划”文档。

项目 2 使用表格制作求职简历

制作求职简历表格

制作求职简历封面

项目描述

在求职过程中，简历是对求职者经历、能力、技能的简要总结，是求职者综合素质的缩影。刘明利是一名即将毕业的大学生，正准备找工作。他知道简历在求职中的重要性，为了制作一份精美的电子求职简历，他请教了自己的大学老师。老师根据刘明利的自身情况，对求职简历的制作给出了建议。

项目分析

首先打开一个空白文档，制作简历表格，编辑表格内容，然后设置表格格式，并为单元格添加边框和底纹。

相关知识

1. 表格的创建

表格是一种组织和整理数据的手段。表格以水平行和垂直列的形式排列，基本组成单位是单元格。

(1) 拖动行、列数创建表格

若建立一个行列数不超过 8 行 10 列的表格，可在“插入”选项卡的“表格”组中，单击“表格”按钮，在弹出的下拉列表的“插入表格”网格中拖动鼠标，选择所需要的行列数，然后单击，在文档编辑区即可插入相应行列数的表格，如图 3-32 所示。

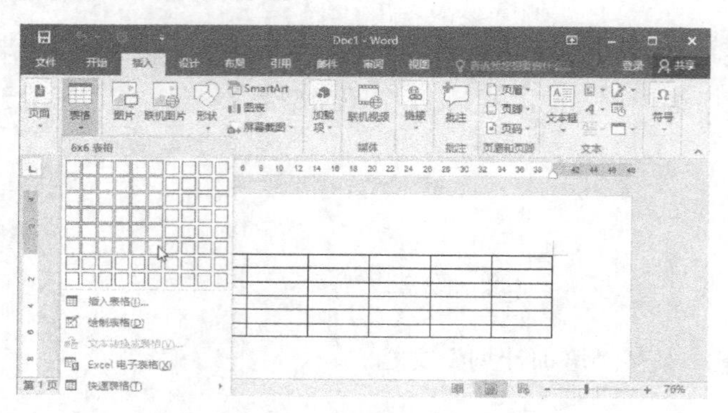

图 3-32 “插入表格”网格

(2) 利用“插入表格”选项

如果要插入行列数较多的大型表格，可在“插入”选项卡的“表格”组中，单击“表格”按钮，在弹出的下拉列表中选择“插入表格”选项，打开“插入表格”对话框，在“表格尺寸”选项组中设置行数和列数，如图 3-33 所示。

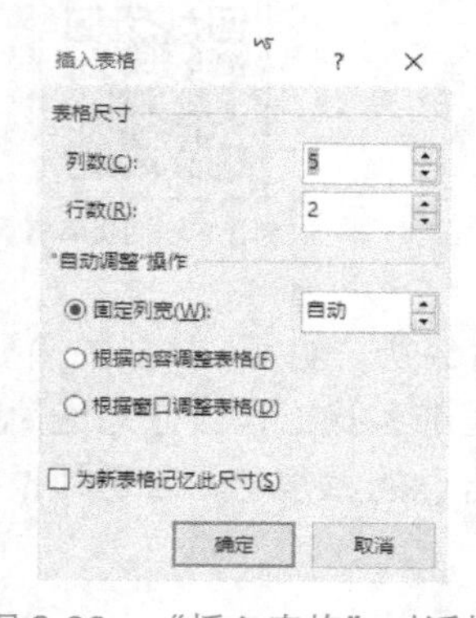

图 3-33 “插入表格”对话框

专家点睛

“插入表格”对话框允许用户绘制 32767 行 63 列以内的表格。在“插入表格”对话框中，用户还可在“‘自动’调整操作”选项组中调整单元格的大小。

(3) 利用“绘制表格”选项

Word 2016 还提供了手动绘制表格的操作。在“插入”选项卡的“表格”组中，单击“表格”按钮，在弹出的下拉列表中选择“绘制表格”选项，鼠标指针在文档编辑区会变为画笔形状，按住鼠标左键并拖动，再释放鼠标左键，即可得到一个矩形框或一条直线。

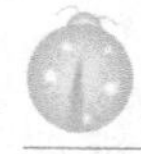

专家点睛

创建包含不规则单元格的表格，可采用绘制表格的方式。手动绘制的表格行高或列宽不一定相同，所以必须进行后期的表格格式调整。

2. 表格的基本操作

(1) 在表格中输入内容

表格创建完成后，即可向表格中输入内容。将插入点定位在要输入内容的单元格中，然后进行输入。

专家点睛

每个单元格中的内容相当于一个独立段落，可对其进行字体和段落格式的设置和调整。

(2) 调整表格的大小

● 调整表格的整体大小。将鼠标指针移动到表格右下角，当鼠标指针变成双箭头形状时，按住鼠标左键并拖动，即可对表格的宽度和高度进行等比例的缩放。

● 调整行高或列宽。将鼠标指针放在表格中的任意一条线上，当鼠标指针变成上下箭头或左右箭头形状时，按住鼠标左键并上下或左右拖动，即可改变表格的行高或列宽。

● 精确设置表格的大小。右击表格，在弹出的快捷菜单中选择“表格属性”命令，打开“表格属性”对话框，如图 3-34 所示，在“行”或“列”选项卡中，可精确地设定行高或列宽。

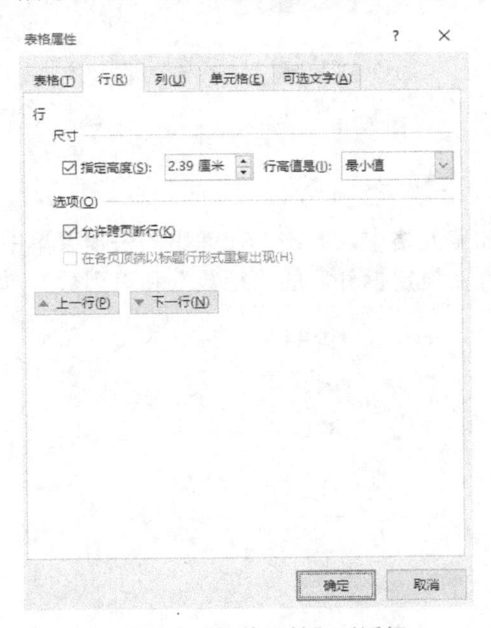

图 3-34　“表格属性”对话框

(3) 增加表格的行或列

将插入点定位在单元格中，右击，在弹出的快捷菜单中选择“插入”命令，在弹出的级联菜单中即可选择插入新的行或新的列或单元格，如图 3-35 所示。

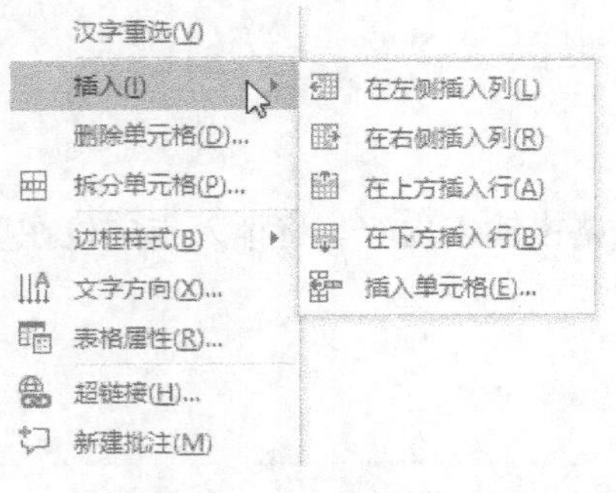

图 3-35 “插入”命令

(4) 删除表格的行或列

将插入点定位在位于待删除的行或列的某个单元格内，右击，在弹出的快捷菜单中选择“删除单元格”命令，打开“删除单元格”对话框，选中相应的单选按钮即可，如图 3-36 所示。

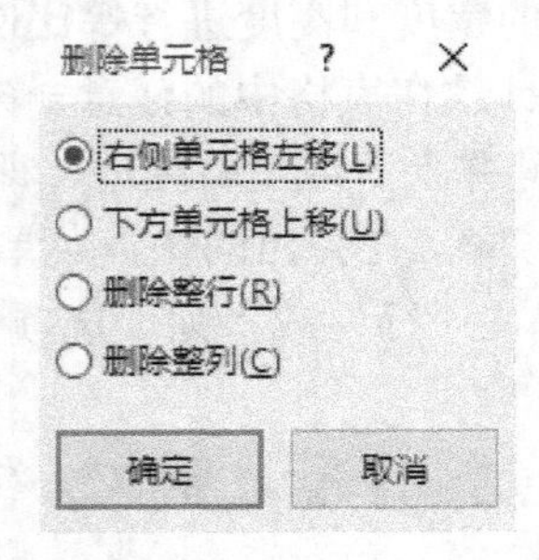

图 3-36 “删除单元格”对话框

(5) 拆分单元格

定位插入点在要拆分的单元格中，右击，在弹出的快捷菜单中选择“拆分单元格”命令，打开“拆分单元格”对话框，设定拆分后的“行数”和“列数”，如图 3-37 所示。

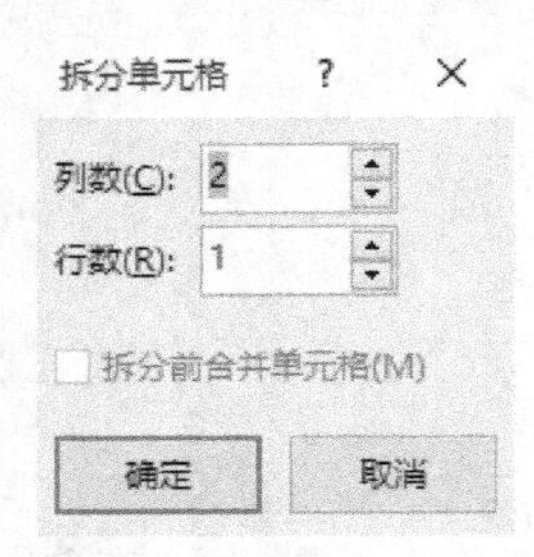

图 3-37 “拆分单元格”对话框

(6) 合并单元格

按住鼠标左键并拖动，选中需要合并的多个连续的单元格，右击，在弹出的快捷菜单中选择“合并单元格”命令，即可将选中的多个单元格合并成一个新的单元格。

(7) 移动表格位置

单击表格左上角的“表格移动控点按钮”⊞，选中整个表格，按住移动控点”按钮并拖动，

可将表格移动至合适位置。

(8) 删除表格

单击表格左上角的“表格移动”控点按钮，选中整个表格，右击，在弹出的快捷菜单中选择“删除表格”命令即可。

项目实现

本项目将利用Word 2016制作如图3-38所示的求职简历。

(1) 创建“求职简历”文档，制作表格标题。

(2) 编辑表格内容，设置表格基本格式。

(3) 美化表格，设置表格中字体的格式和表格样式。

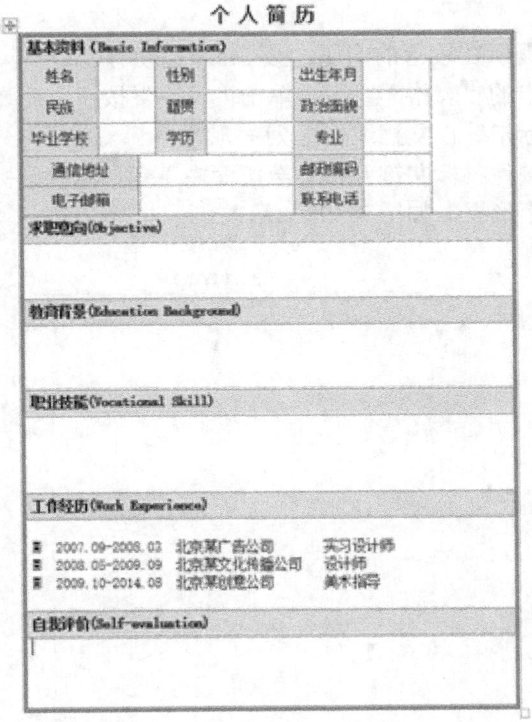

个人简历

基本资料(Basic Information)						
姓名		性别		出生年月		
民族		籍贯		政治面貌		
毕业学校		学历		专业		
通信地址				邮政编码		
电子邮箱				联系电话		
求职意向(Objective)						
教育背景(Education Background)						
职业技能(Vocational Skill)						
工作经历(Work Experience)						
■ 2007.09-2008.03　北京某广告公司　实习设计师 ■ 2008.05-2009.09　北京某文化传播公司　设计师 ■ 2009.10-2014.08　北京某创意公司　美术指导						
自我评价(Self-evaluation)						

图3-38　个人简历表格

1. 新建文档，输入表格标题

打开Word 2016，创建并保存文件“求职简历.docx”，操作步骤如下。

● 启动Word 2016程序。

● 单击“空白文档”按钮，选择“文件”→“保存”命令，在右侧“另存为”列表中双击“这台电脑”选项，在打开的“另存为”对话框中单击左侧列表，选择文件保存的位置为“桌面”，并输入文件名“求职简历”，然后单击“保存”按钮保存文件。

制作表格标题，将格式设置为“宋体、小二、加粗、居中对齐”，字符间距为 3 磅，操作步骤如下。

- 将插入点定位在文档开头，输入文字“个人简历”。
- 选定标题文字“个人简历”。在“开始”选项卡的“字体”组中，在“字体”下拉列表中选择“宋体”选项，在“字号”下拉列表中选择“小二”选项，并单击“字体”组的“加粗”按钮 B 。
- 选定标题文字，在“开始”选项卡“字体”组中，单击右下角的“对话框启动器”按钮，打开“字体”对话框，选择“高级”选项卡，在“字符间距”选项组的“间距”下拉列表中选择“加宽”选项，在相应的“磅值”数值框中输入“3 磅”，单击“确定”按钮。
- 在“开始”选项卡的“段落”组中，单击“居中”按钮，使标题文字居中。

2. 插入和编辑表格，并设置表格基本格式

创建表格结构，操作步骤如下。

- 定位插入点在标题所在段落的末尾，按 Enter 键换行。
- 在“插入”选项卡的“表格”组中，单击“表格”按钮，在弹出的下拉列表中选择“绘制表格”选项，此时鼠标指针在文档编辑区为 形状。
- 在页面左上角，按住鼠标左键并拖动至页面右下角，释放鼠标左键，此时编辑区出现一个与页面大小相匹配的矩形框，如图 3-39 所示。

图 3-39　矩形框

- 在矩形框内，按住鼠标左键并在水平方向拖动，绘制出 15 条水平线，将矩形框分成 16 行，效果如图 3-40 所示。

图 3-40　绘制水平线

- 按住鼠标左键并在竖直方向拖动，绘制出相应的竖直线条，效果如图 3-41 所示。

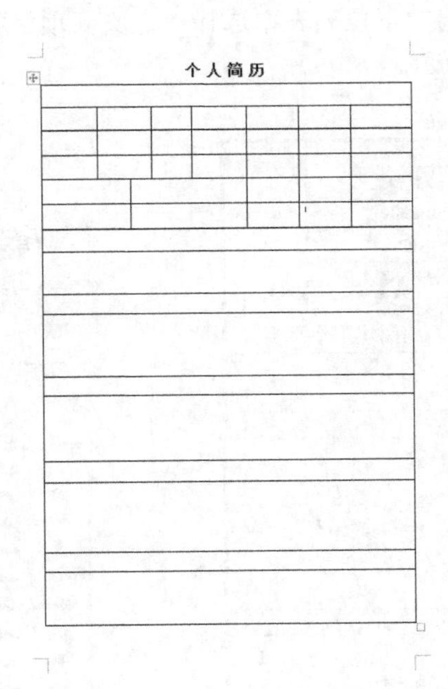

图 3-41　绘制竖直线

- 按 Esc 键，退出绘制表格状态。

修改表格结构，合并与拆分单元格，操作步骤如下。

● 选择表格第 7 列中的第 2～6 行，此时“表格工具”被激活，功能区中出现“设计”和“布局”选项卡。

● 在“表格工具/布局”选项卡的“合并”组中，单击“合并单元格”按钮。

在单元格中输入内容，并根据需要调整列宽，操作步骤如下。

● 单击表格左上角的“表格移动控点”按钮，选定整个表格。在“开始”选项卡的“字体”组中，在“字体”下拉列表中选择“宋体”选项，在“字号”下拉列表中选择“小四”选项。

● 将插入点定位在第 1 行第 1 列的单元格中，输入第一个项目标题“基本资料(Basic Information)”。

● 定位插入点在其他单元格中，输入相应的项目标题或项目内容。

● 选定表格中的项目标题，单击“加粗”按钮。

● 根据表格中的内容，调整各单元格的行高和列宽。调整行高时，将鼠标指针移动到待调整单元格的下框线，当指针变成上下双箭头÷时，按住鼠标左键并拖动边框，到合适位置时释放鼠标左键。若调整列宽，移动鼠标指针至待调整单元格的右框线，当指针变成左右箭头时，按住鼠标左键并拖动边框至合适位置，效果如图 3-42 所示。

为文字添加项目符号，操作步骤如下。

● 将插入点定位在第 14 行的单元格中，选定文字。

● 在“开始”选项卡的“段落”组中，单击“文本左对齐”按钮。

● 定位插入点在该单元格第一行最左侧，在“开始”选项卡的“段落”选项组中，单击“项目符号”下拉按钮，在弹出的下拉列表中选择“定义新项目符号”选项，打开“定义新项目符号”对话框，如图 3-43 所示。

个 人 简 历

基本资料 (Basic Information)						
姓名		性别		出生年月		
民族		籍贯		政治面貌		
毕业学校		学历		专业		
通信地址				邮政编码		
电子邮箱				联系电话		
求职意向(Objective)						
教育背景(Education Background)						
职业技能(Vocational Skill)						
工作经历(Work Experience)						
■ 2007.09-2008.03 北京某广告公司 实习设计师 ■ 2008.05-2009.09 北京某文化传播公司 设计师 ■ 2009.10-2014.08 北京某创意公司 美术指导						
自我评价(Self-evaluation)						

图 3-42 个人简历表格

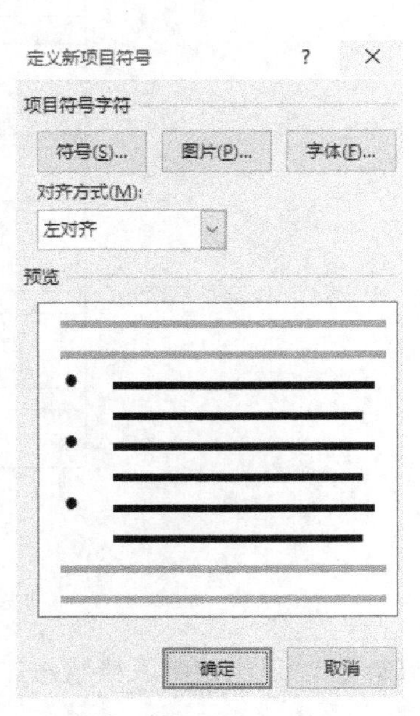

图 3-43 “定义新项目符号”对话框

● 单击“符号”按钮，打开“符号”对话框，在“字体”下拉列表中选择“Wingdings”选项，在列表框中选择符号，单击“确定”按钮。

● 依次定位插入点在单元格内其他行的最左侧，在每行的开头添加项目符号，效果如 3-44 所示。

工作经历(Work Experience)		
2007.09-2008.03	北京某广告公司	实习设计师
2008.05-2009.09	北京某文化传播公司	设计师
2009.10-2014.08	北京某创意公司	美术指导

图 3-44　添加项目符号

3．设置表格样式

平均分布各行，操作步骤如下。

● 选定表格第 2～6 行。
● 在“表格工具/布局”选项卡的“单元格大小”组中，单击“分布行”按钮。

设置单元格的对齐方式，操作步骤如下。

● 选定表格第 2～6 行。在“表格工具/布局”选项卡的“对齐方式”组中，单击“水平居中”按钮，使文字在单元格内水平和垂直都居中。

● 选定其他单元格。在“表格工具/布局”选项卡的“对齐方式”组中，单击“中部两端对齐”按钮，使文字在单元格内垂直居中，并靠左侧对齐。

设置单元格的行高，操作步骤如下。

● 将插入点定位在第 1 行的单元格中。在“表格工具/布局”选项卡的“单元格大小”组中，设置“高度”的数值为“0.8 厘米”。

● 采取同样的方法，设置其他项目标题所在的单元格的高度为“0.8 厘米”。

设置表格的边框，操作步骤如下。

● 单击表格左上角的“表格移动控点”按钮，选定整个表格。

● 在“表格工具/设计”选项卡的“边框”组中，在“笔样式”下拉列表中选择第 2 种线型“┈┈┈”，在“边框”下拉列表中选择“内部框线”选项。

● 继续选定整个表格。在“表格工具/设计”选项卡的“边框”组中，在“笔样式”下拉列表中选择双细线“═══”，在“边框”下拉列表中选择“外侧框线”选项。

选定文字区域所在的单元格，设置表格的底纹，操作步骤如下。

● 将鼠标指针移至第 1 行第 1 列单元格的左下角，当指针变成斜向上的箭头↗形状时，单击选定该单元格。

● 按住 Ctrl 键，采用上一步骤的方法，选定其他含有文字的单元格。

● 在“表格工具/设计”选项卡的“表格样式”组中，单击“底纹”下拉按钮，弹出下拉列表，在“主题颜色”区域中选择“白色，背景 1，深色 15%”选项。

课内拓展

在求职简历中添加独具吸引力的封面，可以使简历更美观，甚至脱颖而出。那么如何制作如图 3-45 所示的简历封面呢？该任务可分解为以下步骤。

（1）插入分页符，留出封面页。

（2）插入封面图片。

（3）调整图片格式。

（4）插入文本，并设置文本效果。

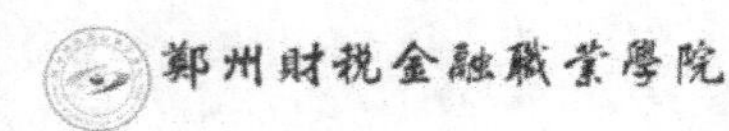

ZhengZhou Vocational College of Finance and Taxation

求职简历

姓名：

专业：

联系电话：

电子邮箱：

图 3-45　简历封面

项目实现

1．插入分页符

在个人简历之前插入新的一页作为封面页，操作步骤如下。

- 打开“求职简历”文档，按 Ctrl+Home 组合键，将插入点定位在文档起始位置。
- 在“插入”选项卡的“页面”组中，单击“分页”或“空白页”按钮。

2. 插入图片

在封面中插入图片“校名.jpg”“校门.jpg”，操作步骤如下。

● 按 Ctrl+Home 组合键将插入点定位在封面页起始位置。在“开始”选项卡的“段落”组中，单击“居中”按钮☰，将插入点定位在封面页第一行中间。

● 在“插入”选项卡的“插图”组中，单击“图片”按钮，打开“插入图片”对话框，找到并打开包含指定图片的文件夹，选择“校名.jpg”图片，单击“插入”按钮，将图片插入到文档中。

● 采用上一步骤的方法，将“校门.jpg”插入到封面页中。

调整图片的大小和位置，以适应版面的需要，操作步骤如下。

● 在封面页中，单击“校名.jpg”图片，此时在图片周围出现了 8 个图片尺寸控制点。

● 将鼠标指针移至图片 4 个角的任意一个尺寸控点，当指针变成双向箭头⤢时，按住鼠标左键并拖动，图片大小合适后，释放鼠标左键。

● 采用同样的方法，调整“校门.jpg”图片的大小。

● 保持图片居中，利用 Backspace 键和 Enter 键，调整“校门.jpg”图片在文档中的竖直位置。

设置“校门.jpg”图片的样式，操作步骤如下。

● 单击“校门.jpg”图片，此时在功能区中出现“图片工具/格式”选项卡。

● 在“图片工具/格式”选项卡的“图片样式”组中，单击“其他”按钮▾，展开“图片样式”下拉列表。

● 在下拉列表中选择“柔化边缘椭圆”样式，如图 3-46 所示。

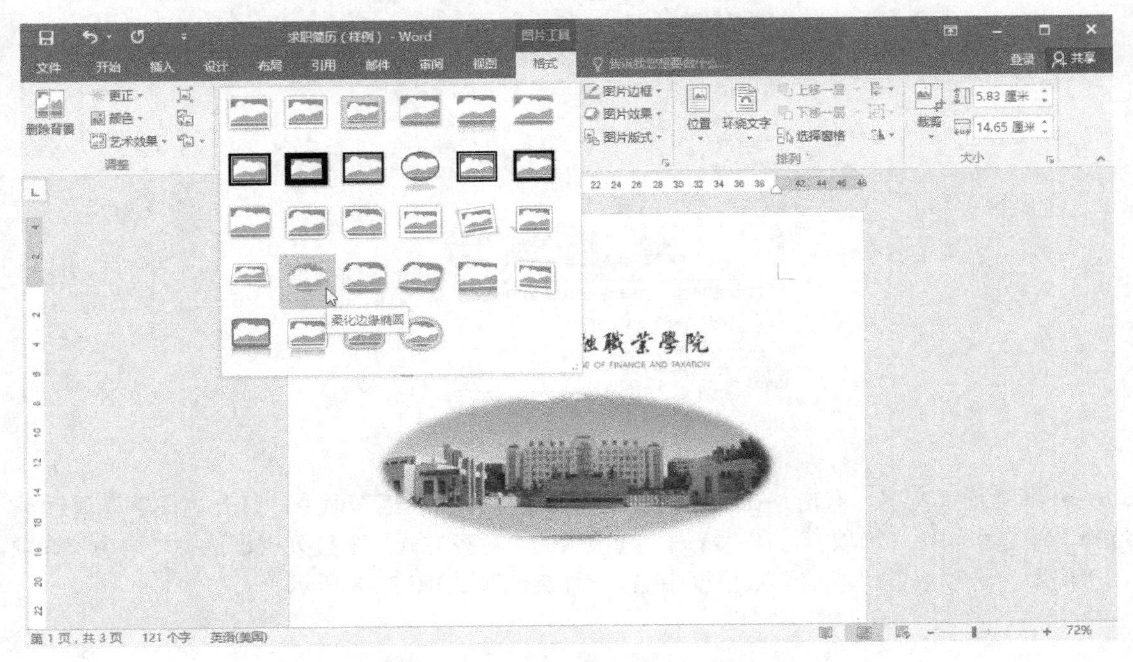

图 3-46　“柔化边缘椭圆”样式

在封面中输入文字，并设置文字效果，操作步骤如下。

- 定位插入点在“校名.jpg”图片的下一段，输入文字“ZhengZhou Vocational College of Finance and Taxation”。
- 选定文字，在“开始”选项卡下，设置字体为“Arial Unicode MS”，字号为“三号”，字体颜色为“主题颜色”区域的“黑色，文字 1”，段落对齐方式为“居中”。
- 继续选定文字。在“开始”选项卡的“字体”组中，单击“文本效果和版式”按钮，在弹出的下拉列表中选择第 1 行第 2 列的文本效果。单击“文本效果和版式”按钮，在弹出的下拉列表中选择“阴影”→“外部”→“右下斜偏移”选项。
- 定位插入点在当前文字的下一行，输入文字“求职简历”，并选定文字。
- 在“开始”选项卡下，设置字体为“华文隶书”，字号为“初号”，字体颜色为“蓝色，个性色 5，深色 50%”，并加粗显示。
- 继续选定文字“求职简历”。在“开始”选项卡“字体”组中，单击右下角的“对话框启动器”按钮，打开“字体”对话框，如图 3-47 所示，单击“文字效果”按钮，打开“设置文本效果格式”对话框，选择“三维格式”选项卡，在“棱台”选项组中，将“顶部棱台”的效果设置为“冷色斜面”。

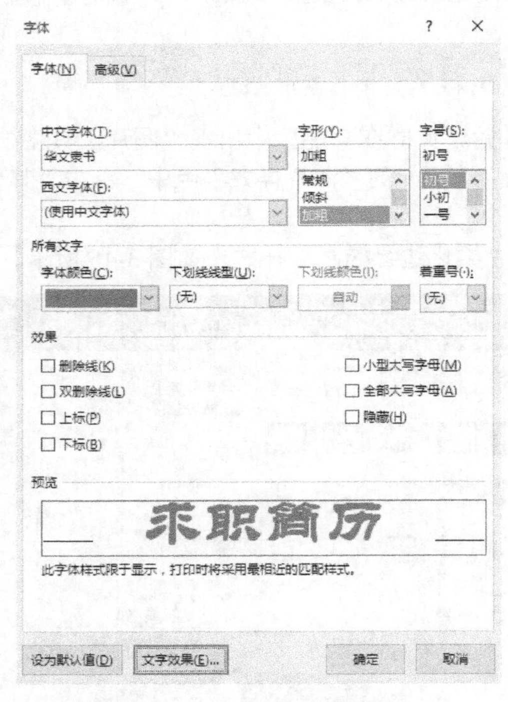

图 3-47 “字体”对话框

- 继续选定文字，右击，在弹出的快捷菜单中选择“段落”命令，打开“段落”对话框，选择“缩进和间距”选项卡，在“常规”选项组的“对齐方式”下拉列表框选择“居中”选项，在“间距”选项组的“段前”数值框中输入“1.5 行”，如图 3-48 所示。

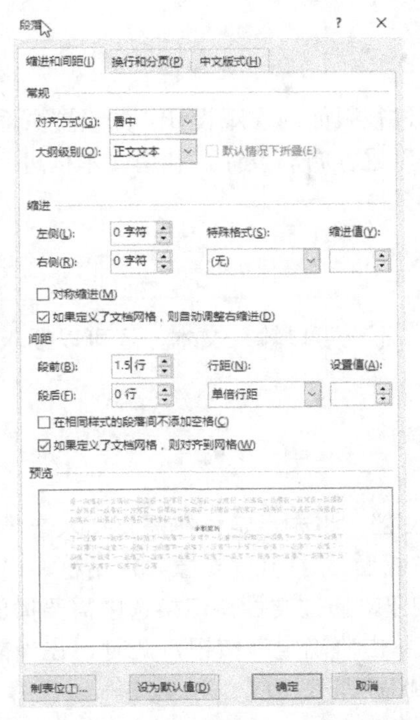

图 3-48　“段落”对话框的“缩进和间距”选项卡

● 将插入点定位在“校门.jpg”图片下方的段落中，在“开始”选项卡的“段落”组中，单击“左对齐”按钮，确保插入点在段落的最左侧。在插入点输入“姓名:”。按 Enter 键，输入“专业:”。重复按 Enter 键，在后面两段中输入文字“联系电话:”和“电子邮箱:”。设置字体格式为“华文细黑、四号、加粗”。

项目 3
使用多媒体制作店铺开业宣传单

项目描述

小李新开了一家饮料店，他的第一个任务就是制作一份精美漂亮的宣传单。小李首先做好了版面的整体设计和布局设计，然后把所有素材收集完毕后，开始排版。下面是小李的具体解决方案。

项目分析

首先打开一个空白文档，进行版面的宏观设计，如设置页面的大小、页边距、背景等。然后根据文档内容，对“文档页”进行布局设计，利用文本框进行规划，输入文本并插入图片。最后打印整个文档。

相关知识

Word 2016 创建的文件中，不仅可以输入文本，还可以插入音频文件、视频文件等多媒体文件。

1. 插入 MP3 音频文件

打开要插入音频的 Word 文档，将光标定位在需要插入音频的位置，在“插入”选项卡的“文本”组中，单击“对象”按钮，打开“对象”对话框，选择“由文件创建”选项卡，如图 3-49 所示。单击“浏览”按钮，通过文件夹切换选中需要播放的 MP3 文件。单击“打开”按钮返回到“对象”对话框，单击“确定”按钮，此时，在当前 Word 文档中出现一个含有 MP3 音频文件名的图标，双击图标即可播放。

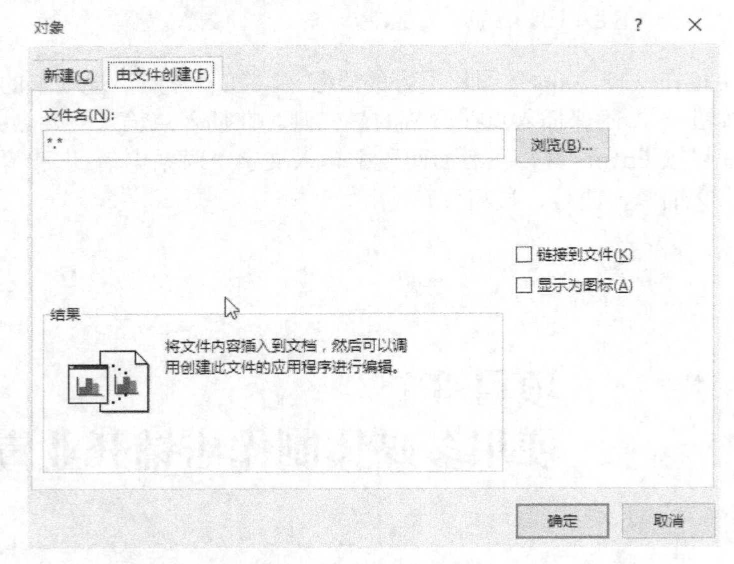

图 3-49 “对象”对话框的“由文件创建”选项卡

2. 插入联机视频

打开要插入视频的 Word 文档，将光标定位在需要插入视频的位置，在“插入”选项卡的“媒体”组中，单击“联机视频”按钮，打开“插入视频”对话框，如图 3-50 所示。在第一个输入框内，可以搜索网络视频，在第二个输入框内，可以直接输入网络视频的地址。将视频插入到文档后，文档中就会出现一个视频图标。

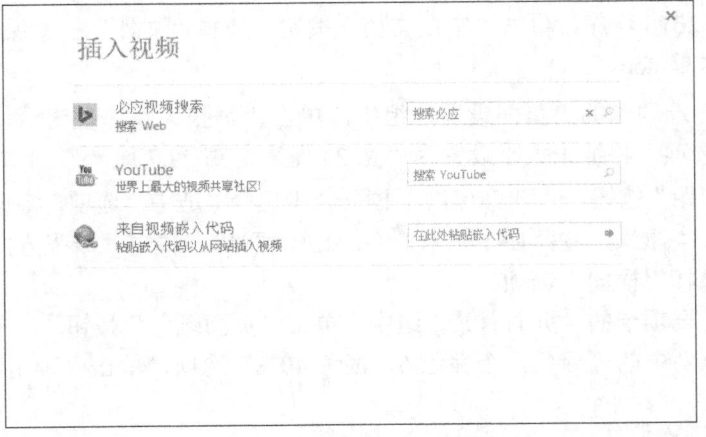

图 3-50　“插入视频”对话框

项目实现

本项目将利用 Word 2016 制作如图 3-51 所示的店铺开业宣传单。

（1）创建文档，并进行页面的宏观设计。

（2）在文档中插入形状。

（3）用文本框对文档进行布局，并输入文本。

（4）设置文字的艺术字效果。

（5）在文本框中插入图片。

（6）预览并打印宣传页。

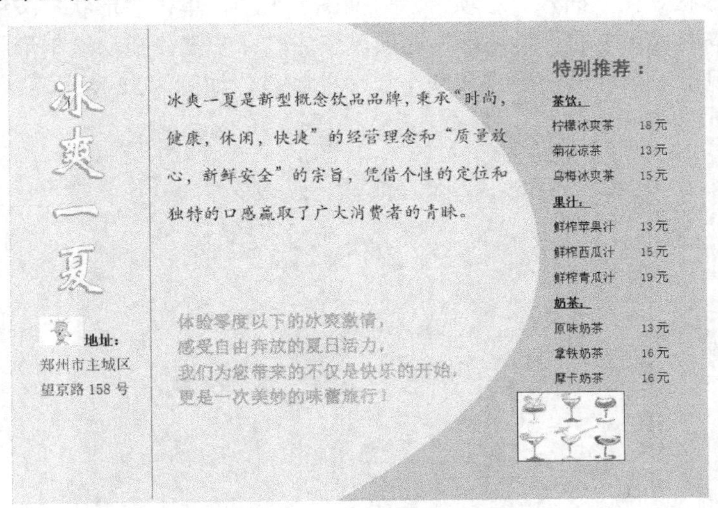

图 3-51　店铺开业宣传单

1．创建文档，设置页面的大小、页边距、背景

打开 Word 2016，创建并保存文件“开业宣传单.docx”，操作步骤如下。

● 启动 Word 2016 程序，单击“空白文档”按钮，选择“文件”→“保存”命令，将文档保存为“开业宣传单.docx”。

● 在“布局”选项卡的“页面设置”组中，单击“纸张大小”按钮，在弹出的下拉列表中选择“A4”选项，将纸张大小设置为“宽 21 厘米，高 29.7 厘米”。

● 单击“页边距”按钮，在弹出的下拉列表中选择“适中”选项，将页边距设置为“上：2.54 厘米，下：2.54 厘米，左：1.91 厘米，右：1.91 厘米”。单击“纸张方向”按钮，在弹出的下拉列表中选择“横向”选项。

● 在“设计”选项卡的“页面背景”组中，单击“页面颜色”按钮，在弹出的下拉列表中选择“主题颜色”中的“绿色，个性色 6，淡色 40%”选项，单击“确定”按钮。

2. 在文档中插入形状

在文档中插入竖直线，操作步骤如下。

● 在“插入”选项卡的“插图”组中，单击“形状”按钮，在弹出的下拉列表中选择“线条”中的“直线”选项，此时鼠标指针变成+形状，按住 Shift 键，按住鼠标左键并向下拖动。释放 Shift 键和鼠标左键，此时竖直线两端分别有一个控制点。

● 移动方向键，将竖直线调整至合适位置。在“绘图工具/格式”选项卡的“形状样式”组中，单击“形状轮廓”按钮，在弹出的下拉列表中选择“主题颜色”中的“绿色，个性色 6，深色 25%”选项。

在文档中插入新月形状，操作步骤如下。

● 继续插入形状。在“插入”选项卡的“插图”组中，单击“形状”按钮，在弹出的下拉列表中选择“基本形状”中的“新月形”选项，按住鼠标左键并拖动绘制形状。释放鼠标左键后，形状周围出现了 1 个旋转控制点和 9 个尺寸控制点，如图 3-52 所示。

图 3-52 “新月形”形状

● 在“绘图工具/格式”选项卡的“形状样式”组中，单击“形状填充”按钮，在弹出的下拉列表中选择“主题颜色”中的“绿色，个性色 6，淡色 80%”选项。单击“形状轮廓”按钮，在弹出的下拉列表中选择“绿色，个性色 6，淡色 80%”选项。

● 移动鼠标指针至旋转控制点，按住鼠标左键并拖动，将形状旋转 180°，效果如图 3-53 所示。拖动尺寸控制点，放大形状，最终形状效果如图 3-54 所示。

图 3-53　旋转 180° 后的形状

图 3-54　放大后的形状

● 选定形状“新月形”，右击，在弹出的快捷菜单中选择“置于底层”命令，此时已绘制好的竖直线在文档中继续显示，如图 3-55 所示。

图 3-55　将“新月形”置于底层

3．在文档中插入文本框

在文档中插入竖排文本框，操作步骤如下。

● 在“插入”选项卡的“文本”组中，单击“文本框”按钮，在弹出的下拉列表中选择“绘制竖排文本框”选项，此时鼠标指针变成十形状。

● 在页面空白处，按住鼠标左键并拖动进行绘制。释放鼠标左键，此时文档编辑区出现一个竖排文本框，且文本框周围有 1 个旋转控制点和 8 个尺寸控制点。在文本框内输入店铺名称“冰爽一夏”，输入完毕后单击文档空白处，结束输入状态。

● 选定文本框，此时在功能区出现“绘图工具/格式”选项卡。单击“形状样式”组中的“形状填充”按钮，在弹出的下拉列表中选择“无填充颜色”选项；单击“形状轮廓”按钮，在弹出的下拉列表中选择“无轮廓”选项。

● 将鼠标指针放在任一尺寸控制点上，此时鼠标指针为形状，拖动控制点，调整文本框尺寸。将鼠标指针置于文本框右上角，当鼠标指针变为形状时，按住鼠标左键并拖动，移动文本框至页面左侧。

在文档中插入横排文本框，操作步骤如下。

● 在“插入”选项卡的“文本”组中，单击“文本框”按钮，在弹出的下拉列表中选择“绘制文本框”选项，并将文档“店铺介绍（素材）”中的文本内容和格式复制到相应的文本框中。

● 选定文本框，在“绘图工具/格式”选项卡的“形状样式”组中，分别单击“形状填充”按钮和“形状轮廓”按钮，设置文本框的样式为“无填充颜色”和“无轮廓”。

● 采用同样的方法绘制横排文本框，并将文档“宣传语（素材）”“店铺地址（素材）”和“饮品推荐（素材）”中的文本内容和格式复制到相应的文本框中，效果如图 3-56 所示。

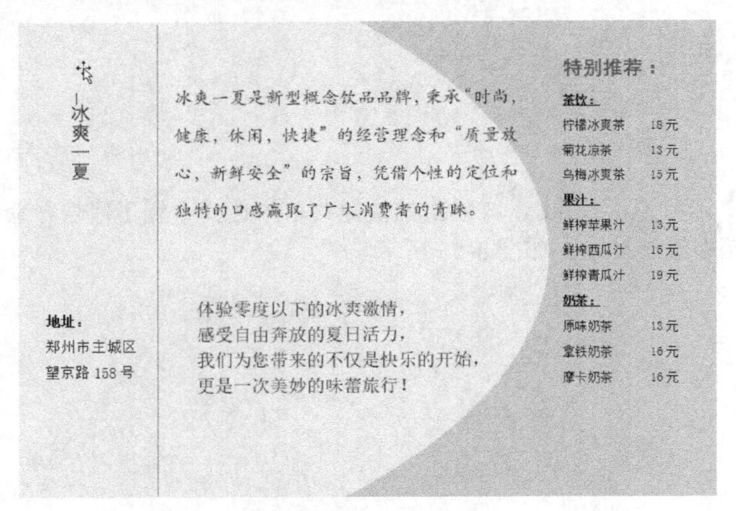

图 3-56 插入文本框

4. 设置文字的艺术字效果

将“店铺名称”和“宣传语”分别设计成艺术字，操作步骤如下。

● 选定文字“冰爽一夏”。在“艺术字工具/格式”选项卡的“艺术字样式”组中，单击“其他”按钮，在弹出的下拉列表中选择“填充-白色，轮廓-着色 2，清晰阴影-着色 2”选项。继续选定文字，在“开始”选项卡的“字体”组中，设置字体为“华文新魏”，在“字号”数值框中输入“70”。

● 选定宣传语文字。在“艺术字工具/格式”选项卡的“艺术字样式”组中，单击“其他”按钮，在弹出的下拉列表中选择“填充-橙色，轮廓-着色 2”选项。选定文字，取消字体加粗。

● 根据页面调整艺术字在文本框中的位置。

5. 在文本框中插入图片，实现图文混排

在文本框中插入图片，操作步骤如下。

● 将插入点定位在店铺地址所在文本框的开头。

● 在“插入”选项卡的“插图”组中，单击“图片”按钮，打开“插入图片”对话框，通过左侧列表找到素材图片“宣传单图片 1”，单击“插入”按钮，将图片插入到文本框中。若图片太大，选中图片，此时图片四周出现 8 个尺寸控制点。用鼠标拖动控制点，设置图片大小。

设置完成，在图片外单击退出插入状态。

● 在“插入”选项卡的“文本”组中，单击“文本框”按钮，在弹出的下拉列表中选择“绘制文本框”选项，按住鼠标左键并拖动进行绘制，完成后将文本框移动至页面右下角。

● 选定绘制好的文本框，在“绘图工具/格式”选项卡的“形状样式”组中，单击“形状填充”按钮，在弹出的下拉列表中选择“图片”选项，如图 3-57 所示，打开“插入图片”对话框，单击“浏览”按钮，在“插入图片”对话框中选择要插入的图片“宣传单图片 2”，单击“插入”按钮，将图片嵌入到文本框中。利用尺寸控制点，调整图片大小。

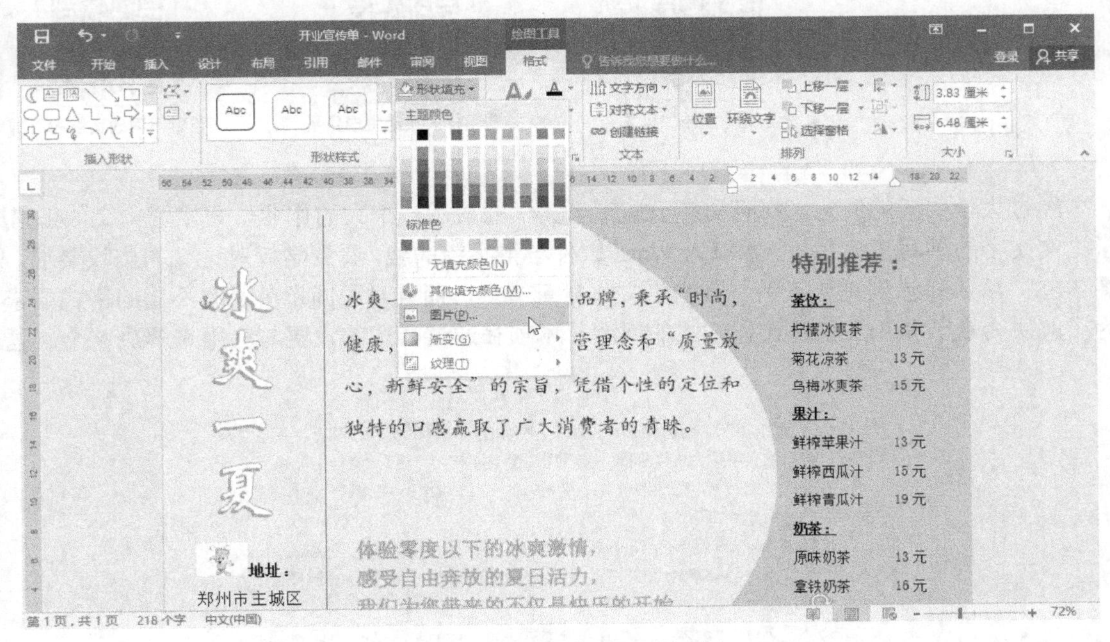

图 3-57　“形状填充”下拉列表

6. 预览并打印宣传页

对当前文档进行打印预览，操作步骤如下。

● 选择“文件”→“打印”命令，在窗口右侧界面中会显示打印效果。
● 拖动界面右下方的滑块，可以缩放文档的显示比例，从而更好地预览打印效果。

打印当前文档，操作步骤如下。

● 选择“文件”→“打印”命令。
● 在“打印机”选项组的下拉列表中选择要使用的打印机。
● 在“设置”选项组中，设置打印范围为“打印所有页”，打印方式为“单面打印”，打印方向为“横向”，纸张为“A4”。

项目 4
使用样式排版专业论文

为毕业论文添加样式

利用样式快速生成目录

设置不同的页眉和页脚

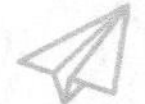

项目描述

经过大学生活的洗礼，刘明利终于迎来了大学的最后一个大的作业——毕业论文，在完成了论文文字的撰写工作之后，本以为Word软件学得不错的他，看到学校对论文的排版要求（见图3-58）后，却感到无从下手。因为论文本身章节多，而且对不同章节又有不同的格式要求，为了解决为章节和正文快速设置格式的问题，本项目通过样式的设置与应用来解决这个问题。

毕业论文格式要求

1、标题摘要两字为黑体三号、居中、字间空两个字，标题摘要上、下各空一行。摘要正文字体为宋体小四，首行缩进两个字符，行距为1.25。

关键词上空一行，关键词这3个字为宋体小四、加粗，关键词为宋体小四，关键词之间用分号相隔。

2、标题Abstract两字为Times New Roman，小三号、居中、加粗，标题Abstract上、下各空一行。Abstract正文字体为Times New Roman、小四，每段开头空4个字母，行距为1.25。

关键字 **Key words** 上空一行，关键字 **Key words** 这2个单词为Times New Roman、小四、加粗，**Key words** 为Times New Roman、小四，**Key words** 之间用分号相隔。

3、一级标题首空两行，一级标题为黑体三号、居中、一级标题下空一行。一级标题正文部分为宋体、小四号，行距为1.25。

二级标题为黑体四号、左对齐。二级标题正文部分为宋体、小四号，行距为1.25。

三级标题为宋体、小四号、加粗、左对齐。三级标题正文部分为宋体、小四号，行距为1.25。其他章节类似。

定义、定理按先后顺序排列，字体为宋体小四，定义和定理关键字加粗。

论文中图表、附注、参考文献、公式一律采用阿拉伯数字连续（或分章编号；图序及图名置于图的下方；表序及表名置于表的上方；论文中的公式编号，用括弧括起写在右边行末，其间不加虚线。

4、参考文献部分页首空两行。参考文献为黑体三号、居中。参考文献下空一行。参考文献部分正文为宋体、五号。

5、致谢部分页首空两行。致谢两字为黑体三号、居中、字间空两字。致谢下空一行。致谢部分正文为宋体、小四，首行缩进两个字符。

图3-58　论文排版要求

项目分析

针对毕业论文复杂的格式设置要求，首先要将项目进行拆解，将其分解为页面布局、页眉页脚、文档样式、目录生成、论文注释、封面背景、打印设置这几个任务。所以本项目的思路是由简单到繁杂，先进行简单页面设置，将论文的页边距、纸张大小、页面版式等设置好，然后使用内置样式或者设置自定义样式快速对论文进行排版、生成目录，最后对论文进行美化完善，从而实现论文各章节格式和正文格式的统一。

相关知识

1. 长文档的操作

长文档的特点是文档内容多，有章有节，有表有图，格式要求复杂，操作起来容易引起章节遗漏和格式混乱。

通过设置标准化的样式，针对不同的章节，设置不同的样式，形成样式模板，再统一应用到长文档中，这样就大大地减少了对长文档的复杂操作步骤，并能够快速排版，形成格式统一的文档。

具体的操作分为以下 8 个方面。

（1）页面设置和布局。

（2）设置并应用样式。

（3）自动生成目录。

（4）分页符与分节符的使用。

（5）插入并编辑页眉页脚。

（6）添加封面。

（7）添加注释。

（8）设置双面打印。

专家点睛

一个长文档的样式设置完成后可以制作成长文档模板，这样的格式可以被其他多个人使用。使用者只需要在应用该模板后，在文档内输入文字即可，这样就可以快速、方便地创建符合要求，格式统一的长文档。

2. 设置并应用样式

（1）应用内置样式

Word 2016 自带内置样式，如图 3-59 所示。

正文	无间隔	标题 1	标题 2	标题	副标题	不明显强调	强调	明显强调	要点	引用	明显引用	不明显参考	明显参考	书籍标题

图 3-59　内置样式表

为便于及时查看论文应用样式后的排版效果，使用 Word 2016 的“导航”窗格，可应用快速样式实现。

(2) 修改样式

使用内置样式显然不能满足对论文排版的要求，毕业论文对不同级别的标题要求如表 3-1 所示，为了更加快速地完成样式的匹配，应该采用修改内置样式的方法来实现。

表 3-1 毕业论文标题格式要求

样式	字体	字号	段落格式
一级标题（章）	黑体	三号	段前 30 磅，段后 16 磅，居中，段前分页
二级标题（节）	黑体	四号	段前、段后 5 磅，左对齐
三级标题（小节）	宋体	小四号、加粗	左对齐
正文	等线	小四号	首行缩进 2 个字符，行距 1.25

(3) 分页符和分节符

分页符和分节符是文档处理过程中两个不同的功能。分页符主要是对文档进行标记一页结束和下一页开始的位置，而分节是将文档分成两个不同的部分，一般用于修改两个不同格式的页面。

项目实现

本项目将利用 Word 样式工具制作如图 3-60 所示的毕业论文的排版。

(1) 首先利用页面布局对页面的格式进行调整。

(2) 利用分页符插入页眉页脚的内容。

(3) 应用样式统一论文格式，并生成目录。

(4) 美化论文。

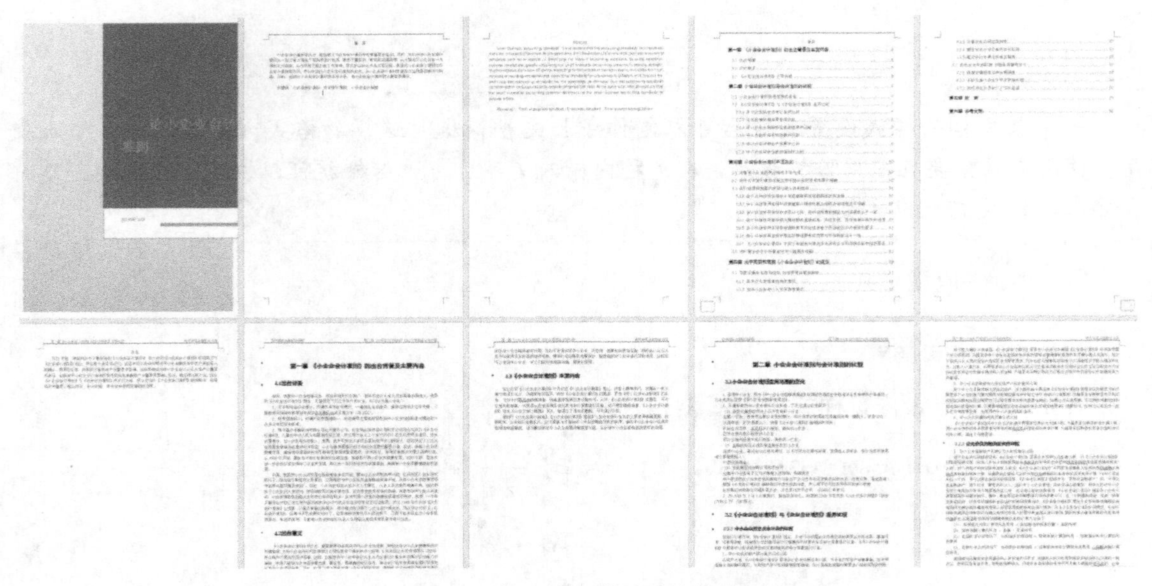

图 3-60 毕业论文排版后的效果图

1. 页面设置与属性设置

对“毕业论文.docx”分别设置页边距、版式，操作步骤如下。

● 设置页边距。打开文档“毕业论文.docx”，在“布局”选项卡的“页面设置”组中，单击“页边距”按钮，在弹出的下拉列表中选择“自定义边距”选项，打开“页面设置”对话框。

● 在“页边距”选项卡中，分别填入上、下、左、右页边距和装订线的属性值，如图 3-61 所示。其中装订线的主要作用是方便论文后期装订时，避免正文被装订覆盖。

● 设置版式。在“版式”选项卡中，分别勾选“奇偶页不同”复选框和“首页不同”复选框，并填写距边界“页眉”的值为“2 厘米”，如图 3-62 所示。

对文档“毕业论文.docx”进行文档的属性设置，操作步骤如下。

● 设置文档摘要。打开文档“毕业论文.docx”，选择“文件”→“信息”命令，在界面的右侧单击“属性”按钮，在弹出的下拉列表中选择“高级属性”选项，打开文档的高级属性对话框。

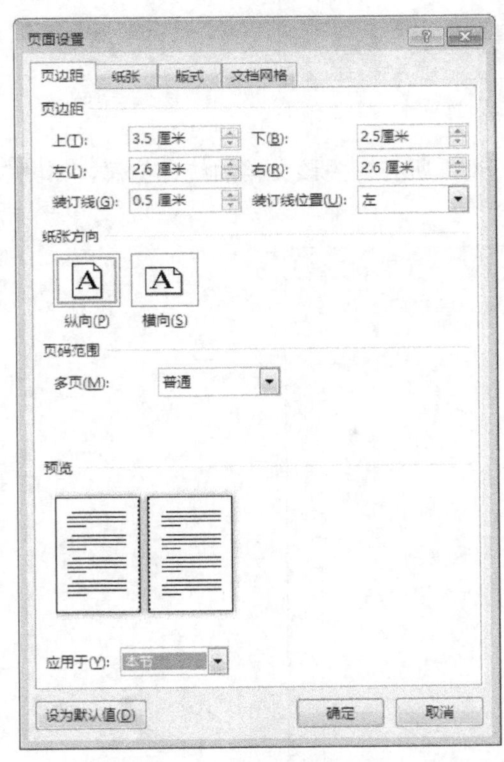

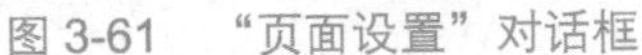
图 3-61　“页面设置”对话框

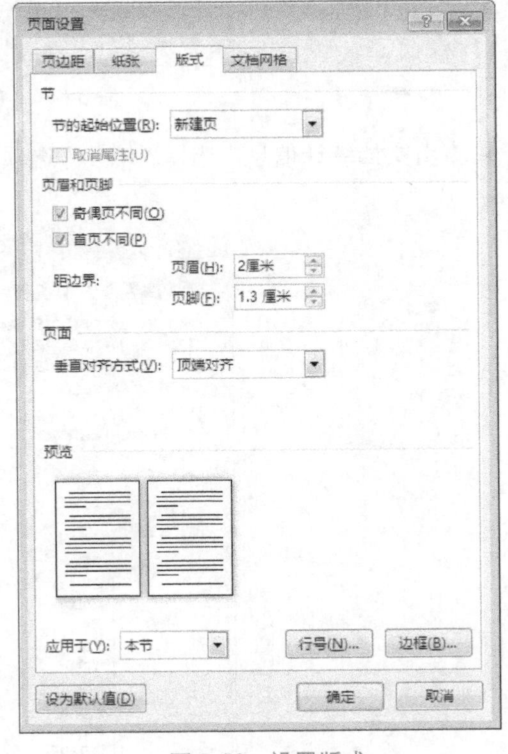

图 3-62　设置版式

● 选择“摘要”选项卡，输入标题“论小企业会计准则”，作者“会计学院张三”，单位“会计电算化 1 班”，如图 3-63 所示。

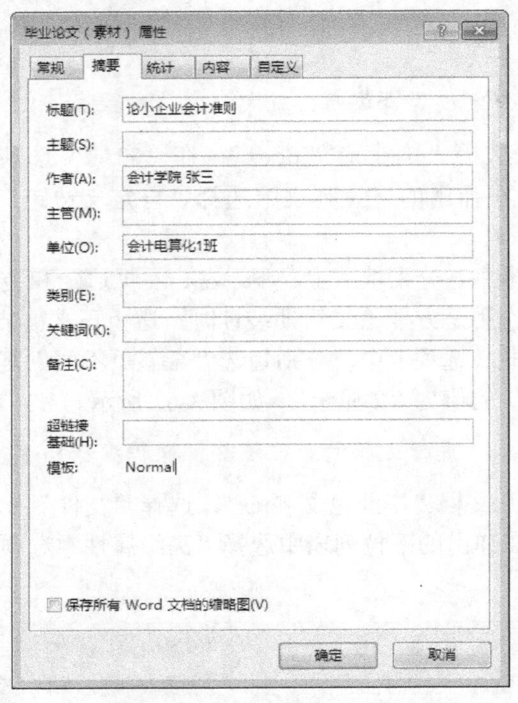

图 3-63 “摘要”选项卡

● 查看文档统计信息。选择“统计”选项卡，查看所有有关该文档的统计信息，如图 3-64 所示。

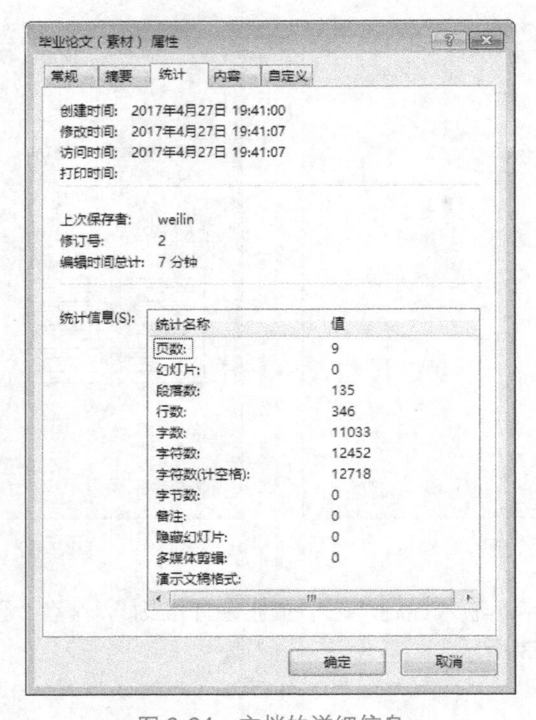

图 3-64 文档的详细信息

2. 设置并应用样式

打开文档“毕业论文.docx”，应用内置样式，操作步骤如下。

- 在“视图”选项卡的“显示”组中勾选“导航窗格”复选框，此时，Word 2016 文档界面会被分成左右两个部分，左侧是“导航”窗格，右侧是文档内容。
- 选中文档中的“引言”（红色字体），选择“开始”选项卡“样式”组中的“标题 1”选项，依次把是章名的红色字体选中，并应用“标题 1”，如图 3-65 所示。

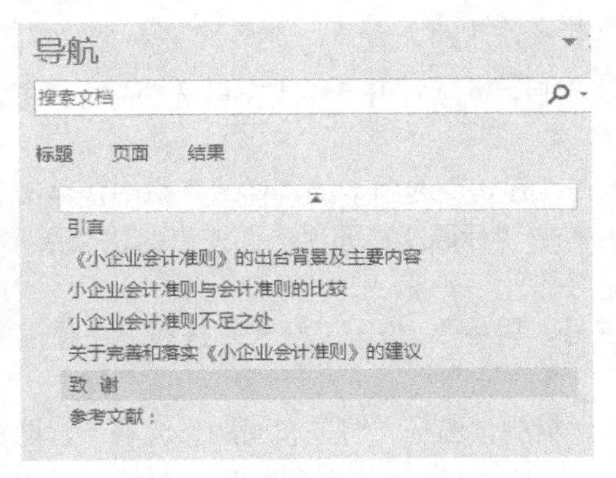

图 3-65 “导航”窗格

- 在“开始”选项卡的“样式”组中，单击右下角的“对话框启动器”按钮，打开“样式”窗格，如图 3-66 所示，单击“选项”按钮，打开“样式窗格选项”对话框，如图 3-67 所示。

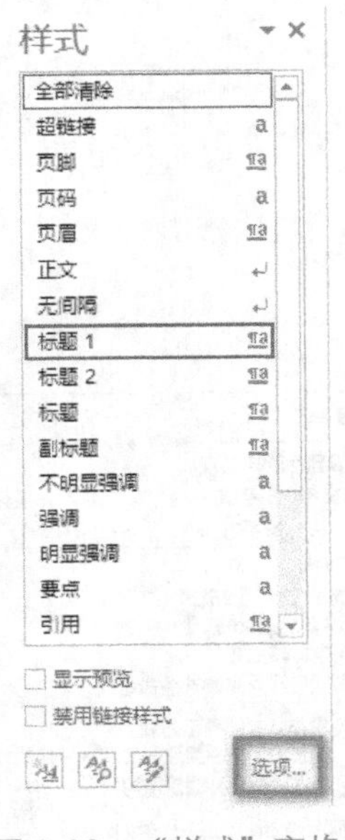

图 3-66 “样式”窗格

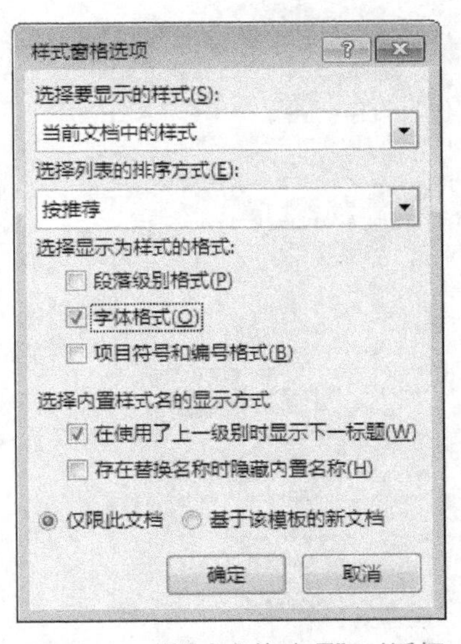

图 3-67 “样式窗格选项”对话框

- 由于文档对不同级别的文本做了区分，一级标题（章）是红色，二级标题（节）是蓝色，三级标题（小节）是绿色，因此，在“样式窗格选项”对话框中，在“选择要显示的样式”下拉列表中选择“当前文档中的样式”选项，在单击下拉按钮“选择显示为样式的格式”选项组中勾选“字体格式”复选框，在“选择内置样式名的显示方式”选项组中勾选“在使用了上一级别时显示下一标题”复选框，单击“确定”按钮。

● 在“样式”窗格列表中单击“蓝色”下拉按钮，在弹出的下拉列表中选择“选择所有 11 个实例”选项，这时文档中所有的二级标题（节）都被选中，再选择样式中的“标题 2”选项。

依照上一步的操作，设置绿色字体的三级标题（小节），此时“导航”窗格会显示论文排版后的排列，如图 3-68 所示。

根据对毕业论文的排版要求修改内置样式，操作步骤如下。

● 在完成内置样式的应用后，继续打开“样式窗格选项”对话框，取消所有复选框的勾选，如图 3-69 所示。

● 单击“确定”按钮。在“开始”选项卡的“样式”组中，单击右下角的“对话框启动器”按钮，打开“样式”窗格，右击“标题 1”选项，在弹出的快捷菜单中选择“修改”命令，打开“修改样式”对话框。

● 设置字体为“黑体三号，居中”，单击“格式”按钮，在弹出的下拉列表中选择“段落”选项，如图 3-70 所示。

● 在打开的“段落”对话框中，选择“缩进和间距”选项卡，设置段前“30 磅”，段后“16 磅”，切换到“换行和分页”选项卡，勾选“段前分页”复选框，单击“确定”按钮。

● 同样方法，依次对标题 2、标题 3 进行操作，最终可以得到符合毕业论文格式要求的标题样式。

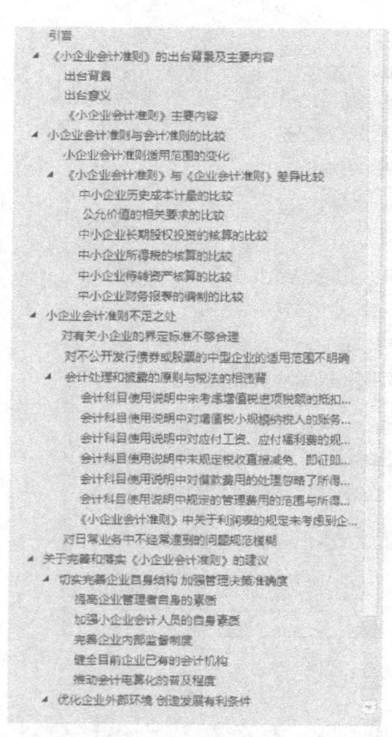

图 3-68　通过内置样式排版的论文结构

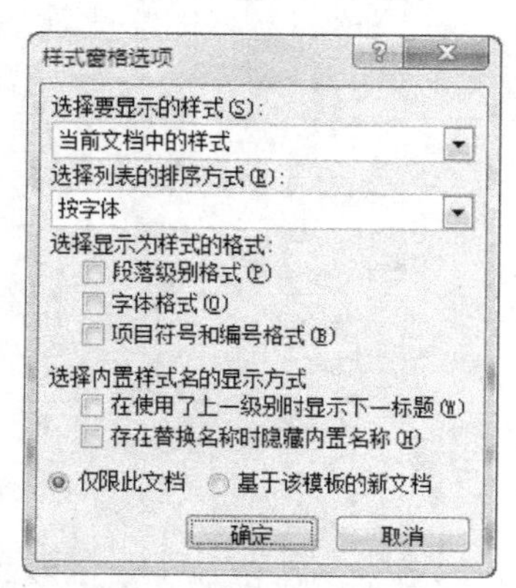

图 3-69　“样式窗格选项”对话框

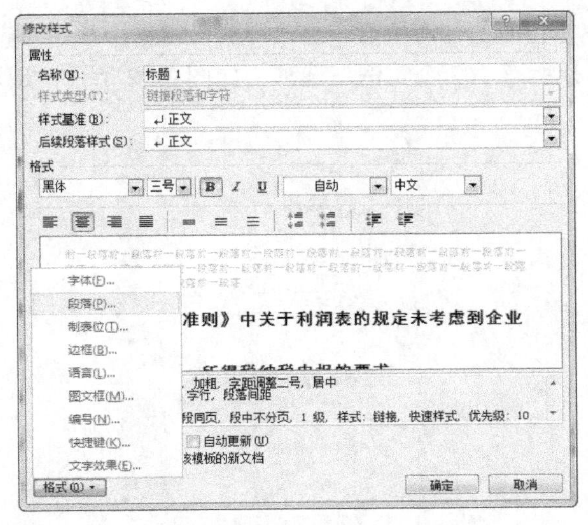

图 3-70　“修改样式”对话框

用户不仅能够通过应用内置样式和修改样式来满足用户对于统一格式的需要，同时也可以自定义新的样式，根据对正文格式的要求“等线中文，小四号，行距 1.25 倍，首行缩进两个字符”，对论文正文设置自定义样式，操作步骤如下。

● 将光标定位在正文的任意位置，打开“样式”窗格，单击“新建样式”按钮，打开“根据格式化创建新样式”对话框，如图 3-71 所示。

● 修改名称为“论文正文”，选择“后续段落样式”为“正文”，同时修改格式为“等线中文，小四号”。

● 单击“格式”按钮，在弹出的列表中选择“段落”选项，打开“段落”对话框，设置首行缩进“2 个字符”，行距为“1.25 倍行距”，单击“确定”按钮返回上一级对话框，单击“确定”按钮。

根据格式化创建新样式
属性
名称(N): 论文正文
样式类型(T): 段落
样式基准(B): 正文
后续段落样式(S): 正文
格式
等线 (中文正文)　小四　B　I　U　自动　中文
《小企业会计准则》的出台，是国家贯彻落实扶持中小企业的政策，鼓励促进中小企业健康发展的关键举措，为中小企业内部的管理模式与结构提供可靠的参考与指导，从而加强企业的管理层次与结构，使之趋向于更加合理的位置。这样，也能够为中小企业会计从业人员在进行日常业务核算时提供有力的保障，使他们能够为企业提供最合理、最全面、最准确的会计信息，保证会计信息使用者依据所提供的信息作出合理的决策。同时，也可以适当的减轻
字体: 小四, 缩进:
首行缩进: 0.85 厘米
行距: 多倍行距 1.25 字行, 样式: 在样式库中显示
基于: 正文
添加到样式库(S)　自动更新(U)
仅限此文档(D)　基于该模板的新文档
格式(O)　确定　取消

图 3-71　“根据格式化创建新样式”对话框

● 再次将光标定位在正文的任意位置，在“样式”窗格中单击“正文”下拉按钮，在弹出的下拉列表中选择“选择所有 102 个实例”选项，如图 3-72 所示，应用“论文正文”样式。

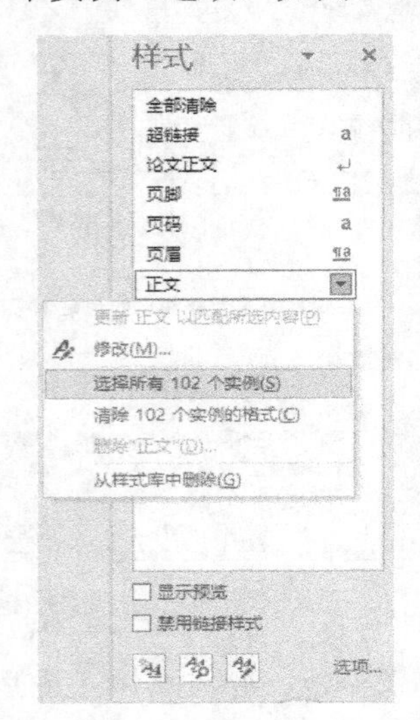

图 3-72 “选择所有实例”选项

为了对各章节内容做区分，需要使用多级别标题编号，根据“毕业论文”的要求，一级标题格式为“第 X 章”，二级标题为“X.Y”，三级标题为“X.Y.Z”，为了快速生成有规律的标题编号，使用“定义多级列表”选项，操作步骤如下。

● 将光标定位在任一标题 1 的位置，在“开始”选项卡的“段落”组中单击“多级列表”下拉按钮 ，在弹出的下拉列表中选择“定义新的多级列表”选项，打开“定义新多级列表”对话框，如图 3-73 所示。

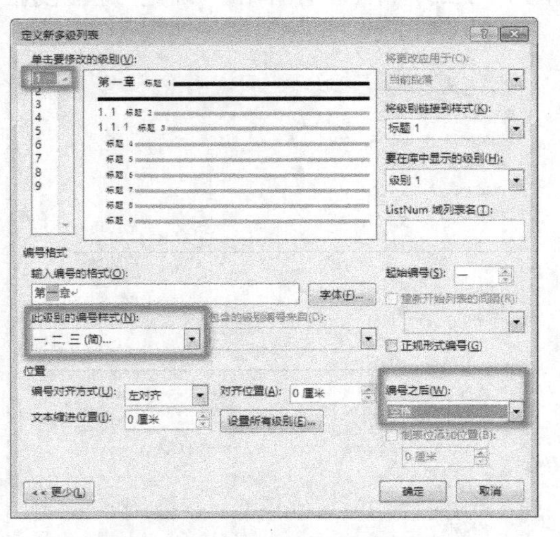

图 3-73 “定义新多级列表”对话框

● 将光标定位到应用标题 2 样式的任一文本位置，在“定义新多级列表”对话框的“单击要修改的级别”列表框中选择“2”选项，在“输入编号的格式”文本框中设置内容为空，将鼠标指针定位在该文本框，在“包含的级别编号”下拉列表中选择“级别 1”选项，文本框中

会出现“一”，在“一”后面输入“.”，变成了“一.”。在“此级别的编号样式”下拉列表中选择“1,2,3,…”选项，文本框中会显示“一.1”，为了保证格式一致，勾选“正规形式编号”复选框，如图 3-74 所示。

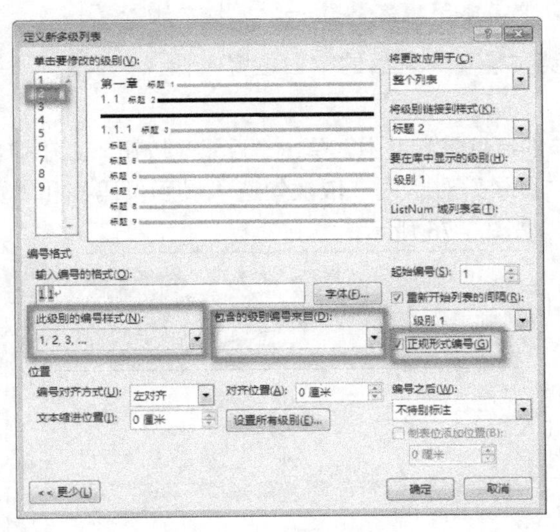

图 3-74　设置二级标题

- 单击“确定”按钮，完成标题 2 的设置。
- 对标题 3 样式的多级标题设置与标题 2 类似。在“定义新多级列表”对话框中，在“单击要修改的级别”列表框中选择“3”选项，把鼠标指针定位在“输入编号的格式”空白文本框内，在“包含的级别编号来自”下拉列表中选择“级别一”选项，文本框中会显示“二”，在“二”后面输入“.”。在选择“包含的级别编号来自”下拉列表中选择“级别二”选项，在“二.2”后面输入“.”，最后在“此级别的编号样式”下拉列表中选择“1,2,3,…”选项，文本框中会显示“二.2.1”，为了保证格式一致，勾选“正规形式编号”复选框，如图 3-75 所示。
- 单击“确定”按钮，完成标题 3 的设置。

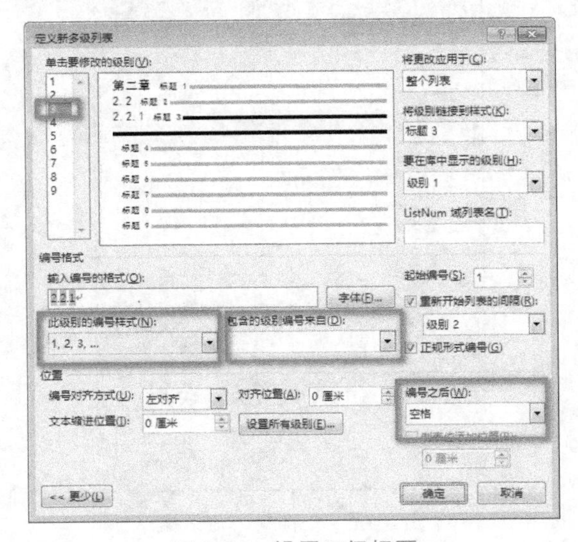

图 3-75　设置三级标题

3. 自动生成目录

利用标题样式可以快速自动生成目录，而且在目录生成后，如果文档内容发生修改，还可以随时更新目录，实现目录与章节内容的统一，操作步骤如下。

- 将光标定位在“英文摘要”之后的空白位置，输入“目录”，并设置其格式为“小四，黑体，居中”。
- 在“引用”选项卡的“目录”组中，单击“目录”按钮，在弹出的下拉列表中选择“自定义目录”选项，打开“目录”对话框，依次勾选“显示页码”和“页码右对齐”复选框，设置“显示级别”为“3”，如图 3-76 所示。

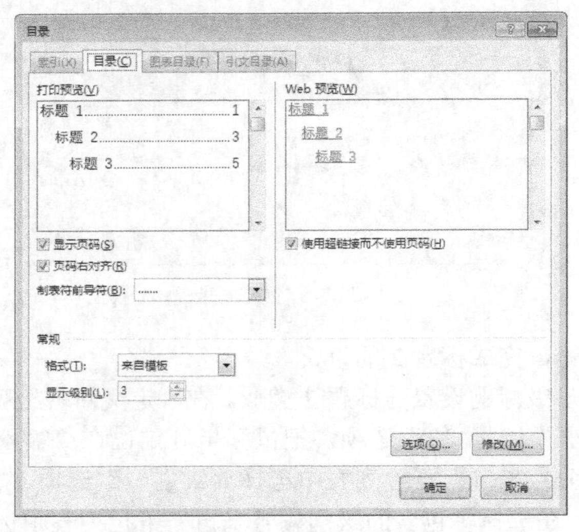

图 3-76　“目录”对话框

- 单击“修改”按钮，打开“样式”对话框，选择样式为“目录 1”，如图 3-77 所示。

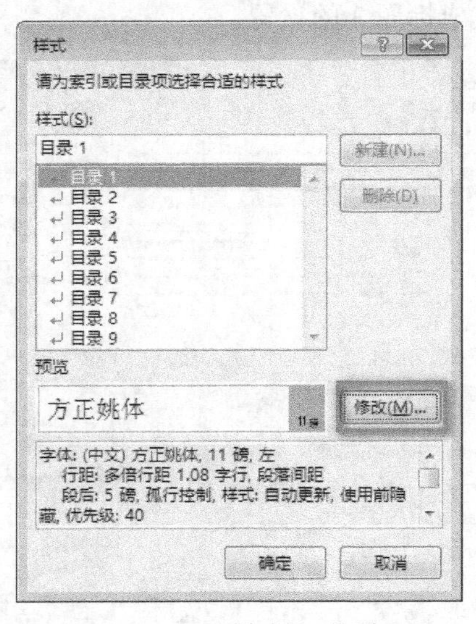

图 3-77　“样式”对话框

● 单击“修改”按钮，打开“修改样式”对话框，设置目录 1 的格式为“小四，黑体”，如图 3-78 所示，单击“确定”按钮即可生成目录。

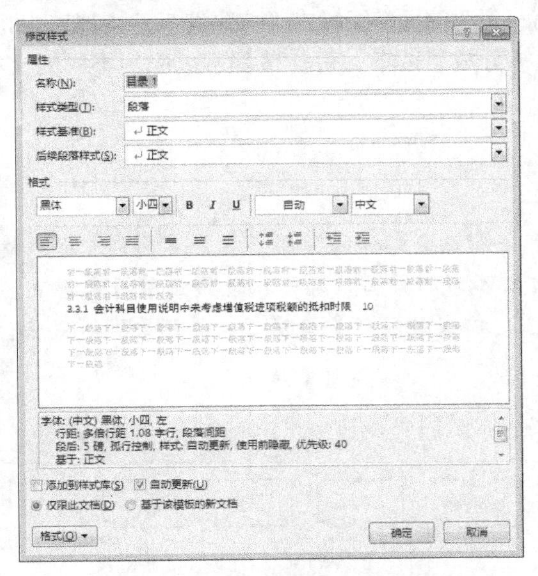

图 3-78　“修改样式”对话框

4. 分节符与分页符的使用

对“毕业论文”文档运用分节符和分页符的功能，在目录和英文摘要之间使用不同的格式，在目录和正文之间使用不同的格式，操作步骤如下。

● 在“布局”选项卡的“页面设置”组中，单击“分隔符”按钮，弹出下拉列表，如图 3-79 所示。其中“分页符”表示一页结束与下一页开始的位置，分割出来的两页在格式上保持一致；而“分节符”分割出来的两页的格式是不同的。

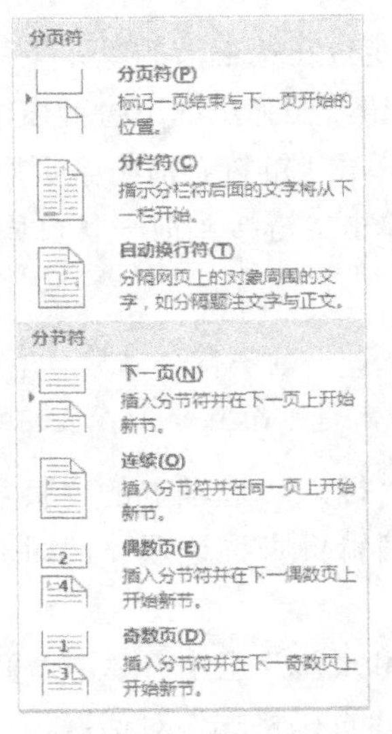

图 3-79　“分隔符”下拉列表

● 将光标定位在“目录”前面，在“分隔符”下拉列表中，选择“分节符”中的“下一页”选项。

● 将光标定位在“第一章”前面，同样在“分隔符”下拉列表中，选择“分节符”中的“下一页”选项，这样文章就被分成了3节，每一节都可以应用不同的文档格式，也为今后设置不同的页码打下基础。

5. 添加页眉与页脚

“毕业论文”的目录部分和正文部分的页码往往是不同的，目录使用的是Ⅰ,Ⅱ,Ⅲ,…，而正文使用的是1,2,3,…，所以不同的页面格式可以使用分节符来解决，如图3-80所示，另外，论文在排版过程中“奇偶页”的页码不仅要连贯，位置也要有所变化，利用页眉页脚设置页码，操作步骤如下。

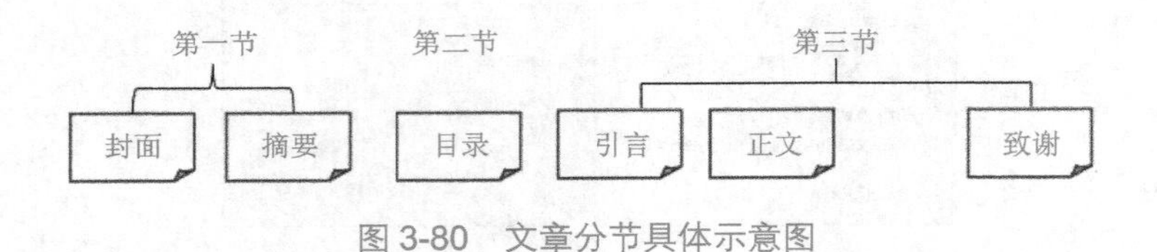

图3-80　文章分节具体示意图

● 将光标定位在目录页的任意位置，在“插入”选项卡的“页眉和页脚”组，单击“页脚”按钮，在弹出的下拉列表中选择“编辑页脚”选项，打开如图3-81所示的页面。

● 选择奇数页第二节的页面，单击“链接到前一条页眉”按钮，取消链接到前一条页眉，再次选择偶数页“第二节”，取消链接到前一条页眉。

图3-81　“奇数页页脚”页面

● 按照上一步的操作，将光标定位在第三节的“引言”部分，同样在“插入”选项卡的“页眉和页脚”组中，单击“页脚”按钮，在弹出的下拉列表中选择“编辑页脚”选项。

● 选择奇数页第三节的页面，单击“链接到前一条页眉”按钮，取消链接到第二节的内容，另外再选择“偶数页页脚”，同样单击“链接到前一条页眉”按钮，将第三节所有页面都取消格式链接。

设置“毕业论文”各节的页脚，第一节不需要页脚，第二节设置为Ⅰ,Ⅱ,Ⅲ,…，并且居中，第三节为1,2,3,…，并且加上文章标题，而且分别在左右侧，操作步骤如下。

● 将光标定位在目录页，在“插入”选项卡的“页眉和页脚”组中，单击“页脚”按钮，在弹出的下拉列表中选择“编辑页脚”选项。此时光标定位在“奇数页页脚”第二节空白位置处。

● 在“插入”选项卡的“页眉和页脚”组中，单击“页码”按钮，在弹出的下拉列表中选择“设置页码格式”选项，打开“页码格式”对话框。

● 设置编号格式为“I,II,III…”，选中“起始页码”单选按钮，如图 3-82 所示。

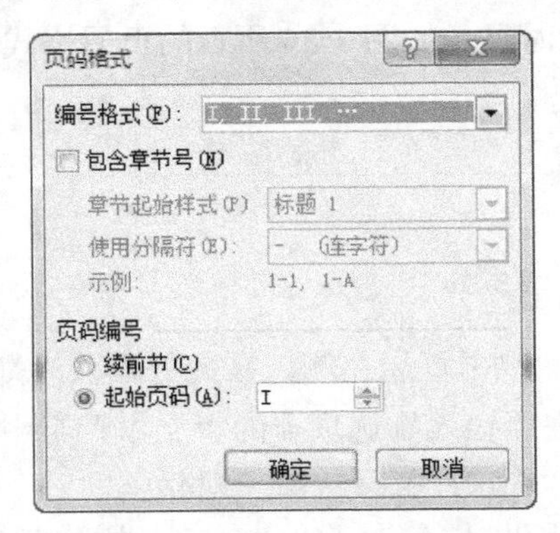

图 3-82　“页码格式”对话框

● 单击“确定”按钮。再次单击“页码”按钮，在弹出的下拉列表中选择“页面底端”→“堆叠纸张 1”选项，这时页面底端便会出现如图 3-83 所示的页脚格式。

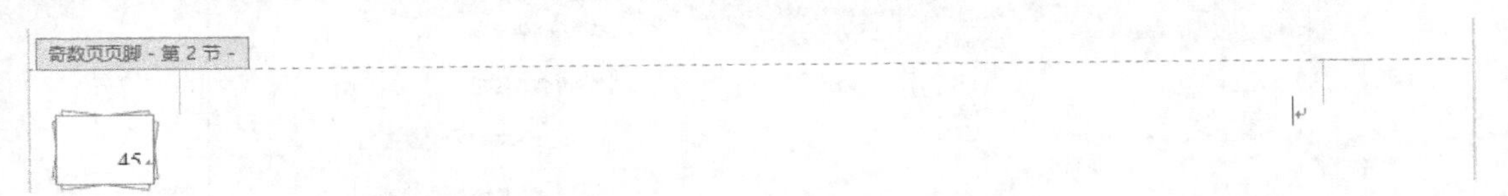

图 3-83　奇数页页脚格式

● 用同样的方法将光标定位在“偶数页页脚”第二节空白处，单击“页码”按钮，在弹出的下拉列表中选择“页面底端”选项，选择“堆叠纸张 2”选项，这时页面底端会出现如图 3-84 所示的页脚格式。

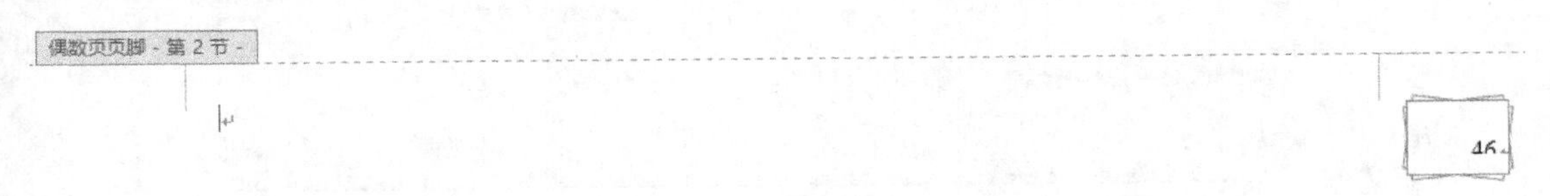

图 3-84　偶数页页脚格式

● 用同样的方法设置第三节正文的页面格式。将光标定位在正文“奇数页页面”底端，再次单击“页码”按钮，在弹出的下拉列表中选择“设置页码格式”选项，打开“页码格式”对话框。

● 设置编号格式为“1,2,3,…”，选中“起始页码”单选按钮，单击“确定”按钮。

● 在“奇数页页面”空白处，单击“页码”按钮，在弹出的下拉列表中选择“页面底端”，选择“普通数字 1”选项，在偶数页页面空白处，同样单击“页码”按钮，在弹出的下拉列表中选择“页面底端”选项，选择“普通数字 2”选项。

页眉的设置和页脚类似，在“毕业论文”文档的摘要和目录上没有页眉，设置正文处偶数页页面页眉左侧是学校名称，右侧是章节名，奇数页页面页眉左侧是章节名，右侧是学校名称，操作步骤如下。

● 在“插入”选项卡的“页眉和页脚”组中，单击“页眉”按钮，在弹出的下拉列表中选择“空白（三栏）”选项，此时显示如图 3-85 所示的页眉格式。

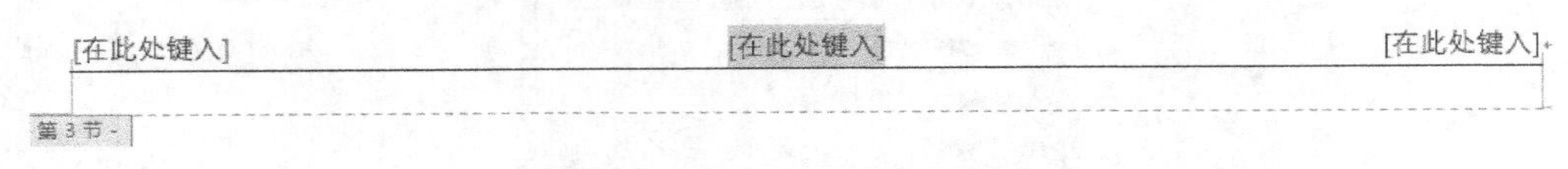

图 3-85 “空白（三栏）”页眉格式

● 选择中间的部分，删除，单击页眉左侧，在此处输入“郑州财税金融职业学院”，然后将鼠标指针定位在页眉右侧，在“插入”选项卡的“文本”组中，单击“文档部件”按钮，在弹出的下拉列表中选择“域”选项，打开“域”对话框。

● 设置类别为“链接和引用”，域名为“StyleRef”，样式名为“标题 1”，如图 3-86 所示。

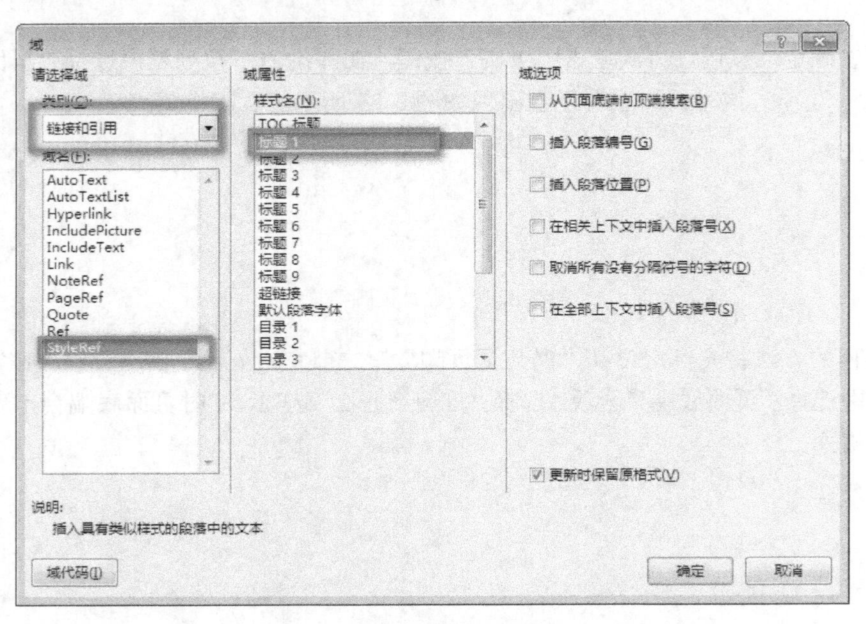

图 3-86 “域”对话框

● 单击“确定”按钮，此时文章标题会显示在页面上，将光标定位在标题前，再次单击“文档部件”按钮，在弹出的下拉列表中选择“域”选项，打开“域”对话框，勾选“插入段落编号”复选框，单击“确定”按钮，页眉效果如图 3-87 所示。

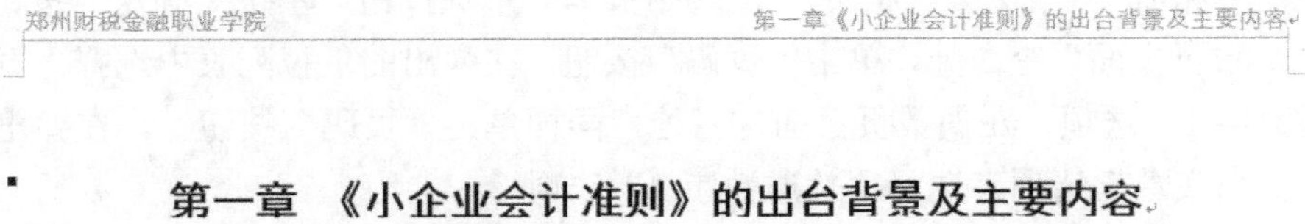

郑州财税金融职业学院　　　第一章《小企业会计准则》的出台背景及主要内容

第一章 《小企业会计准则》的出台背景及主要内容

图 3-87 “偶数页”页眉效果

● 重复前面 4 个步骤，调换插入顺序，即可完成“奇数页”的页眉设置，如图 3-88 所示。

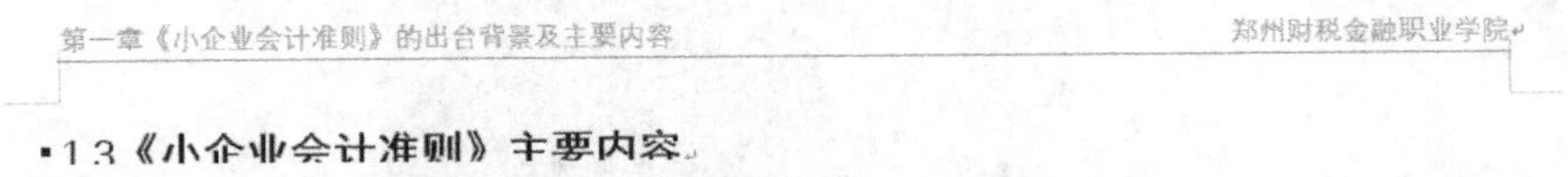
第一章《小企业会计准则》的出台背景及主要内容
郑州财税金融职业学院
1.3《小企业会计准则》主要内容

图 3-88　“奇数页”页眉效果

6. 添加封面

为了论文的完整性，在论文完成之后，需要给论文加一个封面，这里，利用 Word 2016 的封面功能来进行快速设置，操作步骤如下。

● 在“插入”选项卡的“页面”组中，单击“封面”按钮，弹出下拉列表，如图 3-89 所示。

内置
奥斯汀
边线型
花丝
怀旧
积分
离子(浅色)
离子(深色)
母版型
平面
Office.com 中的其他封面(M)
删除当前封面(R)
将所选内容保存到封面库(S)...

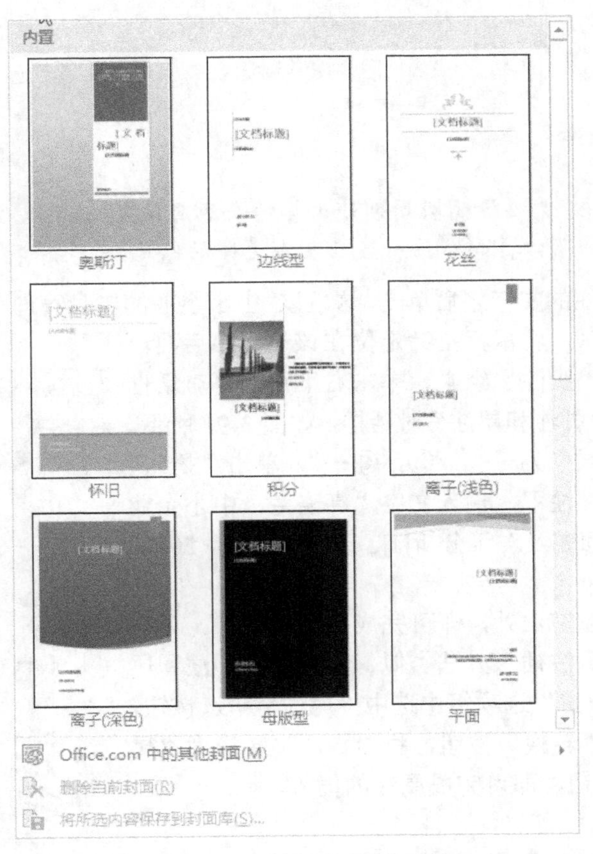

图 3-89　“封面”下拉列表

● 选择“奥斯汀”类型封面，在模板中修改相应选项，将论文题目和作者信息写入相应的文本框中，生成如图 3-90 所示的封面效果。

● 如果对论文封面的效果不满意，还可以重新插入封面，每次插入都会替换当前封面，而且是在论文的第一页。如果不需要封面，直接在“插入”选项卡的“页面”组中单击“封面”按钮，在弹出的下拉列表中选择“删除当前封面”选项即可。

图 3-90　封面效果

7．添加脚注和尾注

论文在书写过程中，需要注明引用别处文档的来源及位置，这就需要用到添加脚注和尾注，脚注一般在当前页面的下方，而尾注一般在所有文字的结尾处，操作步骤如下。

● 在需要添加脚注的文字之后单击，这里以“中小企业的自身管理存在着问题等重要原因”之后需要添加脚注为例，将鼠标指针定位在该句文字后面，在“引用”选项卡的“脚注”组中，单击右下角的“对话框启动器”按钮，打开“脚注和尾注”对话框，如图 3-91 所示。

● 设置“编号格式”为“①，②，③…”，单击“插入”按钮，将光标定位在脚注下，输入文字“高晓兰．中小企业人力资源管理存在的问题及对策分析[J]．改革与开放，2010，(14)：67.”。

● 单击文档的任意空白处，即可完成脚注的插入。

● 尾注的插入与脚注插入方法类似，只是在“脚注和尾注”对话框中，在“位置”选项组中选中“尾注”单选按钮，当然也可以直接单击“转换”按钮，将“脚注”转换为“尾注”，单击“插入”按钮，即可完成尾注的插入。

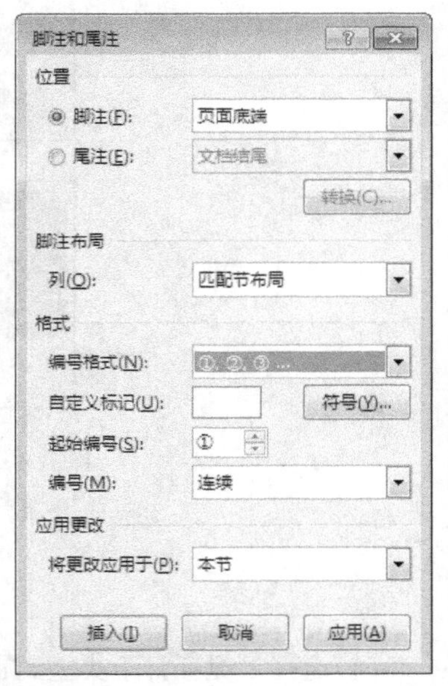

图 3-91　“脚注和尾注”对话框

8．双面打印论文

由于论文设置了奇偶页，因此，对论文的双面打印，可以采用先打印“奇数”页，再打印“偶数”页的方法，操作步骤如下。

● 选择“文件”→“打印”命令，在右侧“设置”选项组中，单击“打印所有页”下拉按钮，在弹出的下列表中选择“仅打印奇数页”选项，然后单击“打印”按钮，打印奇数页。

● 将纸张翻转过来，选择“文件”→“打印”命令，在右侧“设置”选项组中，单击“打印所有页”下拉按钮，在弹出的下列表中选择“仅打印偶数页”选项，再单击“打印”按钮，打印偶数页，即可完成双面打印。

项目 5
使用邮件合并批量生成成绩单

制作文档

批量生成

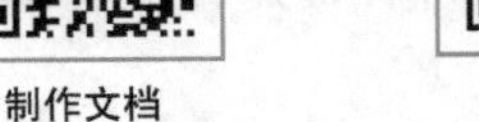

项目描述

蔡老师在期末考试结束后，拿到了班级期末考试成绩表，按照学校的要求，要给每位同学发放期末考试成绩单，以便于他们了解自己的学习情况。蔡老师需要制作 37 份成绩单，为了节约纸张，她想在一张纸上打印两份成绩单，并且所有期末考试在 320 分以上的同学，考核为优秀，如图 3-92 所示。蔡老师咨询了教办公自动化的刘老师，知道可以通过“邮件合并”来实现。下面是刘老师的分析和操作。

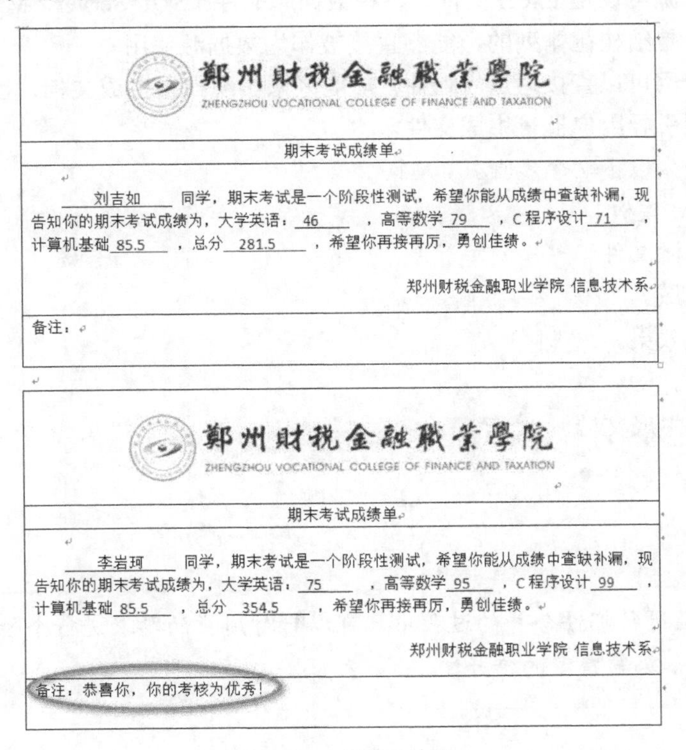

鄭州財稅金融職業學院
ZHENGZHOU VOCATIONAL COLLEGE OF FINANCE AND TAXATION

期末考试成绩单

刘吉如 同学，期末考试是一个阶段性测试，希望你能从成绩中查缺补漏，现告知你的期末考试成绩为，大学英语：46，高等数学 79，C 程序设计 71，计算机基础 85.5，总分 281.5，希望你再接再厉，勇创佳绩。

郑州财税金融职业学院 信息技术系

备注：

鄭州財稅金融職業學院
ZHENGZHOU VOCATIONAL COLLEGE OF FINANCE AND TAXATION

期末考试成绩单

李岩珂 同学，期末考试是一个阶段性测试，希望你能从成绩中查缺补漏，现告知你的期末考试成绩为，大学英语：75，高等数学 95，C 程序设计 99，计算机基础 85.5，总分 354.5，希望你再接再厉，勇创佳绩。

郑州财税金融职业学院 信息技术系

备注：恭喜你，你的考核为优秀！

图 3-92　成绩单效果

项目分析

首先，设计并制作一份成绩单的模板，并把需要填充的信息空出来，另外，整理好成绩并制作成 Excel 表格。做好以上准备工作后，使用邮件功能中的“使用现有列表”导入数据源，并对每一个空出来的信息逐个填充，对考核优秀的同学使用“规则”来进行设定，完成设计之后可以通过“合并”来进行数据批量导入。

相关知识

在学校里经常会遇到批量制作成绩单、录取通知书、准考证、学生一卡通等工作，进入社会后，还会遇到制作会议邀请函、面试通知书、新年贺卡等工作，遇到这些工作量大的情况，可以使用 Word 的邮件合并功能来快速地批量生成需要的文档。

1. 邮件合并

邮件合并是将表中变化的信息逐个导入到设定好模板内容的 Word 文档中。它能够快速批量生成所需要的文档，大大提升了效率。

2. 邮件合并的方法

被导入的表来源可以是 Excel 文件、各种数据库文件（SQL Server，MySQL，Access）等，这些表中的数据都是结构化排列的，能够直接被作为数据源使用。

邮件合并的使用可以直接通过“邮件”功能区来实现批量生成文档，也可以通过“邮件合并向导”来分步骤引导用户批量生成文件。

具体的操作分为以下 7 个步骤。

（1）制作 Word 模板。

（2）选择数据源文件。

（3）插入合并域。

（4）预览模板效果。

（5）排版文档。

（6）合并批量生成文档。

（7）保存文档。

专家点睛

“邮件”功能区进行邮件合并的过程中，可以针对用户的要求进行个性化设计，利用“规则”进行条件设置，编写特定的合并域。

项目实现

本项目将利用“邮件”选项卡的“开始邮件合并”组、“编写和插入域”组及“完成”组中的工具来完成批量文档的生成。

1．制作期末考试成绩文档

首先准备好主文档模板和数据源文件，并将这几个文件放到一个文件夹下，操作步骤如下。

● 设计主（模板）文档。打开 Word 2016，利用之前所学的图文混排技术，制作如图 3-93 所示的文档模板。

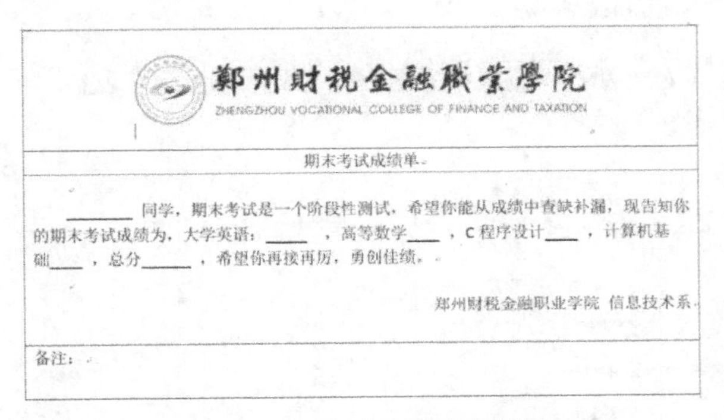

鄭州財稅金融職業學院
ZHENGZHOU VOCATIONAL COLLEGE OF FINANCE AND TAXATION

期末考试成绩单

______同学，期末考试是一个阶段性测试，希望你能从成绩中查缺补漏，现告知你的期末考试成绩为，大学英语：____，高等数学____，C 程序设计____，计算机基础____，总分_____，希望你再接再厉，勇创佳绩。

郑州财税金融职业学院 信息技术系

备注：

图 3-93　空白内容的文档模板

● 准备数据源文件。利用 Excel 表整理班级学生的期末考试成绩表，如图 3-94 所示。

G10　=SUM(C10:F10)

	A	B	C	D	E	F	G
1	学号	姓名	大学英语	高等数学	C程序设计	计算机基础	总分
2	13020101	潘怡茹	90	85	65	86	326
3	13020102	刘濮松	60	66	42	88	256
4	13020103	刘吉如	46	79	71	85.5	281.5
5	13020104	李岩珂	75	95	99	85.5	354.5
6	13020105	李晓博	78	98	88	85.5	349.5
7	13020106	李帅旭	93	43	69	79.5	284.5
8	13020107	李静瑶	96	31	65	89	281
9	13020108	金纾凡	36	71	53	80.5	240.5
10	13020109	秦梓航	35	84	74	57	250
11	13020110	关颖利	缺考	35	67	80.5	182.5
12	13020111	秦志超	47	79	98	89	313
13	13020112	王宗泽	96	74	86	87.5	343.5
14	13020113	王怡萌	76	85	81	77	319
15	13020114	魏帅行	94	94	47	84	319
16	13020115	吴帅博	91	56	77	9	233
17	13020116	吴帅康	72	62	87	78	299
18	13020117	吴一汝	82	71	41	74	268
19	13020118	吴一童	92	72	75	76.5	315.5
20	13020119	吴宜修	83	91	77	83	334
21	13020120	吴子怡	34	缺考	96	84.5	214.5
22	13020121	徐毅博	74	38	88	41.5	241.5
23	13020122	杨佳歌	46	75	54	85.5	260.5
24	13020123	杨朋佳	49	57	70	12	188
25	13020124	杨毅泽	72	90	35	85.5	282.5
26	13020125	杨智辉	81	95	78	83.5	337.5
27	13020126	杨轶涵	68	94	91	73.5	326.5
28	13020127	杨轶涛	83	72	62	82	299
29	13020128	杨铠博	40	71	87	74	272
30	13020129	张朋瑶	71	46	缺考	87.5	204.5
31	13020130	张轩铭	55	93	82	88	318
32	13020131	张自通	缺考	77	55	52	184
33	13020132	张怡帆	91	43	73	75.5	282.5
34	13020133	赵承旭	62	72	65	86	285
35	13020134	赵旭光	70	缺考	缺考	81	151
36	13020135	朱桂伊	44	69	81	80	274
37	13020136	朱娟娟	65	67	70	64.5	266.5
38	13020137	朱圣达	96	74	78	84	332

图 3-94　整理后的成绩表

● 将以上两个文件均保存在“期末成绩”文件夹下。

打开模板文档，并在模板文档上引用数据源，操作步骤如下。

● 引用数据源。打开“成绩通知单（模板）.docx”，在“邮件”选项卡的“开始邮件合并”组中，单击“选择收件人”按钮，在弹出的下拉列表中选择“使用现有列表”选项，打开“选取数据源”对话框。

● 打开“期末成绩”文件夹，选择“学生成绩单（Excel）.xlsx”文件，如图 3-95 所示。

图 3-95 “选取数据源”对话框

● 单击“打开”按钮，打开“选择表格”对话框，选择“期末考试成绩”表，如图 3-96 所示。

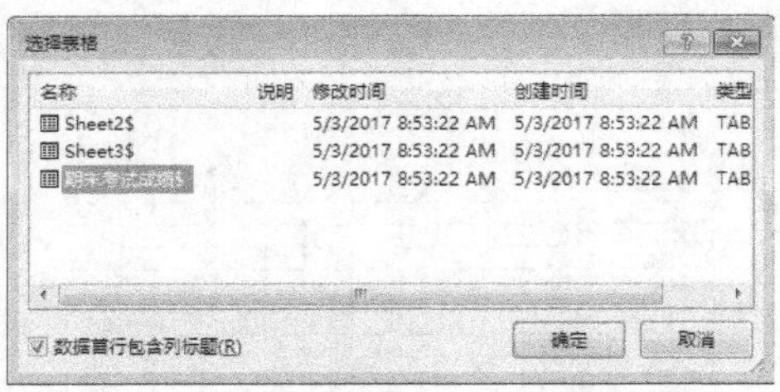

图 3-96 “选择表格”对话框

● 单击“确定”按钮，完成对数据源的选择。

将“姓名”以及各科“分数”“总分”通过数据源引入到模板文档中，操作步骤如下。

● 插入合并域。将光标定位在“同学”前的横线上，在“邮件”选项卡的“编写和插入域”组中，单击“插入合并域”按钮，在弹出的下拉列表中选择“姓名”选项。

● 将光标定位在“大学英语”后的横线上，单击“插入合并域”按钮，在弹出的下拉列表中选择“大学英语”选项。

● 重复上两步操作，依次将空白横线位置插入合并域，插入后的效果如图 3-97 所示。

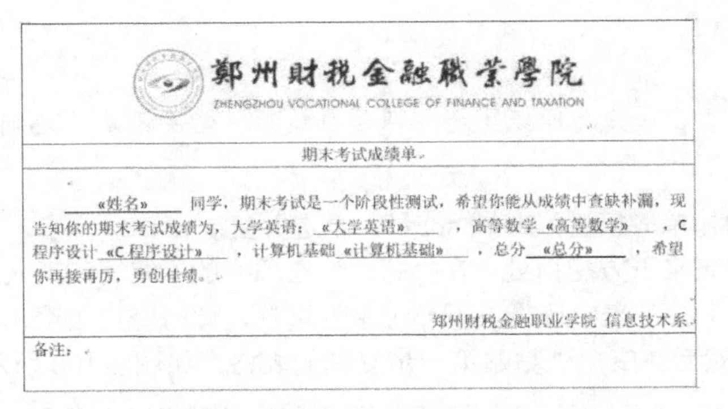

郑州财税金融職業學院
ZHENGZHOU VOCATIONAL COLLEGE OF FINANCE AND TAXATION

期末考试成绩单

«姓名» 同学，期末考试是一个阶段性测试，希望你能从成绩中查缺补漏，现告知你的期末考试成绩为，大学英语：«大学英语»，高等数学«高等数学»，C 程序设计«C 程序设计»，计算机基础«计算机基础»，总分«总分»，希望你再接再厉，勇创佳绩。

郑州财税金融职业学院 信息技术系

备注：

图 3-97　插入合并域后的文档效果

由于需要在“备注”上标注出所有总分大于 320 分的同学“恭喜你，考核成绩为优秀”，因此需要利用“编写和插入域”中的“规则”来添加条件判断。

- 添加规则。将光标定位在“备注：”后面，在“邮件”选项卡的“编写和插入域”组中，单击“规则”按钮，在弹出的下拉列表中选择“如果…那么…否则”选项，打开“插入 Word 域:IF” 对话框。
- 设置域名为“总分”，比较条件为“大于等于”，比较对象为“320”，如图 3-98 所示。

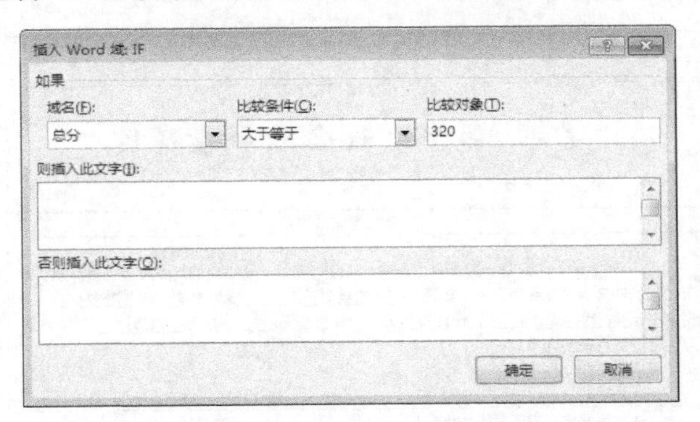

图 3-98　“插入 Word 域:IF” 对话框

- 单击“确定”按钮。在“邮件”选项卡的“预览结果”组中，单击“预览结果”按钮，插入的结果显示在模板文档中，如图 3-99 所示。保存文件为“成绩通知单（模板）有域.docx”。

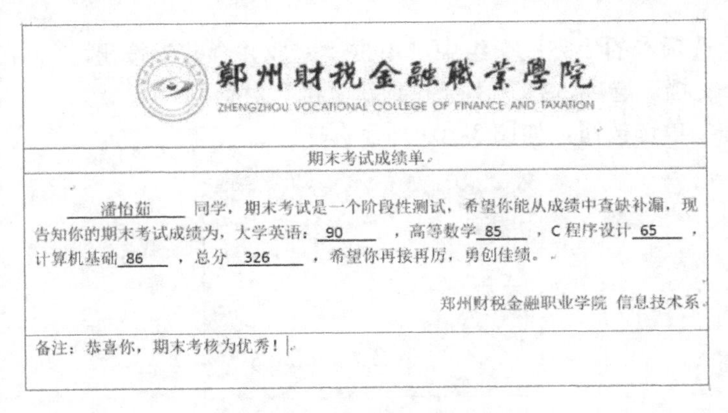

郑州财税金融職業學院
ZHENGZHOU VOCATIONAL COLLEGE OF FINANCE AND TAXATION

期末考试成绩单

潘怡茹 同学，期末考试是一个阶段性测试，希望你能从成绩中查缺补漏，现告知你的期末考试成绩为，大学英语：90，高等数学 85，C 程序设计 65，计算机基础 86，总分 326，希望你再接再厉，勇创佳绩。

郑州财税金融职业学院 信息技术系

备注：恭喜你，期末考核为优秀！

图 3-99　期末考试成绩单预览结果

2．批量生成成绩单

为了节约纸张，要在一张打印纸上打印两份成绩单，需要添加“规则”下的“下一记录”来实现，操作步骤如下。

- 打开“成绩通知单（模板）有域.docx”，全选并复制。
- 将光标定位在表格下方空白处，在“邮件”选项卡的“编写和插入域”组中，单击“规则”按钮，在弹出的下拉列表中选择“下一记录”选项，此时空白处会出现“《下一记录》”。
- 按 Enter 键，然后在空白处粘贴第一步复制的表格，如图 3-100 所示。

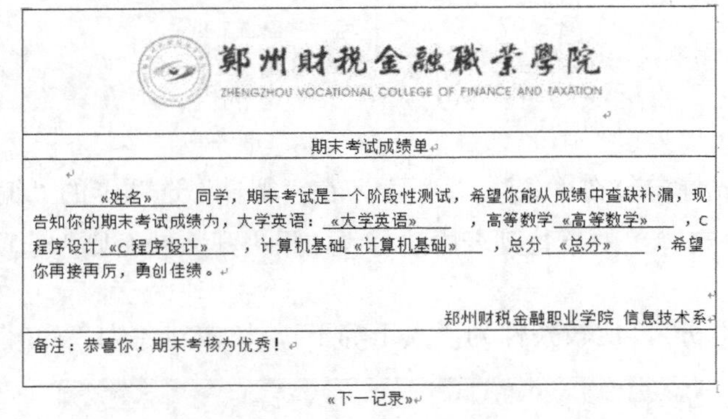

鄭州財稅金融職業學院
ZHENGZHOU VOCATIONAL COLLEGE OF FINANCE AND TAXATION

期末考试成绩单

«姓名» 同学，期末考试是一个阶段性测试，希望你能从成绩中查缺补漏，现告知你的期末考试成绩为，大学英语：«大学英语»，高等数学 «高等数学»，C 程序设计 «C 程序设计»，计算机基础 «计算机基础»，总分 «总分»，希望你再接再厉，勇创佳绩。

郑州财税金融职业学院 信息技术系

备注：恭喜你，期末考核为优秀！

«下一记录»

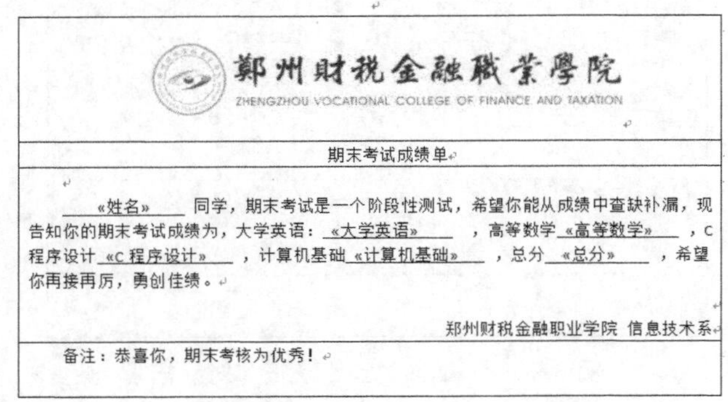

鄭州財稅金融職業學院
ZHENGZHOU VOCATIONAL COLLEGE OF FINANCE AND TAXATION

期末考试成绩单

«姓名» 同学，期末考试是一个阶段性测试，希望你能从成绩中查缺补漏，现告知你的期末考试成绩为，大学英语：«大学英语»，高等数学 «高等数学»，C 程序设计 «C 程序设计»，计算机基础 «计算机基础»，总分 «总分»，希望你再接再厉，勇创佳绩。

郑州财税金融职业学院 信息技术系

备注：恭喜你，期末考核为优秀！

图 3-100　两份成绩单在一张纸上

合并数据，生成成绩单，操作步骤如下。

- 在“邮件”选项卡的“完成”组中，单击“完成并合并”按钮，在弹出的下拉列表中选择“编辑单个文档”选项，打开“合并到新文档”对话框。
- 选中“全部”单选按钮，如图 3-101 所示。

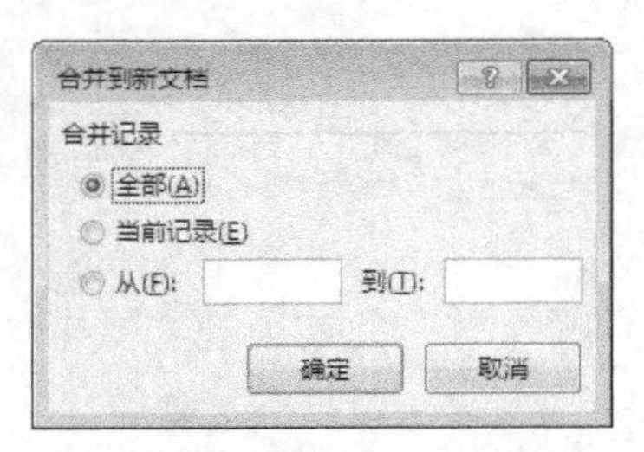

图 3-101　“合并到新文档”对话框

- 单击“确定”按钮，所有同学的成绩单就一次性批量生成了，保存文件，然后打印即可。

单元小结3

本单元共完成 5 个项目，学完后应该有以下收获。

- 掌握 Word 2016 的启动和退出。
- 熟悉 Word 2016 的工作界面。
- 掌握文档的基本操作。
- 掌握文档中文本的输入及编辑。
- 掌握文档字体及段落格式的设置。
- 掌握文档中表格的插入。
- 掌握表格中文字的输入及表格格式的设置。
- 掌握文本框的插入及编辑。
- 掌握图片的插入及编辑。
- 掌握页面整体效果的设置。
- 掌握样式的使用。
- 掌握自动目录的生成。
- 熟练使用分节符和分页符。
- 掌握页眉和页脚的添加。
- 掌握封面的添加。
- 掌握脚注和尾注的添加。
- 掌握双面打印论文。
- 掌握建立邮件合并需要的模板文档和源数据文件。
- 掌握插入合并域，建立起文本文档与数据源的联系。
- 掌握规则的添加。
- 掌握一页中复制两张成绩通知单的方法。

课外自测3

一、单选题

1．Word 2016 视图中，显示效果与实际打印效果最接近的视图方式是________。

A．普通视图　　　　B．页面视图

C．联机版视图　　　　D．主控文档视图

2．窗口被最大化后如果要调整窗口大小，正确的操作是__________。

A．用鼠标拖动窗口的边框线

B．单击“还原”按钮，再用鼠标拖动边框线

C．单击“最小化”按钮，再用鼠标拖动边框线

D．用鼠标拖动窗口的四角

3．选择“文件”→“关闭”命令，是______________。

A．退出 Word 2016 系统

B．关闭 Word 2016 下所有打开的文档窗口

C．将 Word 2016 中当前的活动窗口关闭

D．将 Word 2016 中当前的活动窗口最小化

4．Word 2016 中保存文档的命令出现在“_______”选项卡中。

A．插入　　B．页面布局

C．文件　　D．开始

5．在 Word 2016 的“文件”选项卡中，对已保存过的文件，关于“保存”和“另存为”两个选择，下列说法中正确的是_____________。

A．“保存”只能用原文件名存盘，“另存为”不能用原文件名存盘

B．“保存”不能用原文件名存盘，“另存为”只能用原文件名存盘

C．“保存”只能用原文件名存盘，“另存为”也能用原文件名存盘

D．“保存”和“另存为”都能用任意原文件名存盘

6．在 Word 2016 中，要用模板来生成新的文档，一般应先选择_____，再选择模板名。

A．“文件”→“打开”　　B．“文件”→“新建”

C．“引用”→“样式”　　D．“文件”→“选项”

7．Word 2016 启动后，将自动打开一个名为“_______”的文档。

A．BOOK1　　B．NONAME

C．文档 1　　D．文件 1

8．在 Word 2016 中，要将图片作为水印，应修改图片的环绕方式为_________。

A．四周型　　B．紧密型

C．衬于文字上方　　D．衬于文字下方

9．在 Word 2016 中，单击“项目符号”按钮后，___________。

A．可在现有的所有段落前自动添加项目符号

B．仅在插入点所在的段落前自动添加项目符号，对之后新增的段落不起作用

C．仅在之后新增的段落前自动添加项目符号

D．可在插入点所在的段落和之后新增的段落前自动添加项目符号

10．在 Word 2016 中，用户可以利用_________很方便、直观地改变段落缩进方式、调整文档的左右边界和改变表格的列宽。

A．标尺　　B．工具栏

C．菜单栏　　D．格式栏

11．在 Word 2016 的段落对齐方式中，能使段落中每一行（包括未输满的行）都保持首尾对齐的是______________。

A．左对齐　　B．两端对齐

C．居中对齐　　　　　　　　D．分散对齐

12．在 Word 2016 中，下面关于文本框操作叙述错误的是＿＿＿＿＿＿。

A．在文本框中，可以插入文字、表格和图形

B．在文本框上单击，文本框外围出现虚线框，此时选定的是文本框

C．文本框的大小可以通过拖动文本框上的控制点来改变

D．文本框的位置和大小都可以改变

13．如果两个文本框要建立链接，建立链接的按钮在“＿＿＿＿＿＿”选项卡下。

A．开始　　　　　　　　B．格式

C．插入　　　　　　　　D．绘图工具/格式

14．选定整个表格，按 Delete 键，所删除的是＿＿＿＿＿＿。

A．表格线　　　　　　　　B．表格中的文字

C．表格与表格中的数据　　　　D．都不能删除

15．以下说法正确的是＿＿＿＿＿＿。

A．移动文本的方法是：选择文本，粘贴文本，在目标位置移动文本

B．移动文本的方法是：选择文本，复制文本，在目标位置粘贴文本

C．复制文本的方法是：选择文本，剪切文本，在目标位置复制文本

D．复制文本的方法是：选择文本，复制文本，在目标位置粘贴文本

16．在表格中选定某一个单元格，当用鼠标拖动它的左、右框线时，改变的是＿＿＿＿的宽度。

A．选定列　　　　　　　　B．整个表格

C．选定行　　　　　　　　D．选定单元格

17．当用户的输入可能出现＿＿＿＿＿＿，则会用绿色波浪线下画线标注。

A．错误文字　　　　　　　　B．不可识别的文字

C．语法错误　　　　　　　　D．中英文互混

18．艺术字在文档中以＿＿＿＿＿＿方式出现。

A．公式　　　　　　　　B．图形对象

C．普通文字　　　　　　　　D．样式

19．在 Word 2016 中编辑文本时，显示的网格线在打印时＿＿＿＿＿出现在纸上。

A．不会　　　　　　　　B．全部

C．一部分　　　　　　　　D．大部分

20．在 Word 2016 文档中插入数学公式，在“插入”选项卡中应选择“＿＿＿＿”分组中的命令。

A．符号　　　　　　　　B．插图

C．文本　　　　　　　　D．链接

二、实操题

1．利用艺术字、图片、文本框及图文混排图片样式制作如图 3-102 所示的贺卡。

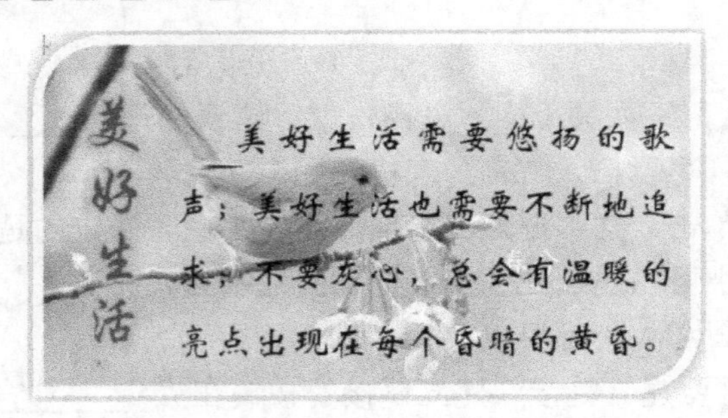

图 3-102 贺卡效果

提示：插入文本框输入文字（华文新魏，小初），插入素材图片“喜鹊”，设置环绕方式为“衬于文字下方”，插入艺术字（华文行楷，初号），设置文字效果；最后设置图片样式。

2．利用表格制作如图 3-103 所示的课程表。

郑州财税金融职业学院

201×—201×学年第一学期班级课程表

__________系______级________班　辅导员__________人数______

课程 节次 教 室 星期	上午				下午			
	1-2 节		3-4 节		5-6 节		7-8 节	
	课程	教室	课程	教室	课程	教室	课程	教室
星期一								
星期二								
星期三								
星期四								
星期五								

说明：

1．主院由北向南依次为 1 号教学楼、2 号教学楼、3 号教学楼、4 号教学楼，东楼为科技馆、西楼为图书馆、西北楼为办公楼。

2．本课程表自________年________月________日起实施。

图 3-103 课程表效果

提示：插入 13 行 9 列表格，通过合并单元格和拆分单元格操作完成课程表的制作，通过形状绘制斜线头；输入文字，居中显示，填充底纹，加双外边框线。

3．利用图文混排功能制作如图 3-104 所示的一个报纸的版面。

提示：报头部分利用文本框、艺术字完成，插入 2 行 3 列表格，填充底纹，文本框输入文字并添加项目符号，绘制形状，输入文本，设置首行下沉及分栏，插入图片，环绕为四周，最后添加页边框及页面颜色。

科 技 前 沿 报

计算机协会编辑部　计算机协会主办

把握科技前沿资讯，共创幸福美好未来

2017 年 12 月 15 日
星期五
第 12 期
总第 36 期

大数据	云计算	物联网
人工智能	移动互联	量子计算机

- 大数据，指无法在一定时间范围内用常规软件工具进行捕捉、管理和处理的数据集合，是需要新处理模式才能具有更强的决策力、洞察发现力和流程优化能力的海量、高增长率和多样化的信息资产。
- 大数据技术的战略意义不在于掌握庞大的数据信息，而在于对这些含有意义的数据进行专业化处理。换而言之，如果把大数据比作一种产业，那么这种产业实现盈利的关键，在于提高对数据的“加工能力”，通过“加工”实现数据的“增值”。

云 计 算

云计算是基于互联网的相关服务的增加、使用和交付模式，通常涉及通过互联网来提供动态易扩展且经常是虚拟化的资源。

云计算甚至可以让你体验每秒 10 万亿次的运算能力，拥有这么强大的计算能力可以模拟核爆炸、预测气候变化和市场发展趋势。用户通过电脑、笔记本、手机等方式接入数据中心，按自己的需求进行运算。

人工智能是研究使计算机来模拟人的某些思维过程和智能行为（如学习、推理、思考、规划等）的学科，主要包括计算机实现智能的原理、制造类似于人脑智能的计算机，使计算机能实现更高层次的应用。人工智能将涉及到计算机科学、心理学、哲学和语言学等学科。可以说几乎是自然科学和社会科学的所有学科，其范围已远远超出了计算机科学的范畴，人工智能与思维科学的关系是实践和理论的关系，人工智能是处于思维科学的技术应用层次，是它的一个应用分支。从思维观点看，人工智能不仅限于逻辑思维，要考虑形象思维、灵感思维才能促进人工智能的突破性的发展，数学常被认为是多种学科的基础科学，数学也进入语言、思维领域，人工智能学科也必须借用数学工具，数学不仅在标准逻辑、模糊数学等范围发挥作用，数学进入人工智能学科，它们将互相促进而更快地发展。

图 3-104　报纸效果

4．利用邮件合并制作如图 3-105 所示的毕业证书。

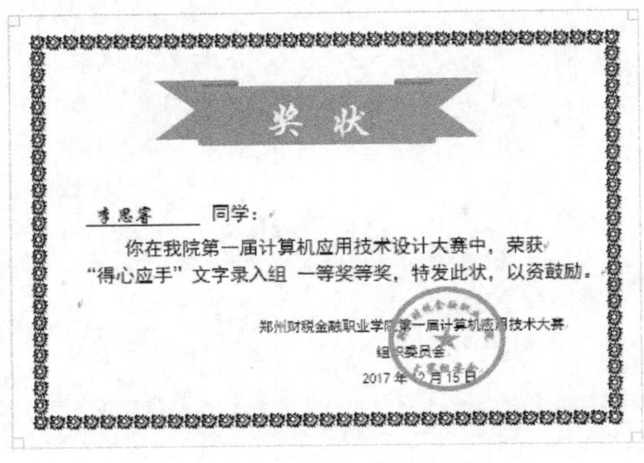

奖 状

李思睿 同学：

你在我院第一届计算机应用技术设计大赛中，荣获“得心应手”文字录入组 一等奖等奖，特发此状，以资鼓励。

郑州财税金融职业学院第一届计算机应用技术大赛
组织委员会
2017 年 12 月 15 日

图 3-105　奖状效果

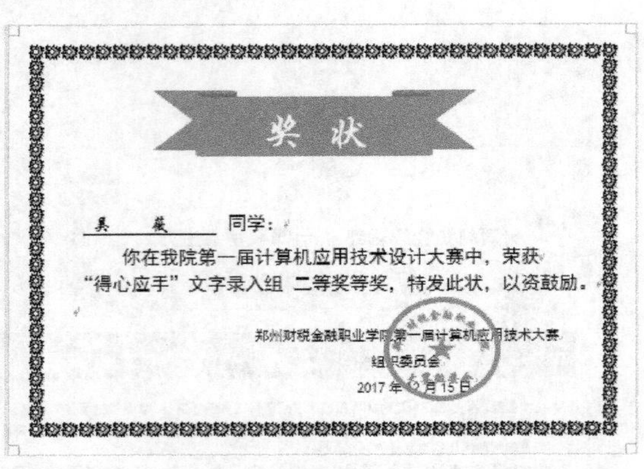

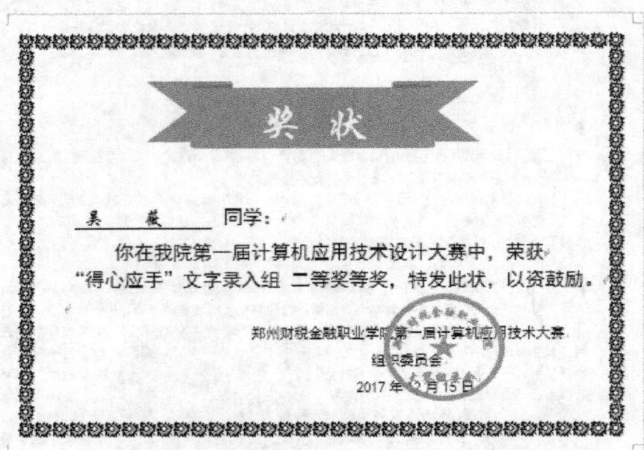

图 3-105 奖状效果（续）

提示：①奖状模板绘制。纸张大小 B5，横向，页边距均为 0，添加页边框，插入形状，输入文字。②红章制作。绘制正圆，轮廓线为 6 磅红色，绘制五角星，填充红色，无轮廓线，输入艺术字，设置文字效果为转换和跟随路径。红章环绕方式为衬于文字上方。③建立数据源“成绩.xlsx”文档。④引用数据源并插入合并域。⑤合并数据，生成批量奖状。

Excel 2016 基本应用

Excel 电子表格软件可以输入/输出数据，并对数据进行复杂的计算，将计算结果显示为可视性极佳的表格或美观的彩色商业图表，极大地增强了数据的表现性。本单元将通过 5 个项目的完成来学习 Excel 工作簿的基本操作，包括输入数据和设置格式的方法与技巧，制作美化图表，使用公式和函数，整理数据、分析数据、管理数据，建立数据透视表等内容。

项目 1
制作“学籍表”

项目描述

开学之初，教务处为了方便管理学籍，需要依据全校学生的情况创建“学籍表”，并对该表进行排版和美化。

项目分析

首先建立一个工作簿，将空白工作表改名为“学籍表”，然后在工作表中输入原始数据，完成“学籍表”的创建。最后对工作表进行排版和美化，并保存工作表。

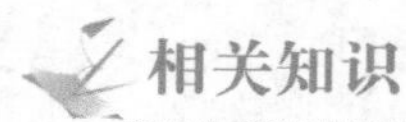

相关知识

1．Excel 2016 的启动和退出

（1）启动 Excel 2016

● 从“开始”菜单进入。单击“开始”按钮，在打开的“开始”菜单中选择“Excel2016”命令，如图 4-1 所示，即可启动 Excel 2016。

● 从快捷方式进入。双击 Windows 桌面上的 Excel 2016 快捷方式图标，即可启动 Excel 2016，如图 4-2 所示。

● 通过双击 Excel 2016 文件启动。在计算机上双击任意一个 Excel 2016 文件图标，在打开该文件的同时即可启动 Excel 2016，如图 4-3 所示。

图 4-1　从“开始”菜单启动

图 4-2　快捷方式图标

图 4-3　双击 Excel 文件启动

(2) 退出 Excel 2016

● 双击工作簿窗口左上角的“控制菜单”图标，选择“关闭”命令，如图 4-4 所示，或按 Alt+F4 组合键即可关闭 Excel 窗口退出 Excel 2016。

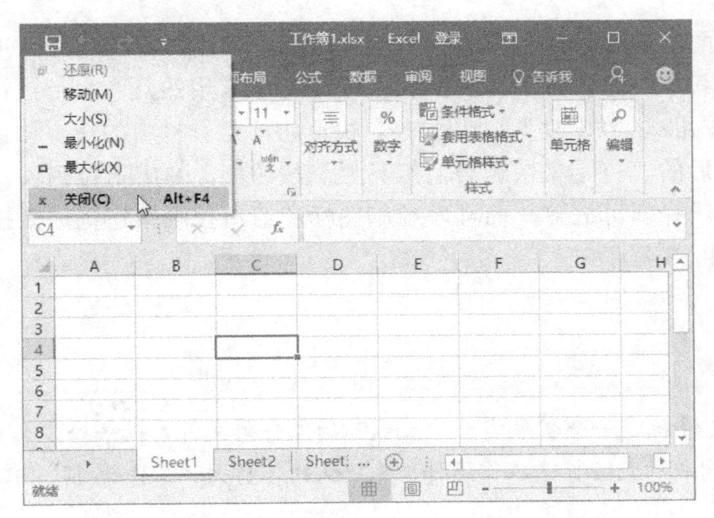

图 4-4　“控制菜单”命令

● 直接单击 Excel 2016 标题栏右侧的“关闭”按钮 即可退出 Excel 2016。

● 右击任务栏上的 Excel 2016 程序图标 ，在弹出的快捷菜单中选择“关闭窗口”命令，即可退出 Excel 2016。

2．Excel 2016 的工作界面

启动后的 Excel 2016 的工作界面如图 4-5 所示。

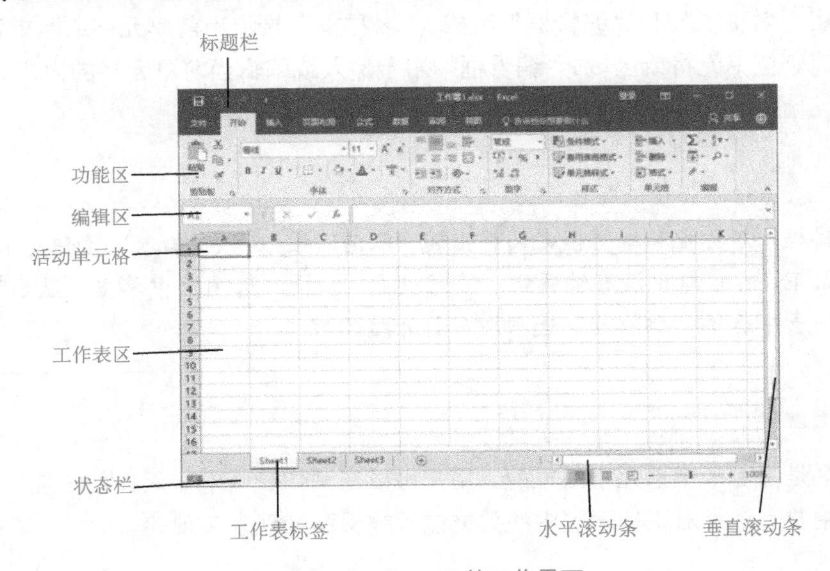

图 4-5　Excel 2016 的工作界面

Excel 2016 的工作窗口主要由标题栏、功能区、编辑区、工作表区、工作表标签、滚动条和状态栏等组成。

（1）标题栏

位于操作界面的最顶部，主要由程序控制图标、快速访问工具栏、工作簿名称及窗口控制按钮组成。其中快速访问工具栏显示了 Excel 中常用的几个命令按钮，如“保存”按钮、“撤销”按钮、“恢复”按钮等。快速访问工具栏中的命令按钮可以根据需要自行设置，单击其后的“自定义快速访问工具栏”按钮，弹出下拉列表，选择需要的命令即可添加，再次选择即可去除。而程序控制图标和窗口控制按钮则用来控制工作窗口的大小和退出 Excel 2016 程序。

专家点睛

一个 Excel 文件就是一个扩展名为“.xlsx”的工作簿文件，而一个工作簿文件又是由若干个工作表或图表构成的。当新建工作簿时，其默认的名称为“工作簿 1”，可在保存时对其进行重新命名。

（2）功能区

将常用功能和命令以选项卡、按钮、图标或下拉列表的形式分门别类地显示。另外，将文件的新建、保存、打开、关闭及打印等功能整合在“文件”选项卡下，便于使用。在功能区的右上角还有“功能区设置”按钮、控制窗口大小和关闭的按钮。

（3）编辑区

编辑区由“名称框”和“编辑框”组成。“名称框”显示当前单元格或当前区域的名称。也可用于快速定位单元格或区域。“编辑框”用于输入或编辑当前单元格的内容。

专家点睛

单击编辑框，名称框和编辑框之间将出现“取消”按钮、“输入”按钮和“插入函数”按钮。如果 Excel 窗口中没有编辑栏，可通过在“视图”选项卡中单击“显示”按钮，在弹出的下拉列表中选择“编辑栏”选项即可打开编辑栏。

（4）工作表区

工作表区是由若干个单元格组成的。用户可以在工作表区中输入各种信息。Excel 2016 强大的功能，主要是依靠对工作表区中的数据进行编辑和处理来实现的。

专家点睛

单元格是工作表的基本单元，它由行和列表示。一张工作表可以有 1 ~ 1048576 行，A ~ XFD 列。活动单元格即为当前工作的单元格。

(5) 工作表标签

工作表标签位于工作表区域的左下方，用于显示正在编辑的工作表名称，在同一个工作簿内单击相应的工作表标签可在不同的工作表间进行选择与转换。

专家点睛

新建的工作簿默认情况下有 3 张工作表，名称分别为 Sheet1、Sheet2 和 Sheet3。可以对它们重新命名。如果想改变默认的工作表数，可以选择“文件”→“选项”命令，在打开的“Excel 选项”对话框中，选择“常规”选项，在“包含的工作表数”数值框内进行设置即可，如图 4-6 所示。

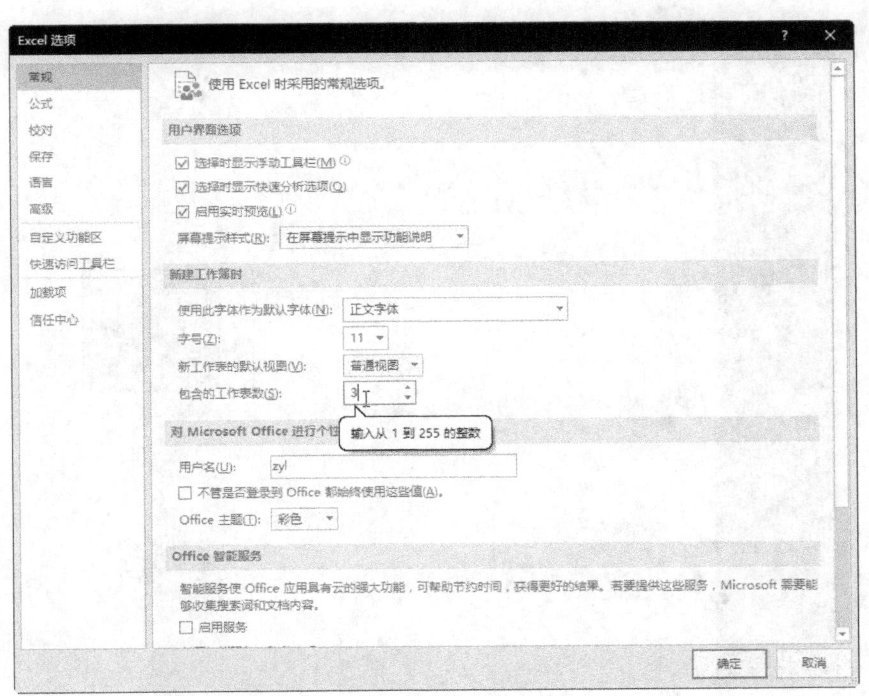

图 4-6　“Excel 选项”对话框

(6) 滚动条

滚动条主要用来移动工作表的位置，有水平滚动条和垂直滚动条两种，都包含滚动箭头和滚动框。

(7) 状态栏

状态栏位于操作界面底部，其中最左侧显示的是与当前操作相关的状态，分为就绪、输入和编辑。状态栏右侧显示了工作簿的“普通”▦、“页面布局”▤和“分页预览”▥ 3 种视图模式和显示比例，系统默认的是“普通”视图模式。

3. 工作簿的使用

工作簿是工作表的集合。Excel 中的每一个文件都是以工作簿的形式保存的。一个工作簿最多可包含 255 张相互独立的工作表。

(1) 新建工作簿

Excel 2016 启动后会自动建立一个名为“工作簿 1”的空白工作簿。用户也可以另外建立一个新的工作簿。

● 新建空白工作簿。选择“文件”→“新建”命令，在右侧“新建”列表框中选择“空白工作簿”选项，如图 4-7 所示，即可创建一个空白工作簿，或在快速访问工具栏中单击“新建”按钮🗋，或按 Ctrl+N 组合键，也可以直接新建一个空白工作簿。

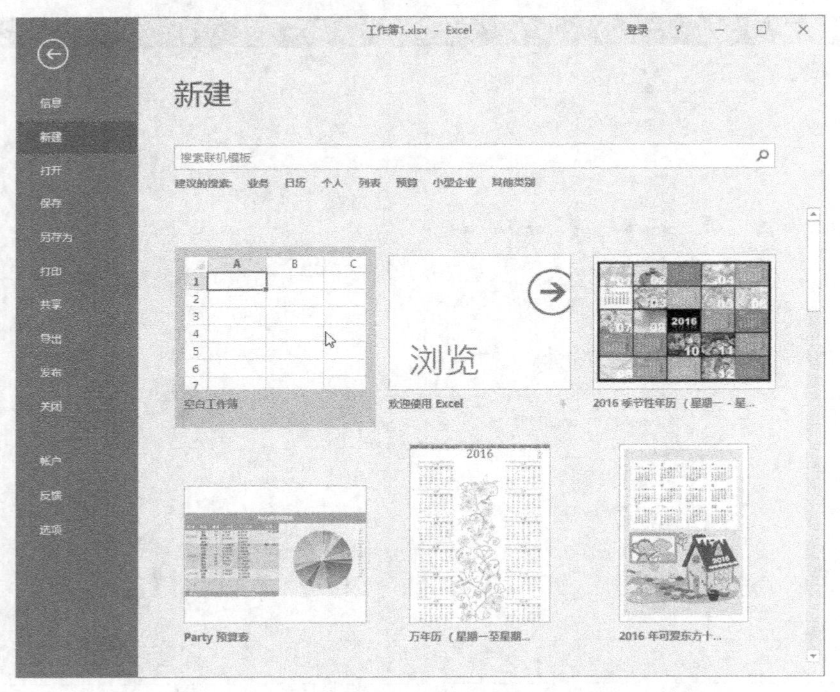

图 4-7 新建空白工作簿

● 根据模板新建。执行“文件”→“新建”命令，在右侧列表中选择所需模板，打开该模板创建对话框，可以单击“向后”按钮或“向前”按钮更换模板，单击“创建”按钮，如图 4-8 所示，即可根据模板新建一个工作簿。

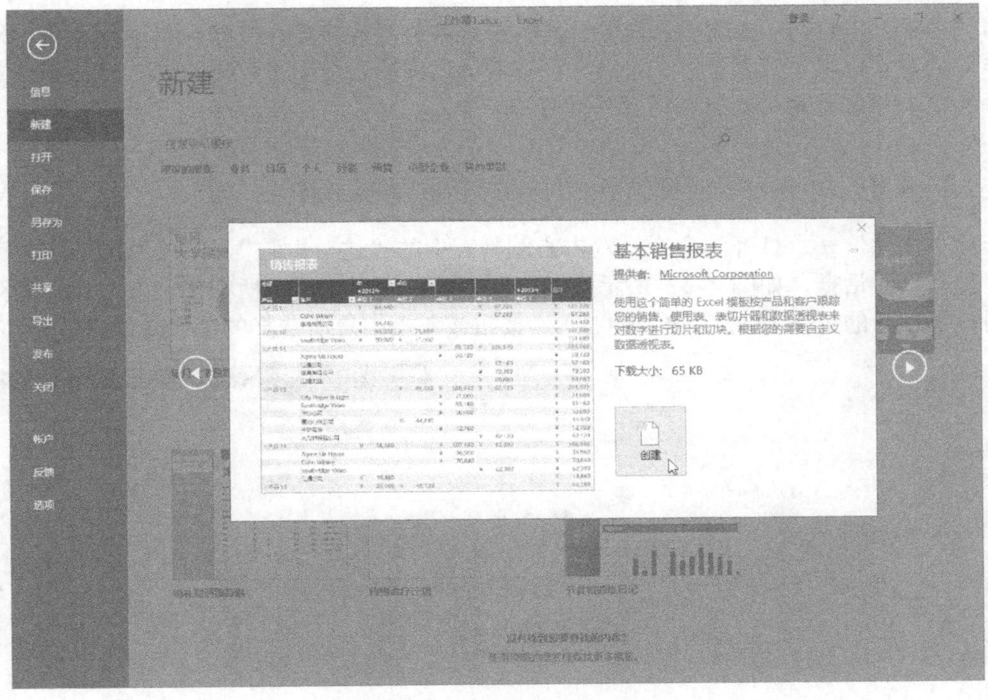

图 4-8　根据模板新建工作簿

（2）保存工作簿

要保存新建的工作簿，可选择“文件”→“保存”命令，在右侧“另存为”列表中双击“这台电脑”选项，如图 4-9 所示，在打开的“另存为”对话框中单击左侧列表，选择文件保存的位置并输入文件名，然后单击“保存”按钮即可保存文件，如图 4-10 所示。

图 4-9　保存工作簿

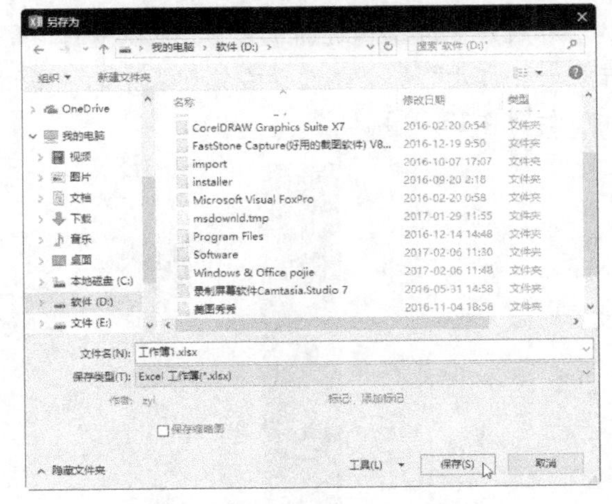

图 4-10　“另存为”对话框

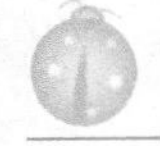

专家点睛

对已保存过的工作簿，如果在修改后还要按原文件名进行保存，可直接单击快速访问工具栏中的“保存”按钮，或选择“文件”→“保存”命令，或按Ctrl+S组合键。如果要对修改后的工作簿进行重命名，可选择“文件”→“另存为”命令，将打开“另存为”对话框，然后按照保存新建工作簿的方法进行相同操作即可。

（3）打开工作簿

选择“文件”→“打开”命令，双击右侧列表中的“这台电脑”选项，如图 4-11 所示，打开“打开”对话框，如图 4-12 所示。在左侧列表中选择工作簿所在的位置，在中间列表中选择用户要打开的工作簿，然后单击“打开”按钮或双击用户所选择的工作簿即可打开该文件。

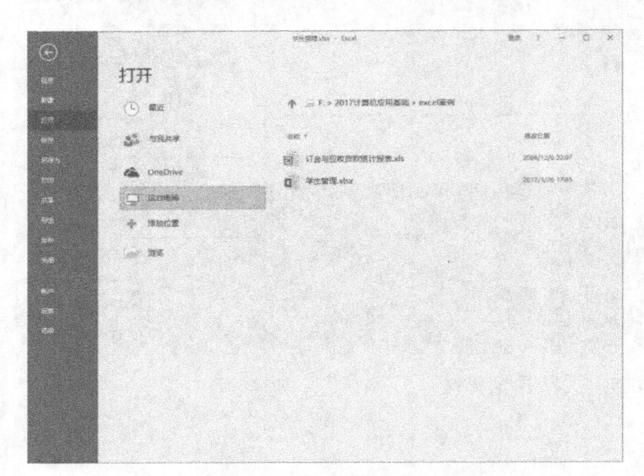

图 4-11　打开工作簿

图 4-12　“打开”对话框

专家点睛

对用户最近编辑过的工作簿，可以通过“最近所用文件”命令快速地找到并打开。选择“文件”→“打开”命令，选择右侧列表中的“最近”选项，在右侧列表中选择所需工作簿即可打开，如图 4-13 所示。

图 4-13　打开最近的工作簿

(4) 关闭工作簿

- 选择“文件”→“关闭”命令，关闭打开的工作簿。
- 单击工作簿窗口的“关闭”按钮，也可关闭工作簿。

(5) 保护具有重要数据的工作簿

为了防止他人随意对一些存放重要数据的工作簿进行篡改、移动或删除，可通过 Excel 提供的保护功能对重要工作簿设置保护密码。

- 打开需要保护的工作簿，在“审阅”选项卡的“更改”组中，单击“保护工作簿”按钮 ，打开“保护结构和窗口”对话框，如图 4-14 所示。
- 在“密码（可选）”文本框中输入密码，单击“确定”按钮，打开“确认密码”对话框，如图 4-15 所示。
- 在“重新输入密码”文本框中输入与上次相同的密码，单击“确定”按钮即可对工作簿设置保护密码。

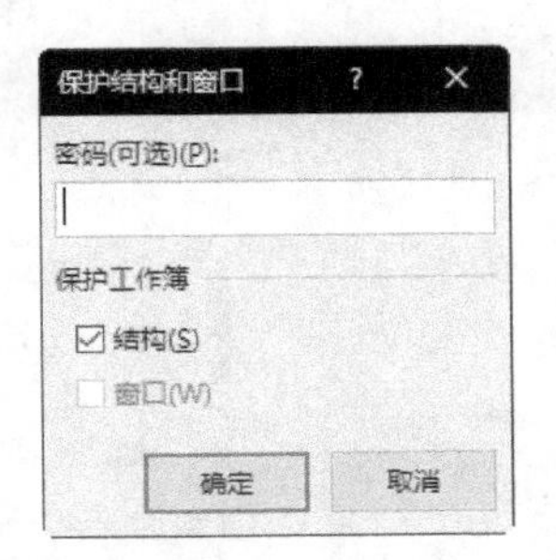

图 4-14　“保护结构和窗口”对话框

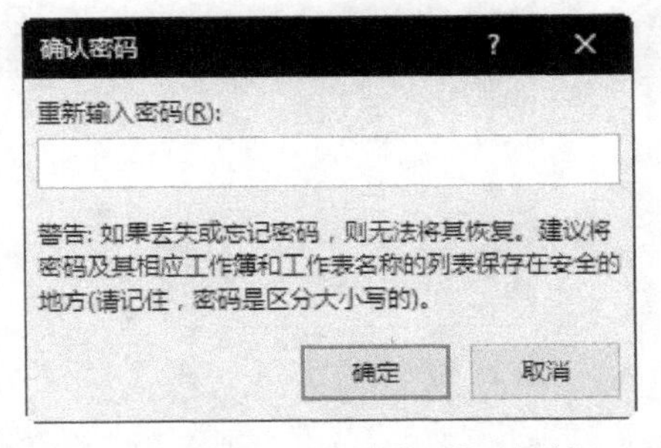

图 4-15　“确认密码”对话框

专家点睛

在“保护结构和窗口”对话框中，除了可以设置保护密码外，还可以设置工作簿的保护范围。若要防止对工作簿结构进行更改，则需要勾选“结构”复选框；若要使工作簿窗口在每次打开时大小和位置都相同，则需要勾选“窗口”复选框。当然也可以同时勾选这两个复选框，这样就可以同时保护工作簿的结构和窗口。

4．工作表的使用

(1) 工作表的重命名

当 Excel 在建立一张新的工作簿时，所有的工作表都是自动以系统默认的表名“Sheet1”“Sheet2”和“Sheet3”来命名的。但在实际工作中，这种命名方式不方便记忆和管理。因此，需要更改这些工作表的名称以便在工作时能进行更为有效的管理。

- 双击要重命名的工作表标签或在要重命名的工作表标签上右击。
- 在弹出的快捷菜单中选择“重命名”命令，此时，选中的工作表标签将反灰显示。
- 键入所需的工作表名称，按 Enter 键即可看到新的名称出现在工作表标签处，如图 4-16 所示。

(2) 工作表的切换

由于一个工作簿文件中可包含多张工作表，所以用户需要不断地在这些工作表中进行切换，来完成在不同工作表中的各种操作。

在切换过程中，首先要保证工作表名称出现在底部的工作表标签中，然后直接单击该工作表的表名即可切换到该工作表中；或通过按 Ctrl+PageUp 和 Ctrl+PageDown 组合键，来切换到当前工作表的前一张或后一张。

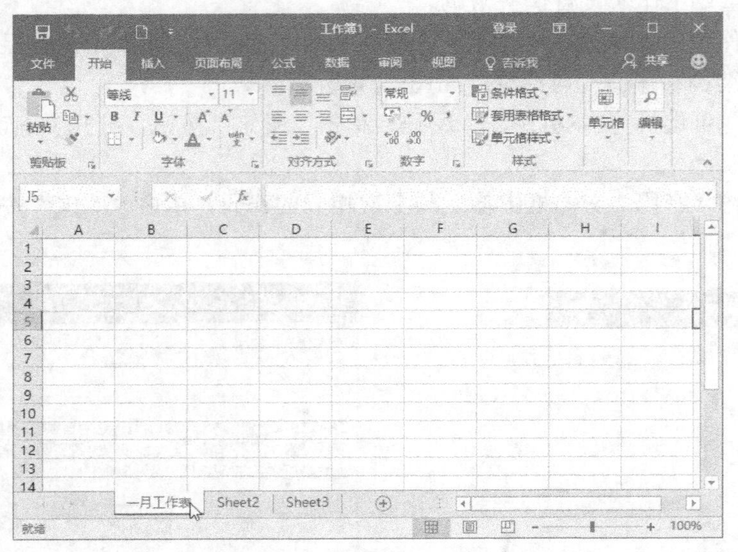

图 4-16　被改名的工作表标签

专家点睛

对已保存过的工作簿，如果工作簿中的工作表数目太多，用户需要的工作表没有显示在工作表选项卡中，可以通过滚动按钮来进行切换。也可以通过向右拖动选项卡分割条来显示更多的工作表标签，如图 4-17 所示。

图 4-17　滚动按钮与分割条

5. 单元格数据的输入

(1) 文本的输入

文本包括文字、数字以及各种特殊符号等。

- 文字的输入

单击或双击需要输入文字的单元格，直接输入文字并以 Enter 键结束即可。

专家点睛

默认情况下，所有文本在单元格内都为左对齐，但可以根据需要更改其对齐方式。如果单元格中的文字过长超出单元格宽度，而相邻右边的单元格中又无数据，则可以允许超出的文字覆盖在右边的单元格上。

若单元格中输入多行文字，则输入一行文字后，可按 Alt+Enter 键换行，再输入下一行文字。

● 数字文本的输入

对于全部由数字组成的字符串，如编号、身份证号码、邮政编码、手机号码等，为了避免被认为是数值型数据，Excel 要求在这些输入项前添加“'”以示区别，此时，单元格左上角显示为绿色三角。文本在单元格中的默认位置是左对齐。

● 特殊符号的输入

当输入一些键盘上没有的符号，如商标符号、版权符号、段落标记等时，需要借助“符号”对话框来完成输入。

在需要输入符号的单元格定位，在“插入”选项卡的“符号”组中，单击“符号”按钮 Ω，在弹出的下拉列表中选择“符号”选项，打开“符号”对话框，如图 4-18 所示。

图 4-18 “符号”对话框

选择“符号”选项卡，在“字体”下拉列表中选择字体样式，在中间列表框中选择需要插入的符号，单击“插入”按钮即可。

（2）数值的输入

数值在 Excel 中扮演着十分重要的角色，其表现方式也有很多种，如阿拉伯数字、分数、负数、小数等。

● 阿拉伯数字的输入

阿拉伯数字与文字的输入方法相同，但在单元格中默认右对齐。若输入的数字较大，则以

指数形式显示。

● **分数的输入**

先输入一个空格，再输入分数，输入完成后以 Enter 键结束，则单元格中显示分数。但这种输入方式会使分数在单元格中不按照默认的对齐方式显示。

或者，在单元格中先输入一个“0”和一个空格，再输入分数，输入完成后以 Enter 键结束。此输入方式使分数在单元格中右对齐。

若输入假分数，则需要在整数和分数之间以空格隔开。

● **负数的输入**

在单元格中输入负数有两种方法。既可以直接输入，也可以将数据用括号括起来表示该负数。

（3）日期和时间的输入

用户有时需要在工作表中输入时间或者日期，使用 Excel 中定义的格式来完成输入。

● **日期的输入**

在“开始”选项卡的“单元格”组中，单击“格式”按钮，在弹出的下拉列表中选择“设置单元格格式”选项，打开“设置单元格格式”对话框。选择“数字”选项卡，并在“分类”列表框中选择“日期”选项。在“类型”列表框中选择合适的日期格式，如图 4-19 所示，单击“确定”按钮即可。

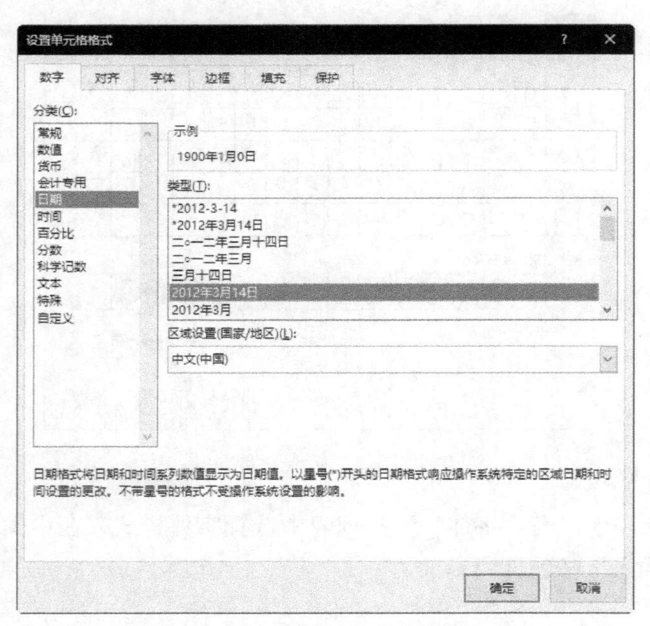

图 4-19　设置日期格式

● **时间的输入**

时间的输入与日期的输入方法类似，不同的是在“设置单元格格式”对话框中切换到“时间”分类，并在“类型”选项中选择合适的时间格式。

(4) 公式和批注的输入

用户不仅可以输入文本、数值，还可以输入公式对工作表中的数据进行计算，输入批注对单元格进行注释。

- 输入公式

公式是以“=”开始的数学式子，可以对工作表进行加、减、乘、除等四则运算。公式可以应用在同一工作表的不同单元格中、同一工作簿的不同工作表的单元格中或其他工作簿的工作表的单元格中。

单击需要输入公式的单元格，直接输入公式。例如，“=1+2”，按 Enter 键或单击编辑栏中的“输入”按钮✔，此时选中的单元格中就会显示计算结果。

- 输入批注

用户可以为工作表中的某些单元格添加批注，用以说明该单元格中数据的含义或强调某些信息。

选中需要输入批注的单元格，在“审阅”选项卡的“批注”组中，单击“新建批注”按钮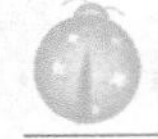，或在此单元格右击，在弹出的快捷菜单中选择“插入批注”命令。在该单元格旁弹出的批注框内输入批注内容，输入完成后单击批注框外的任意工作表区域即可关闭批注框。此时，单元格右上角会显示红色三角，表示本单元格插入有批注。将鼠标指针指向该单元格，会显示批注内容。

(5) 自动填充功能

- 自动填充序列

对于大量有规律的数据输入，可以利用自动填充功能来完成，以提高输入效率。自动填充是 Excel 中很有特色的一大功能。

在第一个单元格输入内容，将鼠标指针移至该单元格右下角，当鼠标指针变化为+（即填充柄）时，拖动鼠标到所需位置，序列自动填充完成，或者双击填充柄也可完成自动填充序列。

专家点睛

在 Excel 填充序列中除了数字的有规律填充外，对于月份、星期、季度等一些传统序列也有预先的设置，方便用户使用。

- 利用“序列”对话框填充数据

利用“序列”对话框只需在工作表中输入一个起始数据便可以快速填充有规律的数据。

在起始单元格输入起始数据，在“开始”选项卡的“编辑”组中，单击“填充”按钮，在弹出的下拉列表中选择“序列”选项，打开“序列”对话框，如图 4-20 所示。

在“序列产生在”选项组中选择序列产生的方向，在“类型”选项组中选择系列的类型，如果是日期型，还要在右侧设置日期的单位，输入步长值和系列的终止值，单击“确定”按钮即可按定义的系列填充数据。

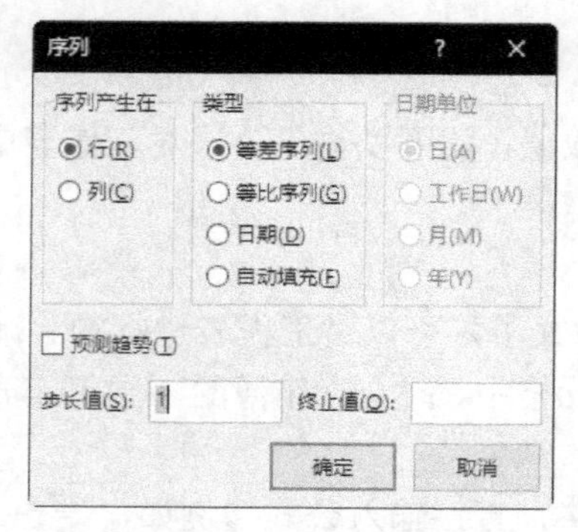

图 4-20 “序列”对话框

(6) 快速填充功能

有时在输入数据时会遇到排序并不十分规律，但内容有重复的情况。这时就需要用到 Excel 中的另一种提高输入效率的快速填充方式，即在不同的单元格内输入相同的数据。

按住 Ctrl 键，依次单击需要输入数据的单元格。在被选中的最后单元格中输入数据值，然后按 Ctrl+Enter 组合键，此时，被选中的单元格内都填充了相同的内容。

(7) 限定数据输入

为防止在单元格中输入无效数据，保证数据输入的正确性，单元格中输入的数值，如数据类型、数据内容、数据长度等都可以通过数据的验证来进行限制，进行数据的有效管理。

- 限定输入的数据长度

为了避免输入错误，在实际工作中需要对输入文本的长度进行限定。

选中需要输入数据的区域，在“数据”选项卡的“数据工具”组中，单击“数据验证”按钮，打开“数据验证”对话框，选择“设置”选项卡，在“允许”下拉列表中选择“文本长度”选项，在“数据”下拉列表中选择“等于”选项，在“长度”文本框中输入长度值，单击“确定”按钮即可。

- 限定输入的数据内容

当一个单元格中只允许输入指定内容时，可以通过数据验证的序列功能来实现。

选取需要输入数据的区域，在“数据”选项卡的“数据工具”组中，单击“数据验证”按钮，打开“数据验证”对话框，选择“设置”选项卡，在“允许”下拉列表中选择“序列”选项，在“来源”文本框中依次输入指定的内容，单击“确定”按钮设定完毕，此时单击单元格，其后会出现下拉按钮，单击该按钮将弹出下拉列表供选择输入。

(8) 利用记录单输入数据

当工作表列数较多时，频繁拖动滚动条会导致将数据输入错误单元格的情况，此时使用记录单输入数据是最好的解决方法。

首先将“记录单”置于快速访问工具栏中。单击快速访问工具栏右侧的按钮，在弹出的下拉列表中选择“其他命令”选项，打开“Excel 选项”对话框中，在“从下列位置选择命令”下拉列表中选择“不在功能区的命令”选项，从列表框中选择“记录单”选项，依次单击“添加”和“确定”按钮，返回工作界面。

然后打开“记录单”输入数据。将光标置于数据区域，单击快速访问工具栏中的“记录单”

按钮，打开记录单对话框，可以在其中输入、编辑、删除数据了，如图 4-21 所示。

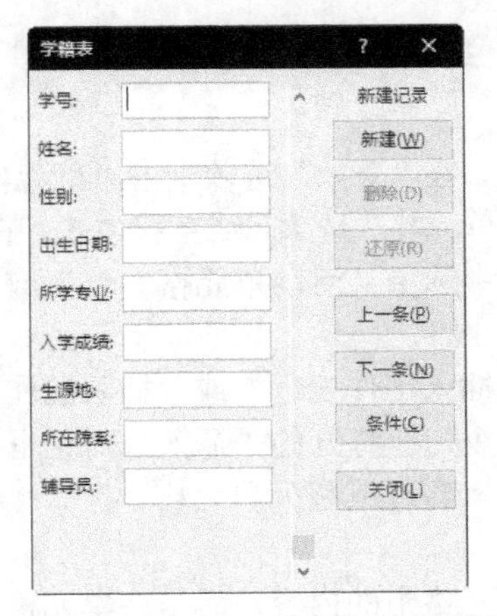

图 4-21 利用“记录单”输入数据

6. 单元格的基本操作

(1) 选择单元格

在对单元格进行编辑操作之前，首先应该选定要编辑的单元格。可以通过单击使之成为活动单元格。

- 选择单个单元格。

直接单击选中即可。

- 选择连续单元格。

选中第一个单元格，当鼠标指针变化成✚时，拖动鼠标指针到结束的单元格为止。

- 选择不连续的单元格。

选中第一个单元格后，按住 Ctrl 键，移动鼠标指针到其他需要选择的单元格单击即可。

(2) 移动单元格

- 移动单个单元格。

单击需要移动的单元格，将鼠标指针移至单元格边缘，当鼠标指针变化成✥时，拖动鼠标到需要放置的位置，然后松开鼠标左键即可。

- 移动单元格区域。

选中连续单元格区域，接下来的步骤与移动单个单元格的方式相同。

(3) 复制单元格

选中需要复制的单元格或单元格区域，在“开始”选项卡的“剪贴板”组中，单击“复制”按钮，在弹出的下拉列表中选择“复制”选项，或右击，在弹出的快捷菜单中选择“复制”命令，或者按 Ctrl+C 组合键。然后选定需要粘贴的目标单元格，在“开始”选项卡的“剪贴板”组中，单击“粘贴”按钮，或右击，在弹出的快捷菜单中选择“粘贴”命令，或者按 Ctrl+V 组合键即可。

或者，选中需要复制的单元格或单元格区域，将鼠标指针放在单元格的边框上，当鼠标指

针变为时，按住 Ctrl 键不放，拖动鼠标指针到选定的区域中。

(4) 插入与删除单元格

● 插入单元格。

选中需要插入单元格的位置，在“开始”选项卡的“单元格”组中，单击“插入”按钮，在弹出的下拉列表中选择“插入单元格”选项，或直接右击，在弹出的快捷菜单中选择“插入”命令，在打开的“插入”对话框中选中“活动单元格右移”或“活动单元格下移”单选按钮即可插入单个单元格。

在弹出的下拉列表中选择“插入工作表行”或“插入工作表列”选项；或直接右击，在弹出的快捷菜单中选择“插入”命令，在打开的“插入”对话框中选中“整行”或“整列”单选按钮，单击“确定”按钮即可插入整行或整列单元格。

● 删除单元格。

删除单元格不仅仅是删除单元格中的内容，而是将单元格也一并删除。此时，周围的单元格会填补其位置。

选中需要删除的单元格或单元格区域，在“开始”选项卡的“单元格”组中，单击“删除”按钮，在弹出的下拉列表中选择“删除单元格”选项，或者右击，在弹出的快捷菜单中选择“删除”命令，打开“删除”对话框，选中相应的单选按钮，单击“确定”按钮即可。

(5) 清除单元格

清除单元格与删除单元格不同，清除单元格是指清除选定单元格中的内容、公式、单元格格式或全部等，留下空白单元格供以后使用。

选中需要清除的单元格或单元格区域，在“开始”选项卡的“编辑”组中，单击“清除”按钮，在弹出的下拉列表中选择要清除的选项；或者右击，在弹出的快捷菜单中选择“清除内容”命令即可。

(6) 调整单元格的行高和列宽

单元格的行高和列宽都有相同的默认值，行高为 14.25 毫米，列宽为 8.38 毫米。但有时输入的单元格数据过长，会超出单元格区域，需要重新调整单元格的行高和列宽。

● 手动调整行高和列宽。

将鼠标指针放置在行与行或列与列之间的分隔线上，当鼠标指针变为或形状时，按住鼠标左键不放，然后拖动调整到需要的行高或列宽处松开鼠标左键即可。

● 用选项设置行高和列宽。

手动设置行高列宽时，只能粗略设置，要想精确设置行高或者列宽，就需要用选项了。

选定需要设置行高或列宽的单元格或者单元格区域，在“开始”选项卡的“单元格”组中，单击“格式”按钮，在弹出的下拉列表中选择“行高”或“列宽”选项，打开“行高”或“列宽”对话框，输入相应的数值，单击“确定”按钮即可。

7. 美化工作表

当工作表中的数据输入完成后，用户就可以使用 Excel 对单元格进行格式化，使其更加整齐美观。格式化单元格就是重新设置单元格的格式，一方面是数字格式，另一方面是对数据进行字体、背景颜色、边框等多种格式的设置。

(1) 数字格式化

选中需要设置小数位数、货币符号或千分位符的单元格或单元格区域，在“开始”选项卡的“单元格”组中，单击“格式”按钮，在弹出的下拉列表中选择“设置单元格格式”选项，打开“设置单元格格式”对话框，选择“数字”选项卡。在“分类”列表框中选择“数值”选项，在右侧的“小数位数”数值框中选择相应的位数，并勾选“使用千位分隔符”复选框；在“分类”列表框中选择“货币”选项，在右侧的“示例”列表下的“货币符号”选项中选择相应的货币符号，单击“确定”按钮即可。

(2) 文字格式化

为了美化工作表，可以对文字的字体、字号、颜色等进行设置。用户既可以通过功能区的按钮来设置，也可以通过“设置单元格格式”对话框来设置。

- 通过功能区的按钮设置。

通过单击“开始”选项卡的“字体”组中的按钮可以直接设置文字的字体、字号及加粗、斜体和下画线等。

- 通过“设置单元格格式”对话框设置。

选中需要设置格式的单元格或者单元格区域，在“开始”选项卡的“单元格”组中，单击“格式”按钮，在弹出的下拉列表中选择“设置单元格格式”选项，打开“设置单元格格式”对话框，切换到“字体”选项卡，分别在字体、字形、字号选项中完成对文字的设置。

(3) 设置文本的对齐方式

- 通过功能区的按钮设置。

选中需要设置对齐方式的单元格或单元格区域，单击“开始”选项卡的“对齐方式”组中的相应的对齐方式按钮即可。

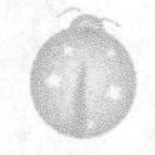

专家点睛

当设置单元格合并居中对齐时，需要先选中要合并的单元格区域，再单击“合并后居中”按钮。

- 通过设置“单元格格式”对话框设置。

选中需要设置对齐方式的单元格或单元格区域，在“开始”选项卡的“单元格”组中，单击“格式”按钮，在弹出的下拉列表中选择“设置单元格格式”选项，打开“设置单元格格式”对话框，切换到“对齐”选项卡，在“文本对齐方式”选项组的“水平对齐”与“垂直对齐”下拉列表中选择需要的对齐方式，单击“确定”按钮完成设置。

(4) 设置单元格边框

方法1：选中需要设置边框的单元格或单元格区域，在“开始”选项卡的“字体”组中，单击“边框”下拉按钮，弹出下拉列表，在其中选择相应的选项即可添加单元格的边框。

方法2：选中需要设置边框的单元格或单元格区域，在“开始”选项卡的“单元格”组中，单击“格式”按钮，在弹出的下拉列表中选择“设置单元格格式”选项，打开“设置单元格格式”对话框，切换到“边框”选项卡，在“预置”选项中选择预设样式，在线条“样式”和“颜色”选项中设置线条样式与颜色，单击“边框”区域中左侧和下侧的边框选项，并在边框预览区内预览设置的边框样式。

专家点睛

边框线和颜色要在选择边框类型之前设置，即先选择线型和颜色，后在“边框”选项卡中添加边框样式。

（5）设置单元格底纹

在 Excel 中可以对单元格或单元格区域的背景进行设置，既可以是纯色，也可以是图案填充。

方法 1：在“开始”选项卡的“字体”组中，单击“填充颜色”下拉按钮，并在其下拉列表中选择所需背景填充色。

方法 2：选择需要添加背景的单元格或单元格区域，在“开始”选项卡的“单元格”组中，单击“格式”按钮，在弹出的下拉列表中选择“设置单元格格式”选项，在打开的“设置单元格格式”对话框的“填充”选项卡中，选择需要添加的背景颜色或相应的图案样式及图案颜色，如果填充的是两个以上颜色，则单击“填充效果”按钮，打开“填充效果”对话框，选择底纹的颜色和样式，最后单击“确定”按钮即可。

项目实现

本项目将利用 Excel 2016 制作如图 4-22 所示的“学籍表”。

（1）创建工作簿“学生管理”，将 Sheet1 工作表命名为“学籍表”。

（2）利用数据的各种输入方法完成“学籍表”的数据输入。

（3）利用记录单输入、编辑、增加、删除数据。

（4）对“学籍表”工作表中的数据进行格式化和美化。

2016级学生情况一览表

学号	姓名	性别	出生日期	所学专业	入学成绩	生源地	所在院系	辅导员
20160110101	刘芳	女	03/20/98	注册会计	610	重庆	会计管理	蒋壮
20160110102	陈念念	女	06/10/97	注册会计	603	天津	会计管理	蒋壮
20160110103	马婷婷	女	10/02/9[illegible]	注册会计	597	辽宁	会计管理	蒋壮
20160110104	黄建	男	07/15/96	注册会计	569	河北	会计管理	蒋壮
20160110105	钱帅	男	12/08/98	注册会计	588	湖北	会计管理	蒋壮
20160110106	郭亚楠	男	01/27/98	注册会计	620	河南	会计管理	蒋壮
20160120101	张驰	男	03/26/98	信息会计	587	北京	会计管理	白起
20160120102	王慧	女	04/20/96	[illegible]	601	吉林	会计管理	白起
20160120103	李桦	女	08/23/97	[illegible]	536	山西	会计管理	白起
20160120104	王林峰	男	02/20/97	[illegible]	556	海南	会计管理	白起
201601201[illegible]	吴晓天	男	05/19/98	信息会计	578	新疆	会计管理	白起
20160120106	徐金凤	女	03/21/99	信息会计	533	云南	会计管理	白起
20160120107	张宇	男	09/25/97	信息会计	576	青海	会计管理	白起
20160120108	刘梦迪	男	09/20/[illegible]8	信息会计	638	浙江	会计管理	白起
20160120109	刘畅	男	03/2[illegible]/99	信息会计	590	广东	会计管理	白起
20160120110	郝昊	男	08/2[illegible]/97	信息会计	547	贵州	会计管理	白起
20160120111	单红	女	03/10/9[illegible]	信息会计	526	云南	会计管理	白起
20160120112	诸天	男	01/22/9[illegible]	信息会计	573	安徽	会计管理	白起
20160130101	李阳	男	11/06/97	财务管理	596	湖北	会计管理	白起
20160130102	王辉	男	03/08/97	财务管理	618	山东	会计管理	白起

学籍表 Sheet2 Sheet3

图 4-22 “学籍表”工作表

1．创建“学籍表”

打开 Excel，保存文件为“学生管理.xlsx”，并将表名改为“学籍表”，操作步骤如下。

● 启动 Excel 程序，新建空白工作簿，选择“文件”→“保存”命令，在打开的“另存为”对话框中，选择保存的位置，输入文件名“学生管理”，单击“保存”按钮创建“学生管理”工作簿。

● 双击 Sheet1 工作表标签，标签将反灰显示，输入“学籍表”，单击空白处，创建了空白“学籍表”工作表。

● 为了能快速找到该工作表，应使其突出显示，右击“学籍表”工作表标签，在弹出的快捷菜单中选择“工作表标签颜色”→“红色”命令，效果如图 4-23 所示。

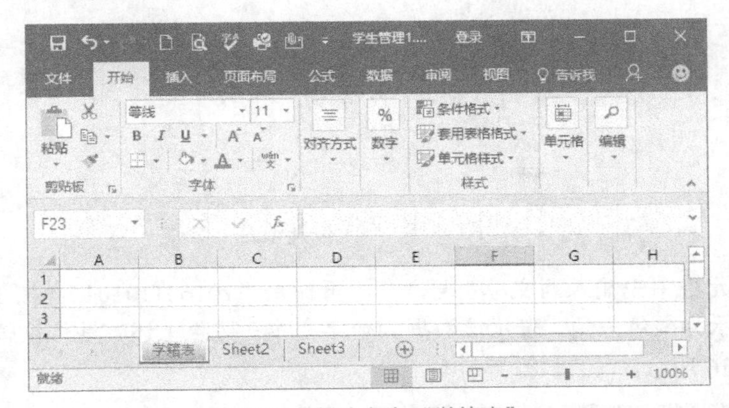

图 4-23　创建空白“学籍表”

在空白“学籍表”工作表中输入各种不同类型的数据，操作步骤如下。

● 在 A1 单元格中输入标题“2016 级学生情况一览表”，然后，在其下方单元格中依次输入其他文字内容，如图 4-24 所示。

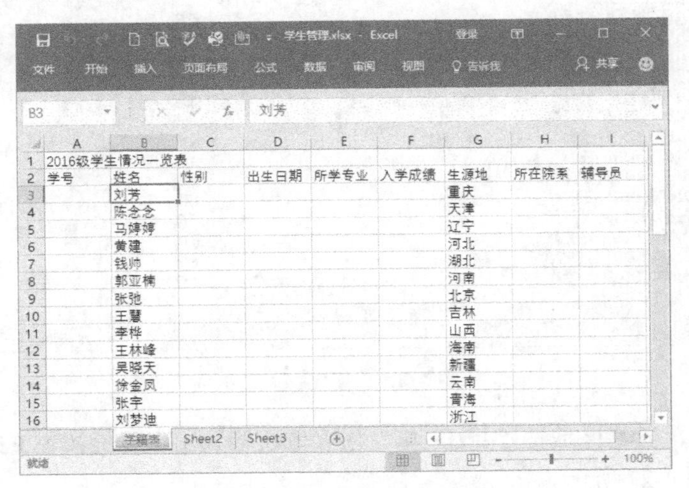

图 4-24　输入文字信息

● A 列为学号，其长度固定为 11 位，应限制长度。选中 A3:A46 单元格区域，在“数据”选项卡的“数据工具”组中，单击“数据验证”按钮，打开“数据验证”对话框。选择“设置”选项卡，在“允许”下拉列表中选择“文本长度”选项，在“数据”下拉列表中选择“等于”选项，在“长度”文本框中输入“11”，如图 4-25 所示，单击“确定”按钮。

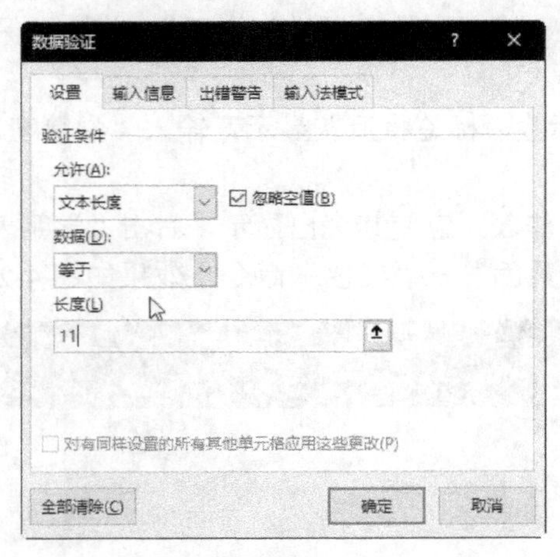

图 4-25　限定数据长度

● 在 A3 单元格中先输入西文单引号“'”，再输入“20160110101”，按 Enter 键，此时，单元格左上角显示为绿色三角，表示该数据为数字文本。按照上述方法依次输入每位学生的学号，效果如图 4-26 所示。

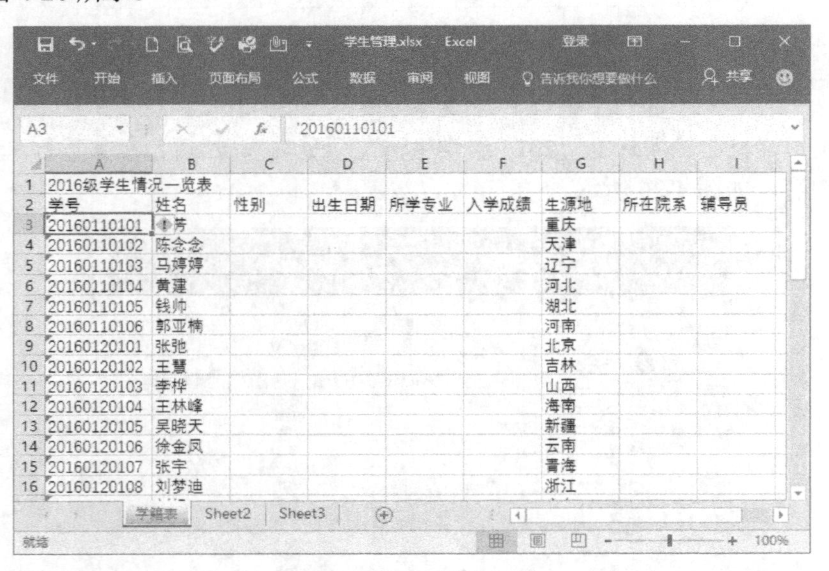

图 4-26　输入数字文本

● 在 D3:D46 单元格区域按“月/日/年”格式依次输入出生日期；在 F3:F46 单元格区域依次输入成绩，如图 4-27 所示。

2016级学生情况一览表

学号	姓名	性别	出生日期	所学专业	入学成绩	生源地	所在院系	辅导员
20160110101	刘芳		03/20/98		610	重庆		
20160110102	陈念念		06/10/97		603	天津		
20160110103	马婷婷		10/02/98		597	辽宁		
20160110104	黄建		07/15/96		569	河北		
20160110105	钱帅		12/08/98		588	湖北		
20160110106	郭亚楠		01/27/98		620	河南		
20160120101	张弛		03/26/98		587	北京		
20160120102	王慧		04/20/96		601	吉林		
20160120103	李桦		08/23/97		536	山西		
20160120104	王林峰		02/20/97		556	海南		
20160120105	吴晓天		05/19/98		578	新疆		
20160120106	徐金凤		03/21/99		533	云南		
20160120107	张宇		09/25/97		576	青海		
20160120108	刘梦迪		09/20/98		638	浙江		

图 4-27　输入出生日期及成绩

● 在 C3 单元格中输入“女”，将鼠标指针指向 C3 单元格的填充柄并双击填充柄，此时，“性别”列全部填充为“女”。

● 选择第一个应该填充为“男”的单元格，如 C6 单元格，按住 Ctrl 键，用鼠标在 C 列依次选中需要输入“男”的单元格，在选中的最后一个单元格中输入“男”，然后，按 Ctrl+Enter 组合键，此时，被选中的单元格内都填充了相同的内容“男”，如图 4-28 所示。

● 假定“所学专业”列只允许输入指定专业，可以通过限定输入的数据内容来实现。选中 E3:E46 单元格区域，在“数据”选项卡的“数据工具”组中，单击“数据验证”按钮，打开“数据验证”对话框，选择“设置”选项卡，在“允许”下拉列表中选择“序列”选项，在“来源文本”框中输入“注册会计，信息会计，财务管理，软件工程，视觉艺术，网络安全”，如图 4-29 所示。

2016级学生情况一览表

学号	姓名	性别	出生日期	所学专业	入学成绩	生源地	所在院系	辅导员
20160110101	刘芳	女	03/20/98		610	重庆		
20160110102	陈念念	女	06/10/97		603	天津		
20160110103	马婷婷	女	10/02/98		597	辽宁		
20160110104	黄建	男	07/15/96		569	河北		
20160110105	钱帅	男	12/08/98		588	湖北		
20160110106	郭亚楠	男	01/27/98		620	河南		
20160120101	张弛	男	03/26/98		587	北京		
20160120102	王慧	女	04/20/96		601	吉林		
20160120103	李桦	女	08/23/97		536	山西		
20160120104	王林峰	男	02/20/97		556	海南		
20160120105	吴晓天	男	05/19/98		578	新疆		
20160120106	徐金凤	女	03/21/99		533	云南		
20160120107	张宇	男	09/25/97		576	青海		
20160120108	刘梦迪	男	09/20/98		638	浙江		

图 4-28　快速填充

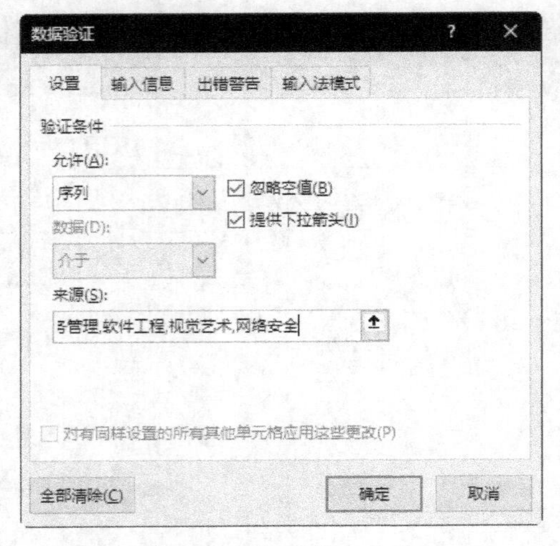

图 4-29　限定输入内容

● 单击“确定”按钮，此时单击该列单元格，其后会出现下拉按钮，单击该按钮将弹出下拉列表供选择输入，如图 4-30 所示，依次选择列表内容完成输入。

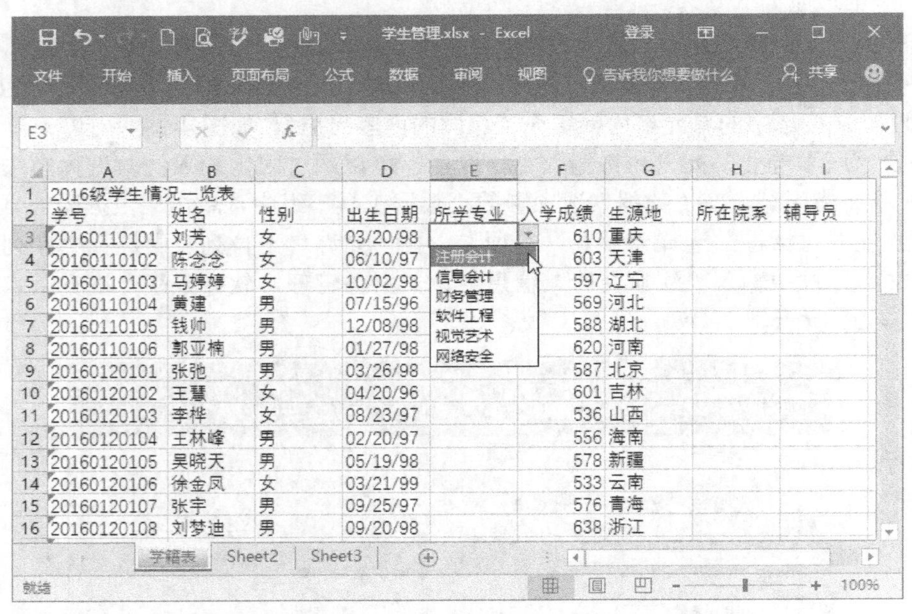

	A	B	C	D	E	F	G	H	I
1	2016级学生情况一览表								
2	学号	姓名	性别	出生日期	所学专业	入学成绩	生源地	所在院系	辅导员
3	20160110101	刘芳	女	03/20/98		610	重庆		
4	20160110102	陈念念	女	06/10/97		603	天津		
5	20160110103	马婷婷	女	10/02/98		597	辽宁		
6	20160110104	黄建	男	07/15/96		569	河北		
7	20160110105	钱帅	男	12/08/98		588	湖北		
8	20160110106	郭亚楠	男	01/27/98		620	河南		
9	20160120101	张弛	男	03/26/98		587	北京		
10	20160120102	王慧	女	04/20/96		601	吉林		
11	20160120103	李桦	女	08/23/97		536	山西		
12	20160120104	王林峰	男	02/20/97		556	海南		
13	20160120105	吴晓天	男	05/19/98		578	新疆		
14	20160120106	徐金凤	女	03/21/99		533	云南		
15	20160120107	张宇	男	09/25/97		576	青海		
16	20160120108	刘梦迪	男	09/20/98		638	浙江		

图 4-30　通过列表选择输入数据

● “所在院系”和“辅导员”列的内容是有规律的，可以采用自动填充功能完成。单击 H3 单元格，输入“会计管理”，将鼠标指针移至单元格右下角，当鼠标指针变化为+时，即填充柄，拖动鼠标指针到 H23 单元格完成自动填充；单击 H24 单元格，输入“信息工程”，拖动填充柄至 H46 单元格完成输入，使用同样的方法，完成“辅导员”列数据的输入，如图 4-31 所示。

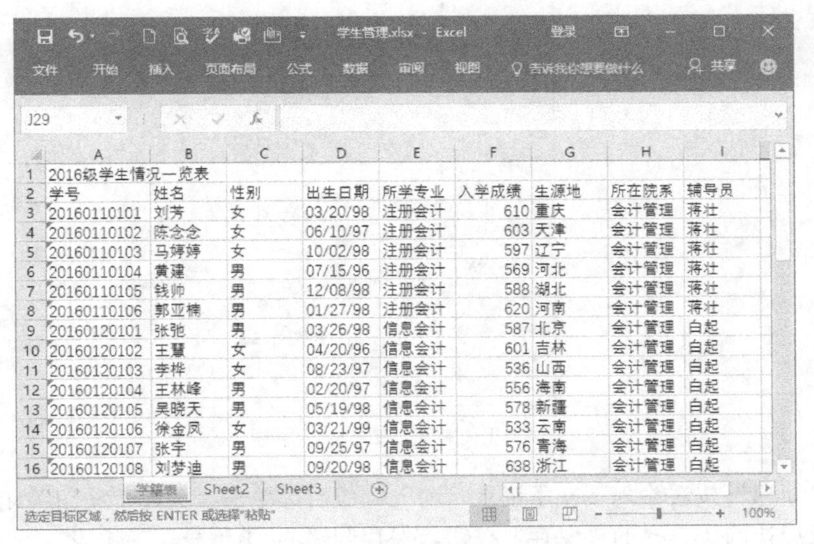

	A	B	C	D	E	F	G	H	I
1	2016级学生情况一览表								
2	学号	姓名	性别	出生日期	所学专业	入学成绩	生源地	所在院系	辅导员
3	20160110101	刘芳	女	03/20/98	注册会计	610	重庆	会计管理	蒋壮
4	20160110102	陈念念	女	06/10/97	注册会计	603	天津	会计管理	蒋壮
5	20160110103	马婷婷	女	10/02/98	注册会计	597	辽宁	会计管理	蒋壮
6	20160110104	黄建	男	07/15/96	注册会计	569	河北	会计管理	蒋壮
7	20160110105	钱帅	男	12/08/98	注册会计	588	湖北	会计管理	蒋壮
8	20160110106	郭亚楠	男	01/27/98	注册会计	620	河南	会计管理	蒋壮
9	20160120101	张驰	男	03/26/98	信息会计	587	北京	会计管理	白起
10	20160120102	王慧	女	04/20/96	信息会计	601	吉林	会计管理	白起
11	20160120103	李桦	女	08/23/97	信息会计	536	山西	会计管理	白起
12	20160120104	王林峰	男	02/20/97	信息会计	556	海南	会计管理	白起
13	20160120105	吴晓天	男	05/19/98	信息会计	578	新疆	会计管理	白起
14	20160120106	徐金凤	女	03/21/99	信息会计	533	云南	会计管理	白起
15	20160120107	张宇	男	09/25/97	信息会计	576	青海	会计管理	白起
16	20160120108	刘梦迪	男	09/20/98	信息会计	638	浙江	会计管理	白起

图 4-31　自动填充数据

在“学籍表”工作表中利用记录单输入数据，操作步骤如下。

● 单击快速访问工具栏右侧的按钮，在弹出的下拉列表中选择“其他命令”选项，打开“Excel 选项”对话框中，在“从下列位置选择命令”下拉列表中选择“不在功能区的命令”选项，从列表框中选择“记录单”选项，如图 4-32 所示。

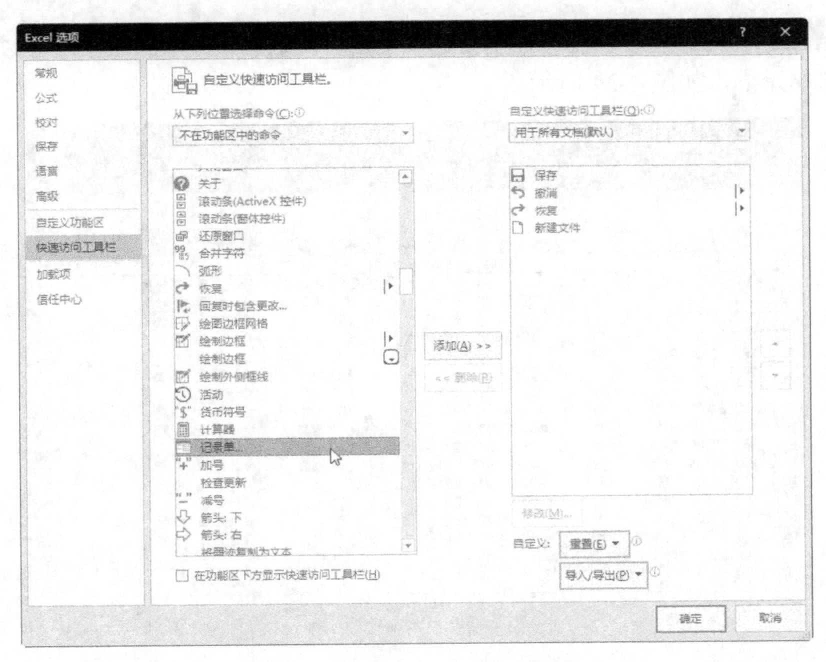

图 4-32　“Excel 选项”对话框

● 单击“添加”按钮将记录单添加到右侧列表中，单击“确定”按钮，返回工作界面。

● 将光标置于数据区域，单击快速访问工具栏中的“记录单”按钮，打开记录单对话框，在文本框中依次输入记录的各项数据，如图 4-33 所示。

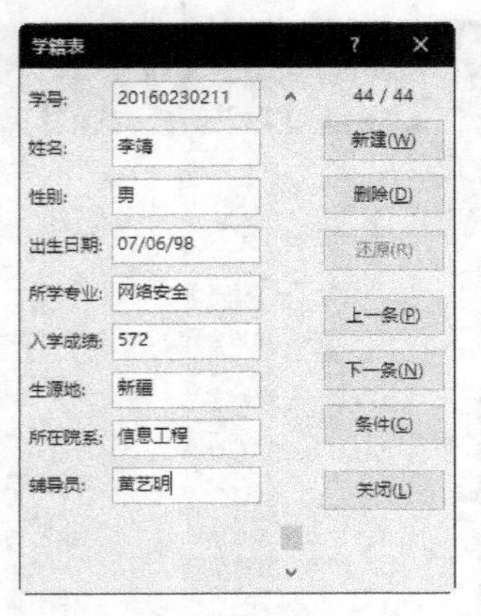

图 4-33　在记录单中输入数据

- 单击“新建”按钮输入下一条记录，输入完成后，单击“关闭”按钮关闭记录单。
- 单击快速访问工具栏的“保存”按钮，保存创建的“学籍表”工作表。

2．美化“学籍表”

对“学籍表”工作表进行格式化和美化，要求：标题“华文中宋，18 磅”，表头“黑体 14 磅，淡黄色底纹”，表内“仿宋，14 磅，蓝色外边框中实线，黑色内部细实线，背景图片”，操作步骤如下。

- 选中 A1:I1 单元格区域，在“开始”选项卡的“对齐方式”组中单击“合并后居中”按钮合并标题单元格，如图 4-34 所示。

学生管理.xlsx - Excel

A1　2016级学生情况一览表

2016级学生情况一览表								
学号	姓名	性别	出生日期	所学专业	入学成绩	生源地	所在院系	辅导员
20160110101	刘芳	女	03/20/98	注册会计	610	重庆	会计管理	蒋壮
20160110102	陈念念	女	06/10/97	注册会计	603	天津	会计管理	蒋壮
20160110103	马婷婷	女	10/02/98	注册会计	597	辽宁	会计管理	蒋壮
20160110104	黄建	男	07/15/96	注册会计	569	河北	会计管理	蒋壮
20160110105	钱帅	男	12/08/98	注册会计	588	湖北	会计管理	蒋壮
20160110106	郭亚楠	男	01/27/98	注册会计	620	河南	会计管理	蒋壮
20160120101	张弛	男	03/26/98	信息会计	587	北京	会计管理	白起
20160120102	王慧	女	04/20/96	信息会计	601	吉林	会计管理	白起
20160120103	李桦	女	08/23/97	信息会计	536	山西	会计管理	白起
20160120104	王林峰	男	02/20/97	信息会计	556	海南	会计管理	白起
20160120105	吴晓天	男	05/19/98	信息会计	578	新疆	会计管理	白起
20160120106	徐金凤	女	03/21/99	信息会计	533	云南	会计管理	白起
20160120107	张宇	男	09/25/97	信息会计	576	青海	会计管理	白起
20160120108	刘梦迪	男	09/20/98	信息会计	638	浙江	会计管理	白起

学籍表　Sheet2　Sheet3

图 4-34　合并单元格

- 在“开始”选项卡的“字体”组中，设置标题为“华文中宋 18 磅”，表头为“黑体，14 磅”，其他内容为“仿宋，14 磅”。
- 选中 A2:I46 单元格区域，在“开始”选项卡的“对齐方式”组中，单击“居中”按钮，将所选内容居中，如图 4-35 所示。

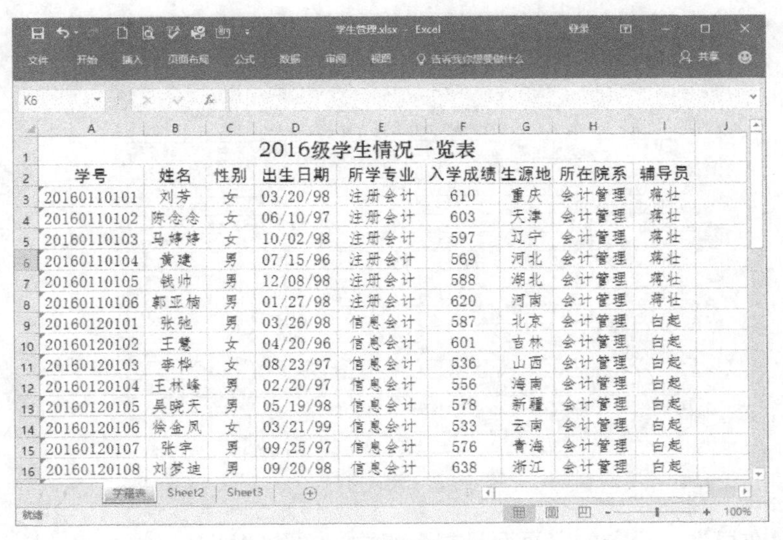

2016级学生情况一览表

学号	姓名	性别	出生日期	所学专业	入学成绩	生源地	所在院系	辅导员
20160110101	刘芳	女	03/20/98	注册会计	610	重庆	会计管理	蒋壮
20160110102	陈念念	女	06/10/97	注册会计	603	天津	会计管理	蒋壮
20160110103	马婷婷	女	10/02/98	注册会计	597	辽宁	会计管理	蒋壮
20160110104	黄建	男	07/15/96	注册会计	569	河北	会计管理	蒋壮
20160110105	钱帅	男	12/08/98	注册会计	588	湖北	会计管理	蒋壮
20160110106	郭亚楠	男	01/27/98	注册会计	620	河南	会计管理	蒋壮
20160120101	张弛	男	03/26/98	信息会计	587	北京	会计管理	白起
20160120102	王慧	女	04/20/96	信息会计	601	吉林	会计管理	白起
20160120103	李桦	女	08/23/97	信息会计	536	山西	会计管理	白起
20160120104	王林峰	男	02/20/97	信息会计	556	海南	会计管理	白起
20160120105	吴晓天	男	05/19/98	信息会计	578	新疆	会计管理	白起
20160120106	徐金凤	女	03/21/99	信息会计	533	云南	会计管理	白起
20160120107	张宇	男	09/25/97	信息会计	576	青海	会计管理	白起
20160120108	刘梦迪	男	09/20/98	信息会计	638	浙江	会计管理	白起

图 4-35　格式化工作表

• 选中 A2:I46 单元格区域，在“开始”选项卡的“单元格”组中，单击“格式”按钮，在弹出的下拉列表中选择“设置单元格格式”选项，打开“设置单元格格式”对话框，切换到“边框”选项卡。

• 首先，在线条“样式”和“颜色”选项中设置线条样式中实、蓝色，选择“预置”选项组中的“外边框”选项；然后，在线条“样式”和“颜色”选项中设置线条样式细实、黑色，选择“预置”选项组中的“内部”选项，如图 4-36 所示。

• 单击“确定”按钮，设置边框线。选中 A2:I2 单元格区域，在“开始”选项卡的“单元格”组中，单击“格式”按钮，在弹出的下拉列表中选择“设置单元格格式”选项，打开“设置单元格格式”对话框，切换到“填充”选项卡，选择要填充的背景颜色，如图 4-37 所示。

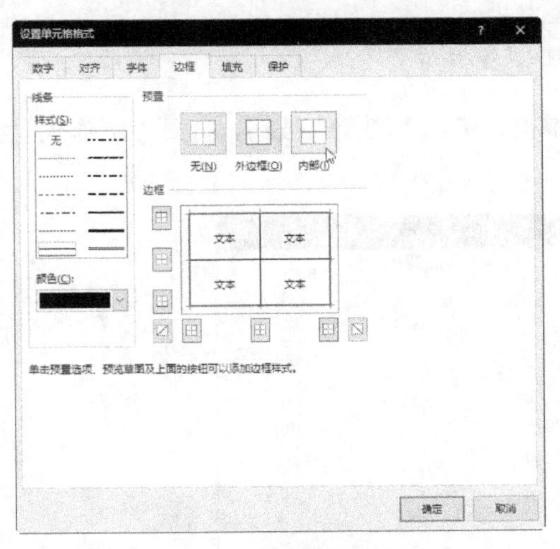

图 4-36　设置边框线

图 4-37　设置填充色

• 单击“确定”按钮，设置填充色，效果如图 4-38 所示。

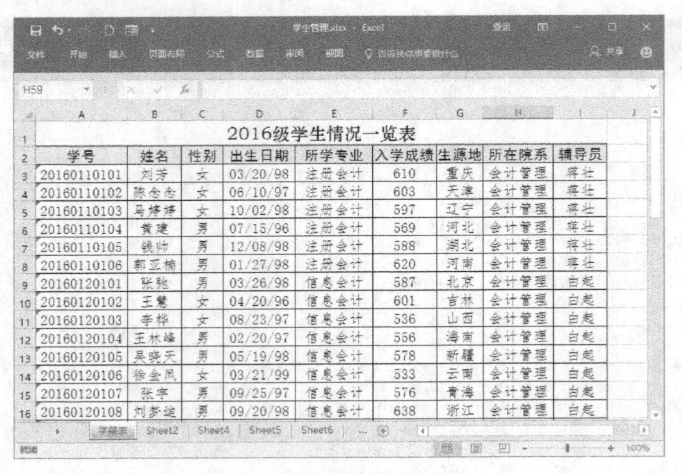

图 4-38　填充背景色

● 在“页面布局”选项卡的“页面设置”组中，单击“背景”按钮，打开“插入图片”对话框，如图 4-39 所示。

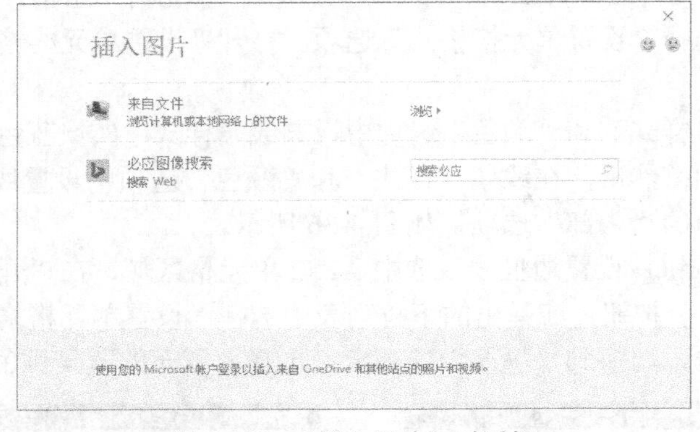

图 4-39　“插入图片”对话框

● 选择背景图片是本机还是网上，这里选择本机，单击“浏览”按钮，打开“工作表背景”对话框，选择相应的背景图案，如图 4-40 所示。

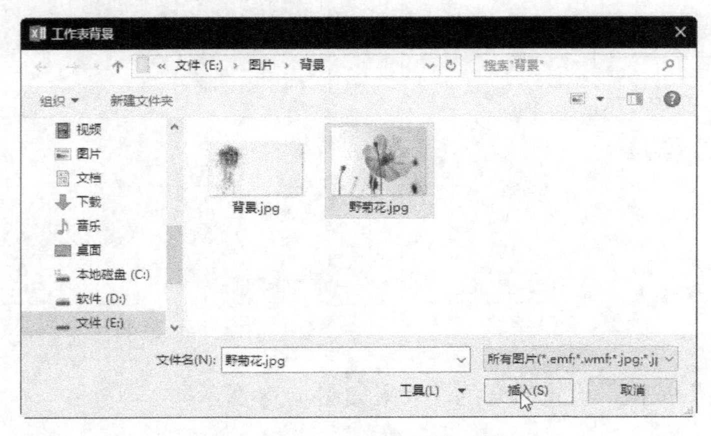

图 4-40　“工作表背景”对话框

● 单击“插入”按钮，填充背景图片，如图 4-41 所示，单击快速访问工具栏中的“保存”按钮，保存工作表。

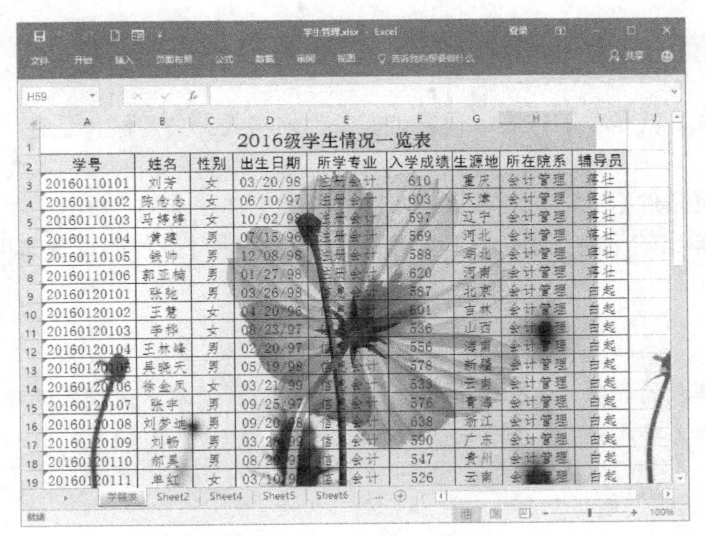

2016级学生情况一览表

学号	姓名	性别	出生日期	所学专业	入学成绩	生源地	所在院系	辅导员
20160110101	刘芳	女	03/20/98	注册会计	610	重庆	会计管理	蒋壮
20160110102	陈念念	女	06/10/97	注册会计	603	天津	会计管理	蒋壮
20160110103	马婷婷	女	10/02/98	注册会计	597	辽宁	会计管理	蒋壮
20160110104	黄建	男	07/15/96	注册会计	569	河北	会计管理	蒋壮
20160110105	钱帅	男	12/08/98	注册会计	588	湖北	会计管理	蒋壮
20160110106	郭亚楠	男	01/27/98	注册会计	620	河南	会计管理	蒋壮
20160120101	张驰	男	03/26/98	信息会计	587	北京	会计管理	白起
20160120102	王慧	女	04/20/96	信息会计	601	吉林	会计管理	白起
20160120103	李桦	女	08/23/97	信息会计	536	山西	会计管理	白起
20160120104	王林峰	男	02/20/97	信息会计	556	海南	会计管理	白起
20160120105	吴晓天	男	05/19/98	信息会计	578	新疆	会计管理	白起
20160120106	徐金凤	女	03/21/99	信息会计	533	云南	会计管理	白起
20160120107	张宇	男	09/25/97	信息会计	576	青海	会计管理	白起
20160120108	刘梦迪	男	09/20/98	信息会计	638	浙江	会计管理	白起
20160120109	刘畅	男	03/2[illegible]	信息会计	590	广东	会计管理	白起
20160120110	郝昊	男	08/2[illegible]	信息会计	547	贵州	会计管理	白起
20160120111	单红	女	03/10/9[illegible]	信息会计	526	云南	会计管理	白起

图 4-41　美化工作表

项目 2 制作单科成绩表

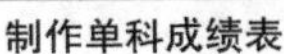

制作单科成绩表

项目描述

开学之初，教务处将收到的各科成绩表进行电子归档，需要建立各科成绩表，并计算每个学生的总成绩和单科平均成绩。为了使单科成绩表更加直观，需要对它进行排版和美化。

项目分析

首先打开“学生管理”工作簿，将空白工作表保存为单科成绩表，在空白工作表中利用工作表引用及单元格引用，完成单科成绩表的创建。利用公式和函数计算总评成绩和单科平均成绩，然后格式化成绩表，利用条件格式、MOD( )函数和 ROW( )函数美化成绩表。

相关知识

1. 工作表的引用

如果是当前工作簿或工作表，引用时可以省略工作簿或工作表的名称。如果是其他的工作簿或工作表，引用时需要在工作簿或工作表的名称后面加上“!”。

例如，当前工作表是 Sheet1，想引用 Sheet2 工作表的 A3 单元格，则可以写成 Sheet2!A3。

2. 设置单元格的条件格式

所谓条件格式，就是在工作表中设置带有条件的格式。当条件满足时，单元格将应用所设置的格式。

选中需要设置条件格式的单元格区域，在“开始”选项卡的“样式”组中，单击“条件格式”按钮，在弹出的下拉列表中选择需要设置的选项进行条件的设置即可。

专家点睛

单元格条件格式的删除是在条件格式下拉列表中选择“清除规则”选项，在弹出的级联列表中选择“清除所选单元格的规则”选项。

3. 公式与函数的使用

（1）公式的使用

Excel 的公式是由数值、字符、单元格引用、函数以及运算符等组成的能够进行计算的表达式。公式必须以等号“=”开头，系统会将“=”后面的字符串识别为公式。

这里，单元格引用是指在公式中输入单元格地址时，该单元格中的内容也参加运算。当引用的单元格中的数据发生变化时，公式将自动重新进行计算并自动更新计算结果，用户可以随时观察到数据之间的相互关系。

- 运算符

公式中的运算符主要有算术运算符、字符运算符、比较运算符和引用运算符 4 种，它决定了公式的运算性质。

算术运算符：+（加号）、－（减号）、*（乘号）、/（除号）、%（百分比运算）、^（指数运算）。

字符运算符：&（连接）。

比较运算符：=（等于）、>（大于）、<（小于）、>=（大于等于）、<=（小于等于）、<>（不等于）。

引用运算符：:（区域运算）、,（并集运算）、空格（交集运算）。

Excel 中，运算符的优先级由高到低为：引用运算符→算术运算符→字符运算符→比较运算符。

- 单元格的引用

在对单元格进行操作或运算时，有时需要指出使用的是哪一个单元格，这就是引用。引用一般用单元格的地址来表示。Excel 提供了 3 种不同的单元格引用：绝对引用、相对引用和混合引用。

绝对引用是对单元格内容的完全套用，不加任何更改。无论公式被移动或复制到何处，所引用的单元格地址始终不变。绝对引用的表示形式为在引用单元格列号和行号之前增加

符号“$”。

相对引用是指引用的内容是相对而言的，其引用的是数据的相对位置。在复制或移动公式时，随着公式所在单元格的位置改变，被公式引用的单元格的位置也做相应调整以满足相对位置关系不变的要求。相对引用的表示形式为列号与行号。

混合引用是指在一个单元格引用中，既有绝对引用，又有相对引用。即当公式所在单元格位置改变，相对引用改变，绝对引用不改变。

专家点睛

对于单元格地址，如果依次按 F4 键可以循环改变公式中地址的类型，如对单元格$C$1 连续按 F4 键，结果如下：$C$1→C$1→$C1→C1→$C$1。

（2）函数的使用

函数是一个预先定义好的特定计算公式，按照这个特定的计算公式对一个或多个参数进行计算可得出一个或多个计算结果，即函数值。使用函数不仅可以完成许多复杂的计算，还可以简化公式的繁杂程度。

- **函数的格式**

Excel 函数由等号、函数名和参数组成。其格式为：=函数名（参数 1,参数 2,参数 3,…）

例如，公式“=PRODUCT（A1,A3,A5,A7,A9）”表示将单元格 A1、A3、A5、A7、A9 中的数据进行乘积运算。

- **函数的分类**

Excel 为用户提供了 10 类数百个函数，它们是常用函数、财务函数、日期与时间函数、数学与三角函数、统计函数、查找与引用函数、数据库函数、文本函数、逻辑函数以及信息函数等。用户可以在公式中使用函数进行运算。

有关函数的分类及各类函数的函数名如图 4-42 所示。

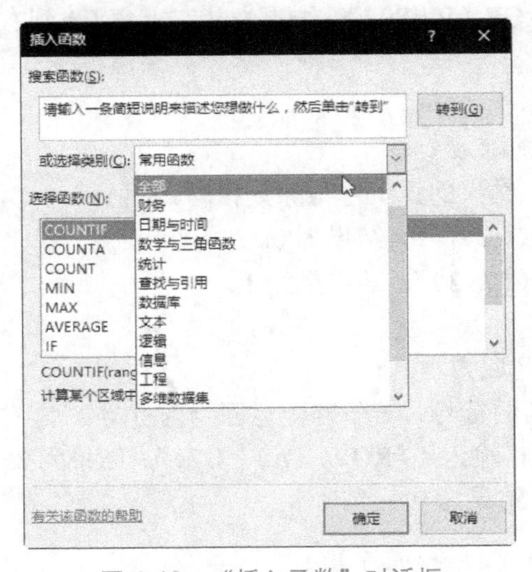

图 4-42　“插入函数”对话框

● 函数的引用

当用户要单独使用函数时，可以通过单击地址栏的“插入函数”按钮 f_x ，打开“插入函数”对话框，或单击“公式”选项卡的“函数库”组中的按钮选择所需类型函数即可。

函数除可以单独引用外还可以出现在公式或函数中。如果函数与其他信息一起被编写在公式中，就得到包含函数的公式。

单击要输入公式的单元格，输入等号“=”，依次输入组成公式的单元格引用、数值、字符、运算符等。公式中的函数可以直接输入函数名及参数，也可以利用“插入函数”按钮选择函数输入，或者在“公式”选项卡的“函数库”组中选择函数，最后，按 Enter 键完成公式运算。

（3）通配符的使用

通配符指一个或多个未确定的字符。通配符一般有“？”和“*”两个符号，它们代表不同的含义。

？（问号）：表示查找与问号所在位置相同的任意一个字符。例如，“成绩？”将查找到“成绩单”“成绩表”或“成绩册”“成绩簿”等。

*（星号）：表示查找与星号所在位置相同的任意多个字符。例如，“*店”将查找到“商店”“饭店”或“商务酒店”等。

（4）常用函数

● SUM( )函数

格式：SUM（单元格区域）。

该函数用来求指定单元格区域内所有数值的和。

例如，输入“= SUM（3,5）”，结果为 8。

输入“= SUM（A2:A5）”，结果为将 A2、A3、A4、A5 单元格的内容相加。

● AVERAGE( )函数

格式：AVERAGE（单元格区域）。

该函数用来求指定单元格区域内所有数值的平均值。

例如，输入“=AVERAGE（B2:E9）”，结果为从左上角 B2 到右下角 E9 的矩形区域内所有数值的平均值。

● MOD( )函数

格式：MOD（除数，被除数）。

返回两数相除的余数，结果的正负号与除数相同。

例如，输入“= MOD（6,2）”，其结果为 0。

输入“= MOD（10,-3）”，其结果为 1。

● ROW( )函数

格式：ROW（单元格区域）。

返回单元格区域左上角的行号，若省略，返回当前行号。

例如，公式在 C9 单元格输入“=ROW（A3：G7）”，结果为 3。输入“=ROW（B6）”，结果为 6。输入“=ROW()”，结果为 9。

项目实现

本项目将利用 Excel 2016 制作如图 4-43 所示的“英语成绩表”。

（1）利用工作表引用和单元格引用完成“英语成绩表”的创建，并对表中的数据进行计算和格式化。

（2）利用 ROW( )函数和 MOD( )函数设置成绩表的样式。

（3）对成绩表的数据进行优化。

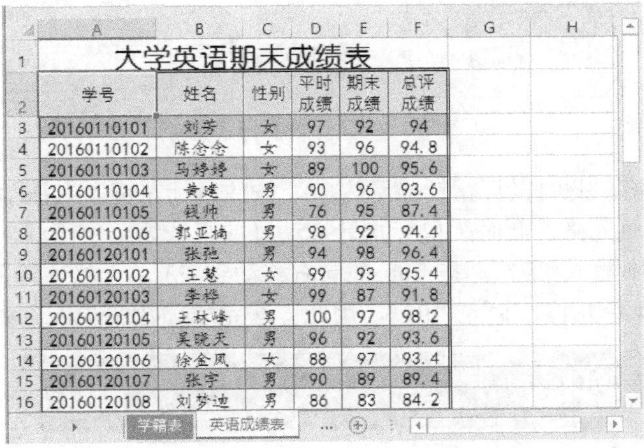

大学英语期末成绩表

学号	姓名	性别	平时成绩	期末成绩	总评成绩
20160110101	刘芳	女	97	92	94
20160110102	陈念念	女	93	96	94.8
20160110103	马婷婷	女	89	100	95.6
20160110104	黄建	男	90	96	93.6
20160110105	钱帅	男	76	95	87.4
20160110106	郭亚楠	男	98	92	94.4
20160120101	张弛	男	94	98	96.4
20160120102	王慧	女	99	93	95.4
20160120103	李梓	女	99	87	91.8
20160120104	王林峰	男	100	97	98.2
20160120105	吴晓天	男	96	92	93.6
20160120106	徐金凤	女	88	97	93.4
20160120107	张宇	男	90	89	89.4
20160120108	刘梦迪	男	86	83	84.2

学籍表　英语成绩表

图 4-43　英语成绩表

1. 创建单科成绩表

打开“学生管理”工作簿，创建“英语成绩表”工作表，并输入数据，操作步骤如下。

- 打开项目 1 中创建的“学生管理”工作簿，双击 Sheet2 工作表标签，重新命名为“英语成绩表”，选择“文件”→“保存”命令，保存工作簿。
- 在 A1 单元格中输入标题“大学英语期末成绩表”。
- 在 A2:G2 单元格区域中依次输入“学号”“姓名”“性别”“平时成绩”“期末成绩”“总评成绩”。
- 在 A3 单元格中输入“=”，单击“学籍表”工作表标签引用并打开该表，单击 A3 单元格，此时，单元格编辑框显示“学籍表！A3”，按 Enter 键得到“学籍表”工作表 A3 单元格的内容。
- 将鼠标指针指向 A3 单元格的填充柄，当鼠标指针变为+时，拖动填充柄至 A46 单元格为止，此时，“学号”列将全部引用“学籍表”工作表“学号”列的内容。
- 同样方法，在 B3:B46 单元格区域引用“学籍表”工作表“姓名”列的内容，在 C3:C46 单元格区域引用“学籍表”工作表“性别”列的内容，如图 4-44 所示。

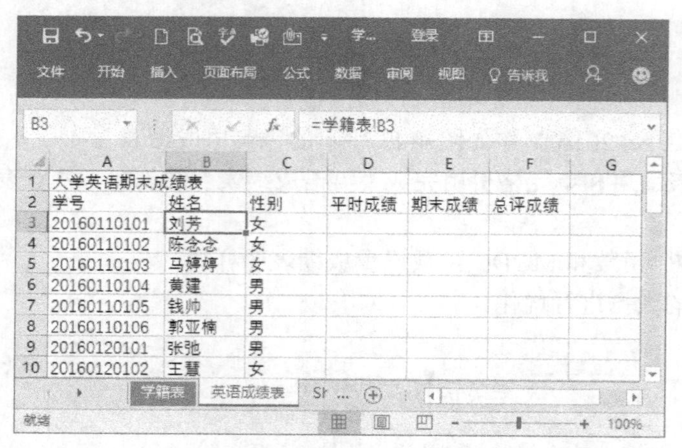

	A	B	C	D	E	F	G
1	大学英语期末成绩表						
2	学号	姓名	性别	平时成绩	期末成绩	总评成绩	
3	20160110101	刘芳	女				
4	20160110102	陈念念	女				
5	20160110103	马婷婷	女				
6	20160110104	黄建	男				
7	20160110105	钱帅	男				
8	20160110106	郭亚楠	男				
9	20160120101	张弛	男				
10	20160120102	王慧	女				

图 4-44　工作表引用效果

● 单击 D3 单元格，此时鼠标指针显示为✚，按住鼠标左键向右拖动至 E3 单元格，然后继续向下拖动至 E46 单元格，此时，鼠标指针拖动过的区域为选中区域，活动单元格为 D3。

● 在 D3 单元格中输入“97”，按 Tab 键向右移动到 E3 单元格，输入“92”，再次按 Tab 键，光标自动移到 D4 单元格，输入“93”，用此方法完成分数的录入，如图 4-45 所示。

	A	B	C	D	E	F	G
1	大学英语期末成绩表						
2	学号	姓名	性别	平时成绩	期末成绩	总评成绩	
3	20160110101	刘芳	女	97	92		
4	20160110102	陈念念	女	93	96		
5	20160110103	马婷婷	女	89	100		
6	20160110104	黄建	男	90	96		
7	20160110105	钱帅	男	76	95		
8	20160110106	郭亚楠	男	98	92		
9	20160120101	张弛	男	94	98		
10	20160120102	王慧	女	99	93		
11	20160120103	李桦	女	99	87		
12	20160120104	王林峰	男	100	97		
13	20160120105	吴晓天	男	96	92		
14	20160120106	徐金凤	女	88	97		
15	20160120107	张宇	男	90	89		
16	20160120108	刘梦迪	男	86	83		

图 4-45　输入成绩

2. 计算成绩表

在“英语成绩表”中，计算所有学生的总评成绩，这里：总评成绩=平时成绩×40%+期末成绩×60%，操作步骤如下。

● 选中 F3 单元格，输入“=”，单击 D3 单元格，此时单元格周围出现蚁行线，表示引用了该单元格中的数据，再输入“*0.4+”。

● 单击 E3 单元格，输入“*0.6”，此时 F3 单元格及编辑栏中显示公式为“=D3*0.4+E3*0.6”，如图 4-46 所示。

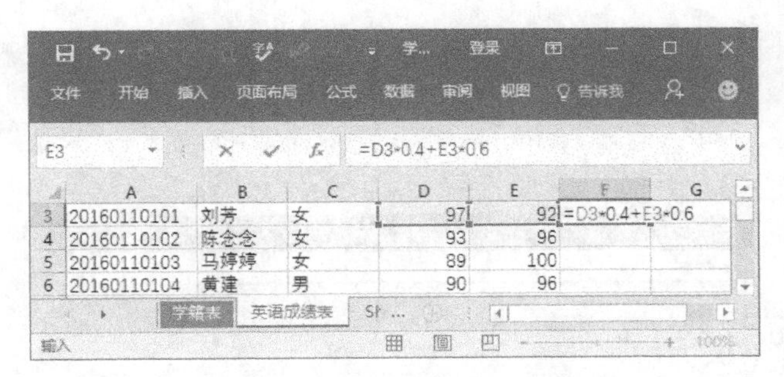

图 4-46　输入公式

● 单击编辑栏的“输入”按钮，此时 F3 单元格显示计算结果。

● 将鼠标指针指向 F3 单元格，当鼠标指针变为时，双击填充柄，将 F3 单元格的计算公式自动复制到 F4:F46 单元格区域中。

在“英语成绩表”工作表中，利用函数 AVERAGE( )计算“大学英语”这门课程的平均成绩，并保留小数点后两位，操作步骤如下。

● 选中 B47 单元格，输入“平均成绩”，选中 F47 单元格，输入“=”，单击地址栏的“插入函数”按钮，打开“插入函数”对话框，在“或选择类别”下拉列表中选择“常用函数”选项，在“选择函数”列表框中选择“AVERAGE”函数，如图 4-47 所示。

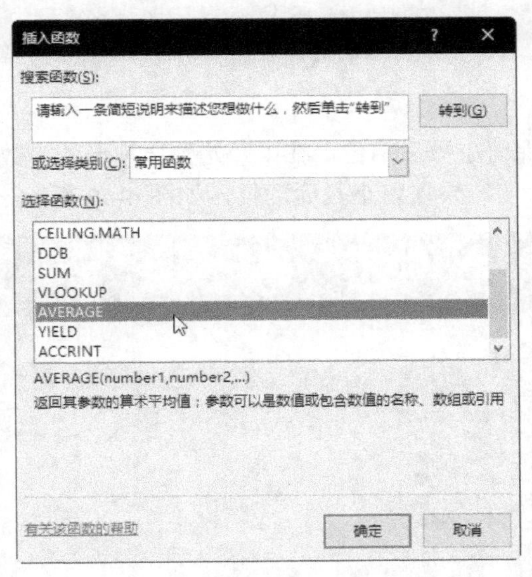

图 4-47　“插入函数”对话框

● 单击“确定”按钮，打开“函数参数”对话框，单击“折叠”按钮，折叠“函数参数”对话框，对话框中自动显示计算范围“F3:F46”，如图 4-48 所示。

● 再单击“展开”按钮，展开“函数参数”对话框，单击“确定”按钮，计算出“大学英语”的平均成绩，如图 4-49 所示。

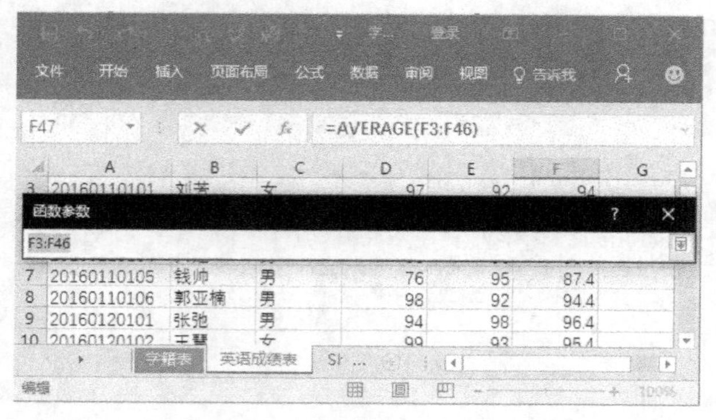

图 4-48　设置计算范围

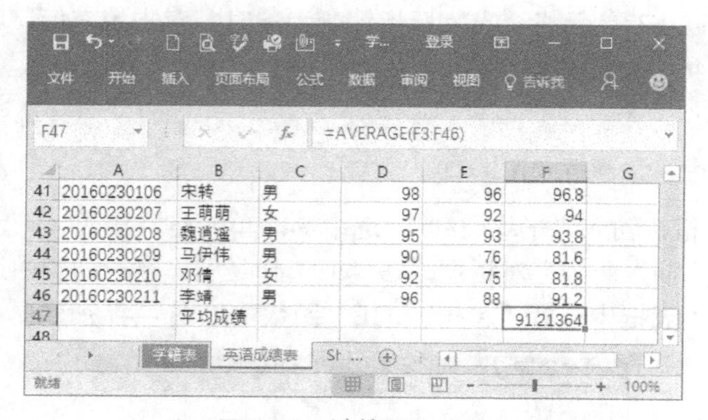

图 4-49　计算平均成绩

● 设置“平均成绩”保留小数后两位。在“开始”选项卡的“数字”组中，连续单击 3 次“减少小数位数”按钮，使结果保留小数后两位，如图 4-50 所示。

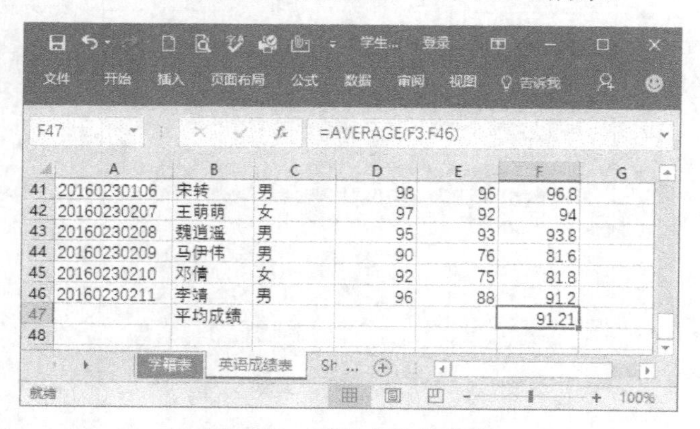

图 4-50　设置小数点位数

3. 格式化成绩表

合并标题并居中，并设置标题为“幼圆，加粗，18 磅，黑色”，设置表头为“中宋，14 磅，蓝色，水平居中”，设置数据区的数据为“楷体，12 磅，水平垂直居中”，操作步骤如下。

● 选中 A1:F1 单元格区域，在“开始”选项卡的“对齐方式”组中，单击“合并后居中”

按钮，被选中的单元格区域被合并为一个单元格，其中的内容被居中显示。

● 在“开始”选项卡的“字体”组中，设置字体为“幼圆”，字号为“18”，单击“加粗”按钮B，加粗字体。

● 选中 A2:F2 单元格区域，在“开始”选项卡的“字体”组中，设置字体为“中宋”，字号为“14”，单击“字体颜色”下拉按钮，设置字体颜色为“蓝色”，在“对齐方式”组中，单击“水平居中”按钮，居中表头。

● 选中 A3:F46 单元格区域，在“开始”选项卡的“字体”组中，设置字体为“楷体”，字号为“12”，在“对齐方式”组中，依次单击“水平居中”按钮和“垂直居中”按钮，将数据在单元格中水平和垂直方向同时居中，效果如图 4-51 所示。

	A	B	C	D	E	F
1	大学英语期末成绩表					
2	学号	姓名	性别	平时成绩	期末成绩	总评成绩
3	20160110101	刘芳	女	97	92	94
4	20160110102	陈念念	女	93	96	94.8
5	20160110103	马婷婷	女	89	100	95.6
6	20160110104	黄建	男	90	96	93.6
7	20160110105	钱帅	男	76	95	87.4
8	20160110106	郭亚楠	男	98	92	94.4
9	20160120101	张弛	男	94	98	96.4
10	20160120102	王慧	女	99	93	95.4

图 4-51 格式化效果

将成绩表的外边框设置为“双细线，黑色”，内边框设置为“单细线，蓝色”，操作步骤如下。

● 选中 A2:F46 单元格区域，在“开始”选项卡的“字体”组中，单击右下角的“对话框启动器”按钮，打开“设置单元格格式”对话框，选择“边框”选项卡，在“线条”选项组的“样式”列表框中选择双细线、黑色，在“预置”选项组中选择“外边框”选项，为表格添加外边框，如图 4-52 所示。

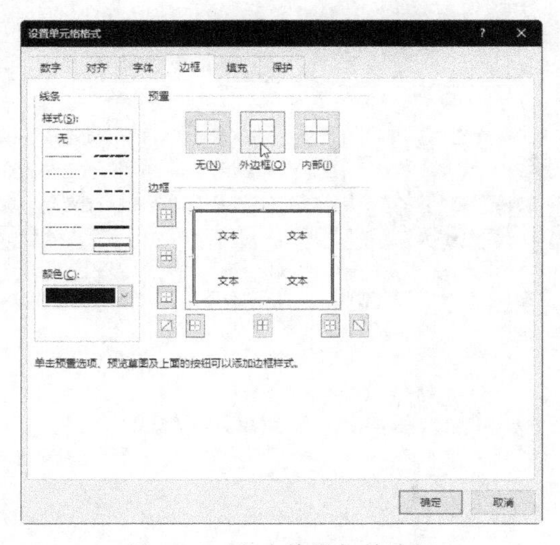

图 4-52 为表格添加外边框

● 在“线条”选项组的“样式”列表框中选择单细线、蓝色，在“预置”选项组中选择“内部”选项，为表格添加内边框，单击“确定”按钮，效果如图 4-53 所示。

大学英语期末成绩表

学号	姓名	性别	平时成绩	期末成绩	总评成绩
20160110101	刘芳	女	97	92	94
20160110102	陈念念	女	93	96	94.8
20160110103	马婷婷	女	89	100	95.6
20160110104	黄建	男	90	96	93.6
20160110105	钱帅	男	76	95	87.4
20160110106	郭亚楠	男	98	92	94.4
20160120101	张弛	男	94	98	96.4
20160120102	王慧	女	99	93	95.4
20160120103	李桦	女	99	87	91.8

图 4-53　设置边框效果

将成绩表的表头区域套用单元格样式，将其“行高”设置为“30”，操作步骤如下。

● 选中 A2:F2 单元格区域，在“开始”选项卡的“样式”组中，单击“单元格样式”按钮，在弹出的下拉列表中选择“主题单元格样式”选项组中的“浅黄，60%-着色 4”选项，如图 4-54 所示。

● 在“开始”选项卡的“单元格”组中，单击“格式”按钮，在弹出的下拉列表单中选择“单元格大小”中的“行高”选项，打开“行高”对话框，输入行高为“30”，单击“确定”按钮，设置行高，效果如图 4-55 所示。

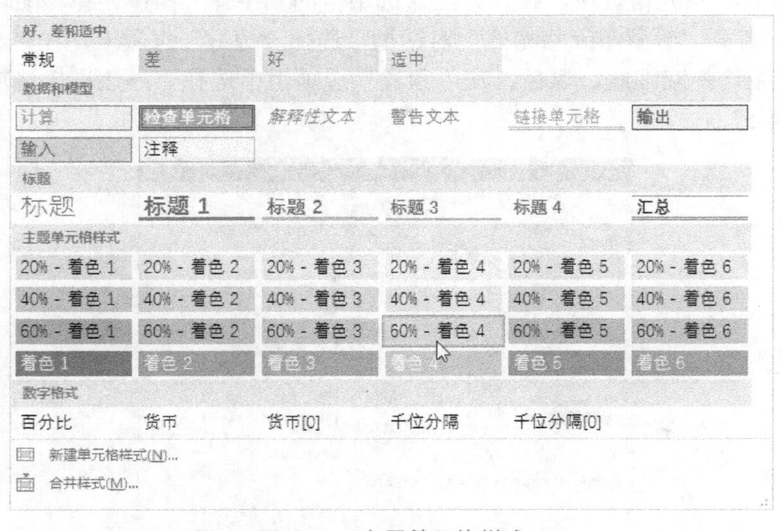

图 4-54　套用单元格样式

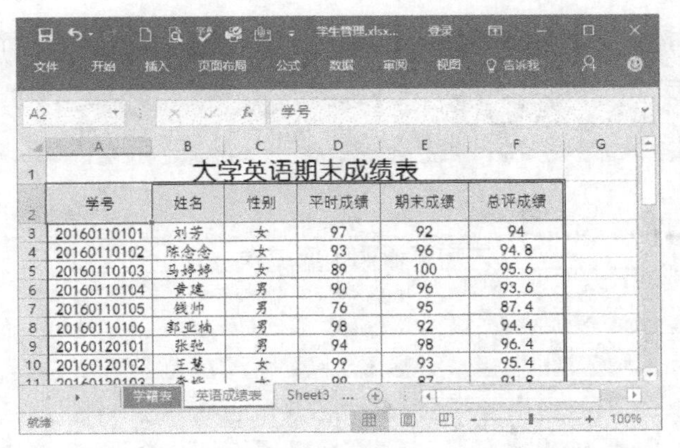

大学英语期末成绩表

学号	姓名	性别	平时成绩	期末成绩	总评成绩
20160110101	刘芳	女	97	92	94
20160110102	陈念念	女	93	96	94.8
20160110103	马婷婷	女	89	100	95.6
20160110104	黄建	男	90	96	93.6
20160110105	钱帅	男	76	95	87.4
20160110106	郭亚楠	男	98	92	94.4
20160120101	张弛	男	94	98	96.4
20160120102	王慧	女	99	93	95.4

图 4-55　套用样式调整行高效果

利用条件格式和 MOD( )函数、ROW( )函数将成绩表的奇数行填充为浅绿色，操作步骤如下。

● 选中 A3:F47 单元格区域，在“开始”选项卡的“样式”组中，单击“条件格式”按钮，在弹出的下拉列表中选择“新建规则”选项，打开“新建格式规则”对话框，在“选择规则类型”列表框中选择“使用公式确定要设置格式的单元格”选项，在“为符合此公式的值设置格式”文本框中输入“=MOD(ROW(),2)”。

专家点睛

ROW( )函数为返回当前行；MOD(ROW(),2)为取当前行除以 2 的余数，余数为 0，则为偶数行，余数为 1，则为奇数行，条件为真，填充颜色。

● 单击“格式”按钮，在打开的“设置单元格格式”对话框中，选择“填充”选项卡，在色板中单击“其他颜色”按钮，打开“颜色”对话框，在“标准”选项卡中选择“浅绿色”色块，单击“确定”按钮，返回“设置单元格格式”对话框，单击“确定”按钮，返回“新建格式规则”对话框，如图 4-56 所示。

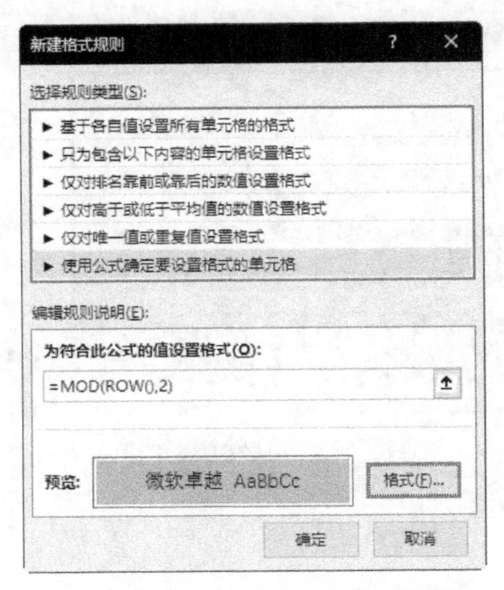

图 4-56　“新建格式规则”对话框

● 单击“确定”按钮，成绩表偶数行被填充了浅绿色，如图 4-57 所示。

大学英语期末成绩表					
学号	姓名	性别	平时成绩	期末成绩	总评成绩
20160110101	刘芳	女	97	92	94
20160110102	陈念念	女	93	96	94.8
20160110103	马婷婷	女	89	100	95.6
20160110104	黄建	男	90	96	93.6
20160110105	钱帅	男	76	95	87.4
20160110106	郭亚楠	男	98	92	94.4
20160120101	张弛	男	94	98	96.4
20160120102	王慧	女	99	93	95.4
20160120103	李桦	女	99	87	91.8

图 4-57　奇数行填充浅绿色

将成绩表表头中的“平时成绩”“期末成绩”“总评成绩”在单元格中分两行显示，并将所有列的列宽调整为最适合的宽度，操作步骤如下。

● 双击 D2 单元格，调出闪动光标，将插入点定位在“平时”之后（即需要换行的位置），按 Alt+Enter 组合键，单元格的文本被分为两行。

● 用同样的方法将 E2、F2 单元格的内容分为两行显示。

● 拖动鼠标选择所有列，在“开始”选项卡的“单元格”组中，单击“格式”按钮，在弹出的下拉列表中选择“单元格大小”中的“自动调整列宽”选项，将被选中的列调整到最适合的列宽，效果如图 4-58 所示。

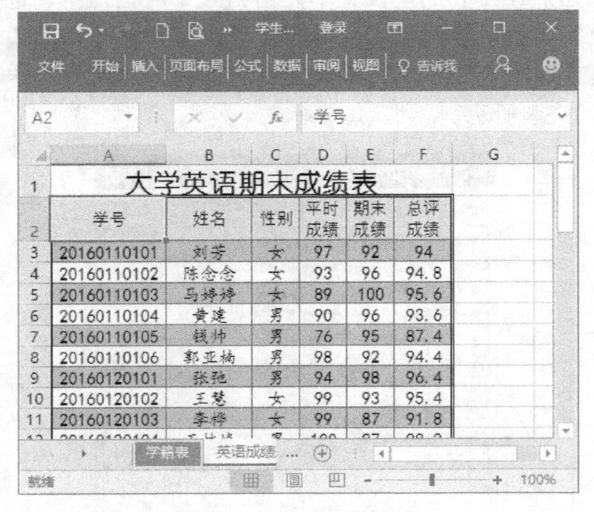

大学英语期末成绩表					
学号	姓名	性别	平时 成绩	期末 成绩	总评 成绩
20160110101	刘芳	女	97	92	94
20160110102	陈念念	女	93	96	94.8
20160110103	马婷婷	女	89	100	95.6
20160110104	黄建	男	90	96	93.6
20160110105	钱帅	男	76	95	87.4
20160110106	郭亚楠	男	98	92	94.4
20160120101	张弛	男	94	98	96.4
20160120102	王慧	女	99	93	95.4
20160120103	李桦	女	99	87	91.8

图 4-58　自动调整列宽

项目 3
统计“成绩总表”

制作成绩总表

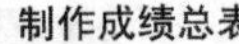

成绩的排序和筛选

项目描述

教务处要将各科成绩表进行汇总生成“成绩总表”，然后利用公式和函数计算每位学生的总成绩、平均成绩及名次，以及每门课程的最高分、最低分、平均分，最后对“成绩总表”进行筛选和排序。

项目分析

首先打开给定的“各科成绩表”工作簿，利用工作表复制操作，将其余 3 科成绩表复制到“学生管理”工作簿中，完成各科成绩表的创建。根据各科成绩表的单科成绩的复制得到“成绩总表”，利用公式和函数计算总成绩、平均成绩及名次，并对“成绩总表”排序和查找满足条件的记录，然后格式化“成绩总表”。

相关知识

1．工作表的移动

移动操作可以调整当前的工作表排放次序。

（1）在同一个工作簿中移动工作表

在工作表选项卡上单击选中工作表标签，在选中的工作表标签上按住鼠标左键，拖动选中的工作表至所需的位置，松开鼠标左键即可将工作表移动到新的位置。

或者，在选中的工作表标签上右击，在弹出的快捷菜单中选择“移动或复制…”命令，打开如图 4-59 所示的“移动或复制工作表”对话框。最后，在“工作簿”下拉列表中选择当前工作簿，在“下列选定工作表之前”列表框中选择工作表移动后的位置，单击“确定”按钮即可。

专家点睛

移动后的工作表将插在所选择的工作表之前。在移动过程中，屏幕上会出现一个黑色的小三角形，来指示工作表要被插入的位置。

(2) 在不同工作簿中移动工作表。

在工作表选项卡上选中要移动的工作表标签，在“开始”选项卡的“单元格”组中，单击“格式”按钮，在弹出的下拉列表中选择“移动或复制工作表”选项，打开如图 4-60 所示的“移动或复制工作表”对话框。在“工作簿”下拉列表中选择要移至的目标工作簿，在“下列选定工作表之前”列表框中选择工作表移动后的位置，然后单击“确定”按钮即可。

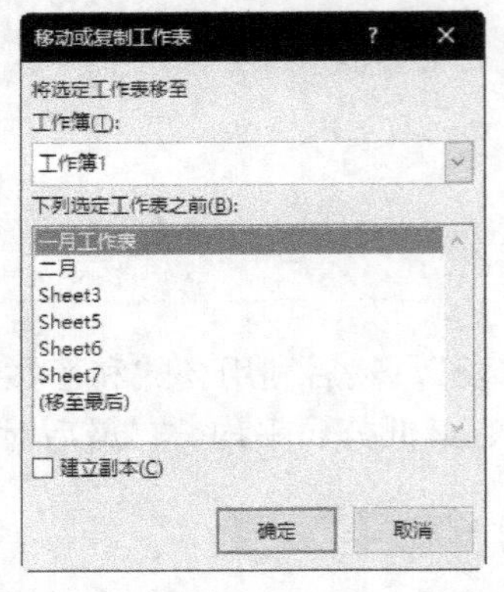

图 4-59　在同一工作簿中移动工作表

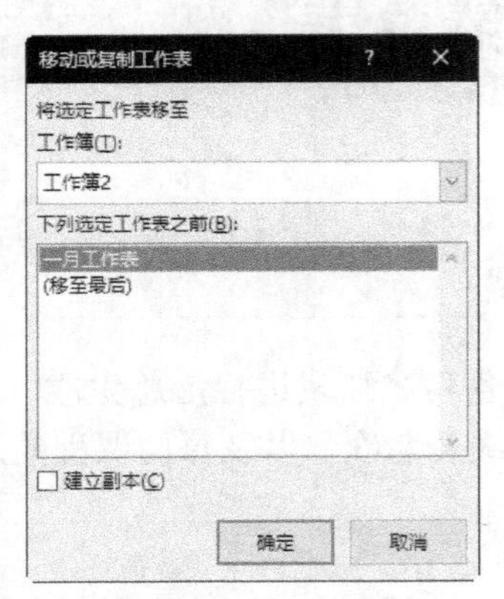

图 4-60　在不同工作簿中移动工作表

专家点睛

如果在目标工作簿中含有与被移对象同名的工作表，则移动过去的工作表的名字会自动改变。

2．工作表的复制

复制操作可以将一张工作表中的内容复制到另一张工作表中，避免了对相同内容的重复输入，从而提高了工作效率。

(1) 在同一工作簿中复制工作表

单击选中要复制的工作表的标签，按住 Ctrl 键的同时利用鼠标将选中的工作表沿着标签行拖动至所需的位置，然后松开鼠标左键即可完成对该工作表的复制操作。

或者，在选中的工作表标签上右击，在弹出的快捷菜单中选择“移动或复制…”命令，打开如图 4-61 所示的“移动或复制工作表”对话框。

在“工作簿”下拉列表中选择当前工作簿，在“下列选定工作表之前”列表框中选择工作表要复制到的位置，勾选“建立副本”复选框，然后单击“确定”按钮即可。

专家点睛

使用该方法相当于插入一张含有数据的新表，该张工作表的名字以源工作表的名字+（2）命名。

（2）将工作表复制到其他工作簿中

单击选中要复制的工作表的标签，在“开始”选项卡的“单元格”组中，单击“格式”按钮，在弹出的下拉列表中选择“移动或复制工作表”命令，打开“移动或复制工作表”对话框。

在“工作簿”下拉列表中选择要复制到的目标工作簿，在“下列选定工作表之前”列表框中选择工作表要复制到的位置，勾选“建立副本”复选框，如图 4-62 所示，单击“确定”按钮即可。

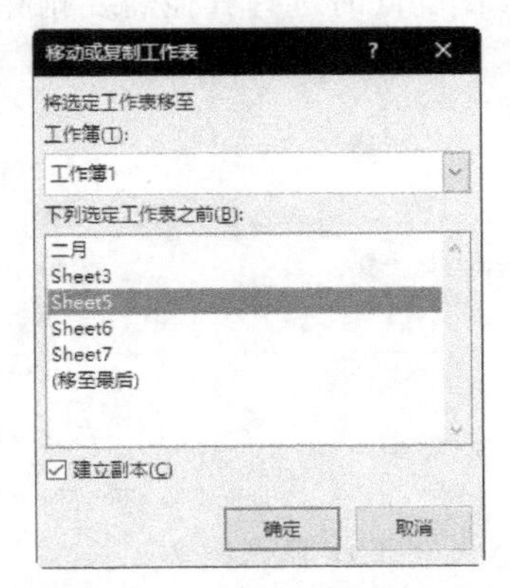

图 4-61　在同一工作簿中复制工作表

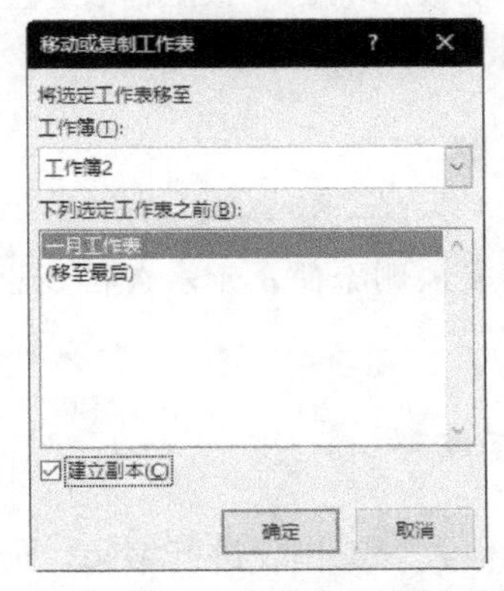

图 4-62　在不同工作簿中复制工作表

3．插入工作表

Excel 的所有操作都是在工作表中进行的。在实际工作中往往需要建立多张工作表。

首先选择一张工作表，然后在“开始”选项卡的“单元格”组中，单击“插入”按钮，在弹出的下拉列表中选择“插入工作表”选项即可在当前工作表之前插入一张新的工作表，新工作表的默认名称为“Sheet4”。

或者，在工作表标签上右击，在弹出的快捷菜单中选择“插入”命令，在打开的“插入”对话框中选择“工作表”选项，单击“确定”按钮即可在当前工作表之前插入一张新的工作表。

专家点睛

以上两种方法一次操作只能插入一张工作表，因此，只适用工作表数量较少的情况，如果在一个工作簿中需要建立 10 张以上的工作表，那么使用上述两种方法就比较麻烦，此时可以采用更改默认工作表数来进行。

4．删除工作表

（1）删除单张工作表

单击选中要删除的工作表标签，然后在“开始”选项卡的“单元格”组中，单击“删除”按钮，在弹出的下拉列表中选择“删除工作表”选项进行删除。

或者，在要被删除的工作表标签上右击，在弹出的快捷菜单中选择“删除”命令，之后就会看到选中的工作表被删除了。

专家点睛

在完成以上的删除操作后，被删除的工作表后面的工作表将成为当前工作表。

（2）同时删除多张工作表

选中其中要被删除的一张工作表标签，在按住 Ctrl 键的同时选择其他需要删除的工作表标签，然后按照上述方法进行删除即可。

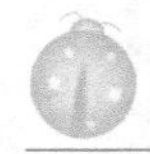

专家点睛

一旦工作表被删除便属于永久性删除，无法再找回。

5．保护工作表

为了防止他人对工作表进行编辑，最好的办法就是设置工作表密码。

打开需要进行保护设置的工作表，在“审阅”选项卡的“更改”组中，单击“保护工作表”按钮，打开“保护工作表”对话框，如图 4-63 所示。

在“取消工作表保护时使用的密码”文本框中输入设置的密码；在“允许此工作表的所有用户进行”列表框中通过勾选不同的复选框，设置用户对工作表的操作，最后单击“确定”按钮，打开“确认密码”对话框，如图 4-64 所示。在“重新输入密码”文本框中输入刚才设置的相同密码，单击“确定”按钮即可完成工作表的保护。

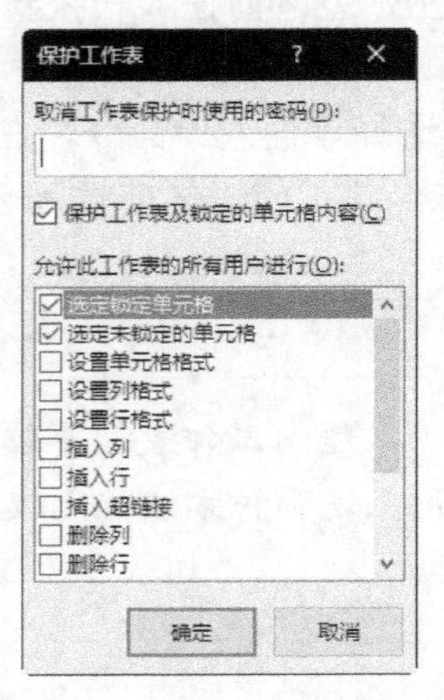

图 4-63 “保护工作表”对话框

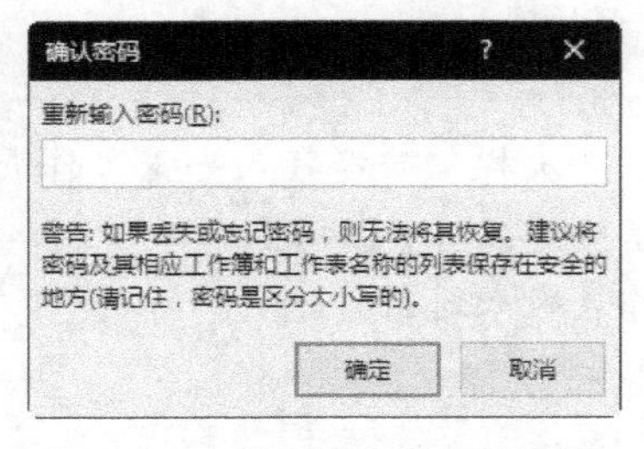

图 4-64 “确认密码”对话框

6．常用函数

（1）MAX( )函数

格式：MAX（单元格区域）。

用于求指定单元格区域内所有数值的最大值。

例如，输入“=MAX（B3:H6）”，结果为从左上角 B3 到右下角 H6 的矩形区域内所有数值的最大值。

输入“=MAX（3,5,12,33）”，结果为 33。

(2) MIN( )函数

格式：MIN（单元格区域）。

用于求指定单元格区域内所有数值的最小值。

例如，输入“=MIN（B3:H6）”，结果为从左上角 B3 到右下角 H6 的矩形区域内所有数值的最小值。

输入“=MIN（3,5,12,33）”，结果为 3。

(3) RANK.EQ( )函数

格式：RANK.EQ（数字，数字列表）。

返回一个数字在数字列表中的排位。其大小与列表中的其他值相关，若多个值具有相同的排位，则返回该组数值的最高排位。

(4) COUNT( )函数

格式：COUNT（单元格区域）。

该函数用于计算指定单元格区域内数值型参数的数目。

例如，输入“=COUNT（B3:H3）”，结果为 B3 到 H3 单元格区域内数值型参数的数目。

专家点睛

在数据汇总统计分析中，COUNT( )函数和 COUNTIF( )函数是非常有用的函数。

(5) COUNTA( )函数

格式：COUNTA（单元格区域）。

该函数用于计算指定单元格区域内非空值参数的数目。

例如，输入“=COUNTA（B3:H3）”，结果为 B3 到 H3 单元格区域内数据项的数目。

(6) IF( )函数

格式：IF（条件表达式，表达式 1，表达式 2）。

首先计算条件表达式的值，如果为 TRUE，则函数的结果为表达式 1 的值，否则，函数的结果为表达式 2 的值。

例如，若 B3 单元格的值为 100，则输入“=IF（B3>=90，"优秀"，"优良"）”，其结果为“优秀”。输入“=IF(AND(B3>=90,B3<=95),"优良","不确定")”，其结果为“不确定”。

专家点睛

IF 函数只包含 3 个参数，它们是需要判断的条件、当条件成立时的返回值和当条件不成立时的返回值。当需要判断的条件多于 1 个时，可以进行 IF 函数的嵌套，但最多只能嵌套 7 层。

利用 VALUE_IF_TRUE（条件为 TRUE 时的返回值）和 VALUE_IF_FALSE（条件为 FALSE 时的返回值）参数可以构造复杂的检测条件。例如，公式=IF（B3:B9<60,"差"，IF（B3:B9<75，"中"，IF（B3:B9<85，"良"，"好"）））。

7．数据排序

排序是将数据列表中的记录按照某个字段名的数据值或条件从小到大或从大到小地进行排列。用来排序的字段名或条件称为排序关键字。

（1）单个关键字排序

当数据列表中的数据需要按照某一个关键字进行升序或降序排列，只需首先单击该关键字所在列的任意一个单元格，然后在“数据”选项卡的“排序和筛选”组中，单击“升序”按钮 或者“降序”按钮 即可完成排序。

（2）多关键字排序

当数据列表中的数据需要按照一个以上的关键字进行升序或降序排列，可以通过“排序”对话框进行。

首先，选定需要排序的单元格区域，在“数据”选项卡的“排序和筛选”组中，单击“排序”按钮，打开“排序”对话框。在“主要关键字”下拉列表中选择第一关键字、排序依据及次序，然后单击“添加条件”按钮，弹出“次关键字”行，在“次要关键字”下拉列表中选择第二关键字、排序依据及次序，依次类推。最后，勾选“数据包含标题”复选框，表示第一行作为标题行不参与排序，如图 4-65 所示。

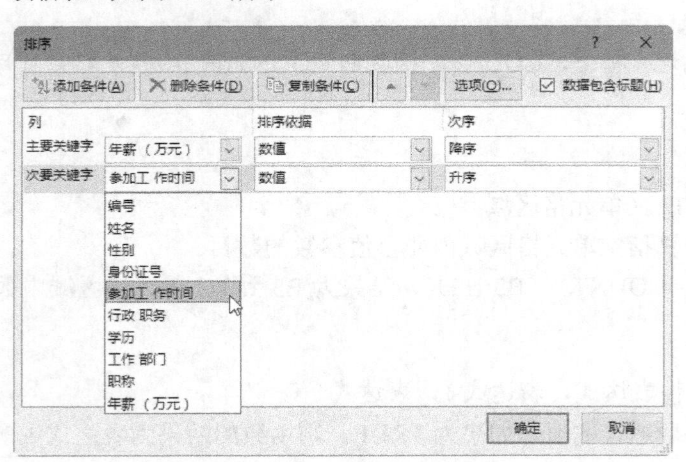

图 4-65　“排序”对话框

然后，单击“确定”按钮结束排序。

专家点睛

● 由于数据之间的相关性，有关系的数据都应被选定在排序区域内，否则，就不能进行排序操作。例如，如果用户在数据列表中有 6 列，但在对数据进行排序之前只选定了它们中的 3

列，则剩下的列将不会被排序，从而使排序结果张冠李戴。如果已经产生了这种错误，单击快速访问工具栏上的“撤销”按钮即可还原。

● 单击“排序”对话框中的“选项”按钮，打开“排序选项”对话框，如图4-66所示，在此可自定义排序次序。可以选择按英文字母排序时是否区分大小写，在排序方向上，也可以根据需要“按列排序”或“按行排序”，在排序方法上，可选择按“字母排序”或按“笔划排序”。

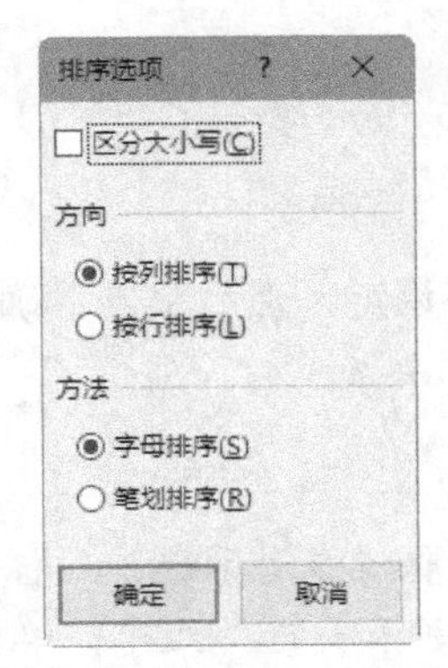

图4-66 “排序选项”对话框

8．数据筛选

筛选是查找和处理单元格区域中数据子集的快捷方法。筛选与排序不同，它并不重排区域，只会显示出包含某一值或符合一组条件的行而隐藏其他的行。Excel 提供的自动筛选、自定义自动筛选和高级筛选可以满足大部分需要。

（1）自动筛选

自动筛选是指一次只能对工作表中的一个单元格区域进行筛选，包括按选定内容筛选，它适用于简单条件下的筛选。当使用“筛选”功能时，筛选箭头将自动显示在筛选区域中列标签的右侧。

筛选时，首先选择要进行筛选的数据区域，在“数据”选项卡的“排序和筛选”组中，单击“筛选”按钮，此时列标题（字段名）的右侧即出现按钮，然后根据筛选条件单击其列标题右侧的按钮进行选择，所需的记录将被筛选出来，其余记录被隐藏。

（2）自定义筛选

在进行数据筛选时，往往会用到一些特殊的条件，用户可以通过自定义筛选器进行筛选。自定义筛选可以显示含有一个值或另一个值的行，也可以显示某个列满足多个条件的行。

首先进行自动筛选操作，然后单击列标题右侧的按钮，在弹出的“列筛选器”中选择“文本筛选”→“自定义筛选”选项，打开“自定义自动筛选方式”对话框，如图4-67所示。

图 4-67 “自定义自动筛选方式”对话框

在该对话框中对该字段进行条件设定，然后单击“确定”按钮即可得到筛选出的记录。

如果再次单击“筛选”按钮，将取消自动筛选，列标题右侧的将同时消失，数据将全部还原；或者在“数据”选项卡的“排序和筛选”组中，单击“清除”按钮，将清除数据范围内的筛选和排序状态。

(3) 高级筛选

与以上两种筛选方法相比，高级筛选可以选用更多的筛选条件，并且可以不使用逻辑运算符而将多个筛选条件加以逻辑运算。高级筛选还可以将筛选结果从数据列表中抽取出来并复制到当前工作表的指定位置。

● 条件区域的构成

使用高级筛选时，需要建立一个条件区域。条件区域用来指定筛选的数据所必须满足的条件。条件区域的构成如下。

条件区域的首行输入数据列表的被查询的字段名，如“基本工资”“适当补贴”等，字段名的拼写必须正确并且要与数据列表中的字段名完全一致。

条件区域内不一定包含数据列表中的全部字段名，可以使用“复制”“粘贴”的方法输入需要的字段名，并且不一定按字段名在数据列表中的顺序排列。

在条件区域的第二行及其以下各行开始输入筛选的具体条件，可以在条件区域的同一行输入多重条件。在同一行输入的多重条件其间的逻辑关系是“与”；在不同行输入的多重条件其间的逻辑关系是“或”。

● 高级筛选的操作

首先在数据列表的空白区域建立条件区域。然后在“数据”选项卡的“排序和筛选”组中，单击“高级”按钮，打开“高级筛选”对话框，如图 4-68 所示。

在“方式”选项组中选择筛选结果放置的位置，分别单击“列表区域”和“条件区域”右侧的“折叠”按钮，折叠对话框，选择数据区域和条件区域，勾选“选择不重复的记录”复选框，单击“确定”按钮，即可得到筛选结果。

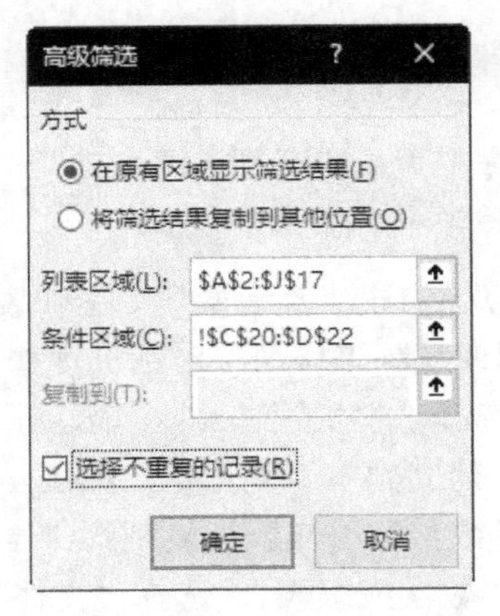

图 4-68　“高级筛选”对话框

(4) 快速筛选

Excel 新增了一个搜索框，利用它可以在大型工作表中快速筛选出所需记录。直接在搜索框中输入关键字即可。

项目实现

(1) 利用已有的“高等数学”“基础会计”“计算机基础”等单科成绩表通过工作表复制生成如图 4-69 所示的“成绩总表”。

(2) 利用函数计算每位学生的总分和平均分、每位学生的总分排名，以及各门课程的平均分、最高分和最低分。

(3) 根据奖学金比例和名次，评定奖学金等级。

(4) 利用套用表格格式美化“成绩总表”。

(5) 对单科成绩表排序并汇总。

(6) 对“成绩总表”进行筛选，查找满足条件的学生。

G31　fx　89

2016级学生成绩一览表

学号	姓名	性别	高等数学	大学英语	基础会计	计算机基础	总分	平均分	名次	奖学金
20160110101	刘芳	女	91.2	94	96.2	95.6	377	94.25	2	一等奖
20160110102	陈念念	女	92	94.8	94.8	94.2	375.8	93.95	4	二等奖
20160110103	马婷婷	女	91.6	95.6	94.8	87	369	92.25	15	
20160110104	黄建	男	86.4	93.6	94.4	95.6	370	92.5	12	三等奖
20160110105	钱帅	男	85	87.4	93	88	353.4	88.35	37	
20160110106	郭亚楠	男	83.4	94.4	94.6	89.6	362	90.5	27	
20160120101	张弛	男	94.2	96.4	92.4	92	375	93.75	5	二等奖
20160120102	王慧	女	96.4	95.4	94.4	95.6	381.8	95.45	1	一等奖
20160120103	李桦	女	92.6	91.8	89.4	93	366.8	91.7	19	
20160120104	王林峰	男	83.4	98.2	88	95	364.6	91.15	24	
20160120105	吴晓天	男	88.8	93.6	85.6	94.8	362.8	90.7	25	
20160120106	徐金凤	女	89.4	93.4	87.2	88	358	89.5	31	

会计成绩表　计算机成绩表　成绩总表　Sheet3

图 4-69　成绩总表

1. 由多工作表生成“成绩总表”

利用工作表移动和复制操作分别将给定的“高等数学”“基础会计”“计算机基础”3门单科成绩表复制到“学生管理”工作簿中，操作步骤如下。

● 打开“各科成绩表”工作簿，右击“高等数学”工作表标签，在弹出的快捷菜单中选择“移动或复制”命令，打开“移动或复制工作表”对话框，如图4-70所示。

● 在“工作簿”下拉列表中选择“学生管理.xlsx”选项，在“下列选定工作表之前”列表框中选择“Sheet3”选项，勾选“建立副本”复选框，如图4-71所示。

● 单击“确定”按钮，“高等数学”工作表被复制到“学生管理”工作簿中，双击“高等数学”工作表标签，将名称改为“数学成绩表”，选择“文件”→“保存”命令，保存工作簿。

● 同样方法，分别将“基础会计”工作表和“计算机基础”工作表复制到“学生管理”工作簿中。

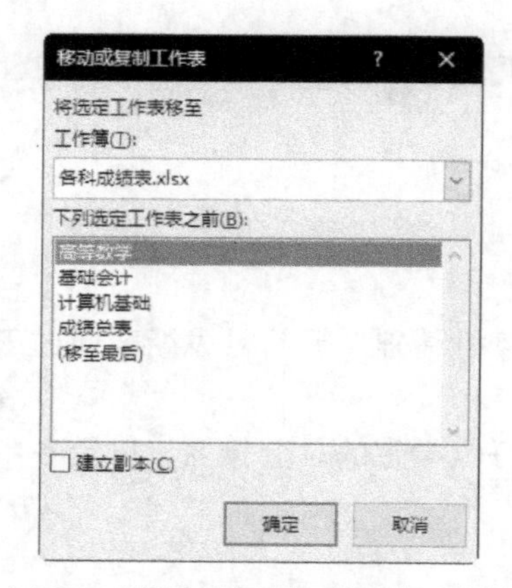

图4-70 “移动或复制工作表”对话框

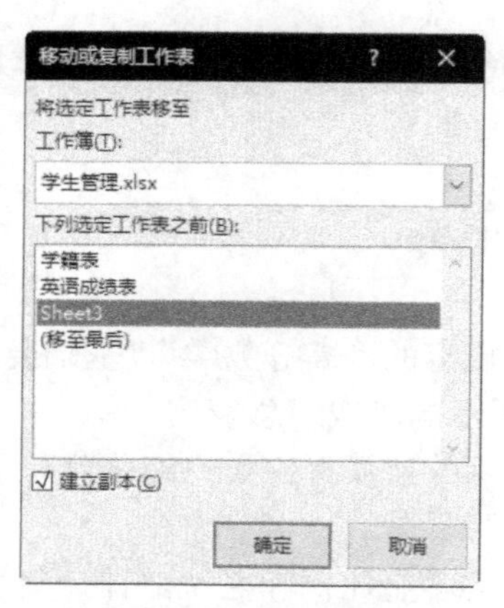

图4-71 选择复制的位置

利用复制操作将给定的“英语成绩表”“数学成绩表”“会计成绩表”“计算机成绩表”4门单科成绩表生成“成绩总表”，操作步骤如下。

● 打开“学生管理”工作簿，双击“Sheet3工作表标签，重新命名为“成绩总表”。

● 在A1单元格中输入标题“2016级学生成绩一览表”。

● 单击“英语成绩表”工作表标签，选中A2:C46单元格区域，在“开始”选项卡的“剪贴板”组中单击“复制”按钮，复制所选区域内容到剪贴板，单击“成绩总表”工作表标签，打开“成绩总表”，选中A2单元格，在“开始”选项卡的“剪贴板”组中，单击“粘贴”按钮，将所选区域内容复制到指定位置。

● 在“开始”选项卡的“编辑”组中，单击“清除”按钮，在弹出的下拉列表中选择“清除格式”选项，清除复制的格式。

● 选中D2:G2单元格区域，依次输入“大学英语”“高等数学”“基础会计”“计算机基础”。

● 在“英语成绩表”工作表中，选中F3:F46单元格区域，按Ctrl+C组合键复制所选区域内容到剪贴板，右击“成绩总表”的D3单元格，在弹出的快捷菜单中选择“选择性粘贴”→“粘贴数值”命令，复制英语总评成绩。

● 单击“数学成绩表”工作表标签，选中F3:F46单元格区域，按Ctrl+C组合键复制所选区域内容到剪贴板，右击“成绩总表”的 E3 单元格，在弹出的快捷菜单中选择“选择性粘贴”→“粘贴数值”命令，复制高等数学总评成绩。

● 同样方法，复制基础会计总评成绩和计算机基础总评成绩到“成绩总表”中。选择“文件”→“保存”命令，保存工作簿。

在“学生管理”工作簿中，将“数学成绩表”工作表移至“英语成绩表”工作表之前，在“成绩总表”工作表中，将“高等数学”列移至“大学英语”列之前，操作步骤如下。

● 打开“学生管理”工作簿，单击“数学成绩表”工作表标签，按住鼠标左键不放，此时工作表标签左上角出现一个黑色的三角形。

● 按住鼠标左键向左移动，当黑色三角形移至“英语成绩表”工作表标签左上方时释放鼠标左键，此时“数学成绩表”工作表就移至“英语成绩表”工作表之前了。

● 单击“成绩总表”工作表标签，打开“成绩总表”工作表，将鼠标指针移至工作表最上方 E 列的列标，单击选择 E 列。

● 在“开始”选项卡的“剪贴板”组中，单击“剪切”按钮，选择 D1 单元格。

● 在“开始”选项卡的“单元格”组中，单击“插入”按钮，此时“高等数学”列就被移至“大学英语”列之前。

2. “成绩总表”的统计计算

在“成绩总表”工作表中增加“总分”列和“平均分”列，计算每位学生的总分和平均分，操作步骤如下。

● 打开“成绩总表”工作表，单击 H2 单元格，输入“总分”，单击 I2 单元格，输入“平均分”。

● 单击 H3 单元格，在“开始”选项卡的“编辑”组中，单击“自动求和”按钮Σ，此时，单元格中显示求和函数 SUM，Excel 自动选择了计算范围 D3:G3，在函数下方显示函数的输入格式提示，如图 4-72 所示。

● 单击编辑栏的“输入”按钮确认，H3 单元格显示计算结果。

● 将鼠标指针指向 H3 单元格右下角的填充柄，当鼠标指针变为+时，双击填充柄，得到每位学生的总分。

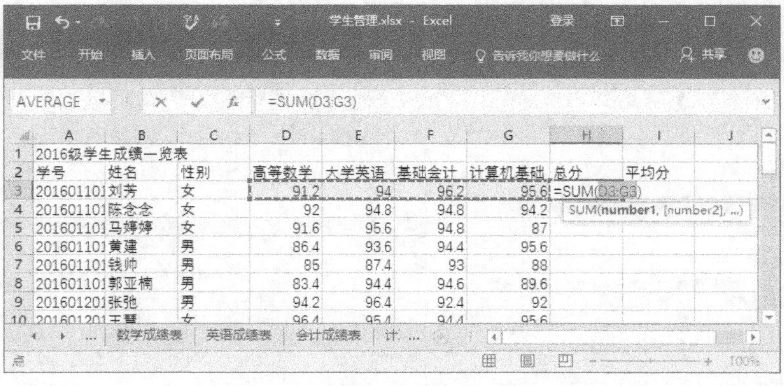

	A	B	C	D	E	F	G	H	I	J
1	2016级学生成绩一览表									
2	学号	姓名	性别	高等数学	大学英语	基础会计	计算机基础	总分	平均分	
3	20160110	刘芳	女	91.2	94	96.2	95.6	=SUM(D3:G3)		
4	20160110	陈念念	女	92	94.8	94.8	94.2			
5	20160110	马婷婷	女	91.6	95.6	94.8	87			
6	20160110	黄建	男	86.4	93.6	94.4	95.6			
7	20160110	钱帅	男	85	87.4	93	88			
8	20160110	郭亚楠	男	83.4	94.4	94.6	89.6			
9	20160120	张弛	男	94.2	96.4	92.4	92			
10	20160120	王[illegible]	女	96.4	95.4	94.4	95.6			

图 4-72　自动求和过程

● 选中 I3 单元格，在“公式”选项卡的“函数库”组中，单击“自动求和”下拉按钮，在弹出的下拉列表中选择“平均值”选项，此时，单元格中显示平均值函数 AVERAGE，Excel 自动选择了计算范围 D3:H3，在函数下方显示函数的输入格式提示，如图 4-73 所示。

- 选中 D3:G3 单元格区域，重新设定计算范围，按 Enter 键，I3 单元格显示计算结果。
- 将鼠标指针指向 I3 单元格右下角的填充柄，当鼠标指针变为✚时，双击填充柄，得到每位学生的平均分。

=AVERAGE(D3:H3)

	A	B	C	D	E	F	G	H	I
1	2016级学生成绩一览表								
2	学号	姓名	性别	高等数学	大学英语	基础会计	计算机基础	总分	平均分
3	201601101	刘芳	女	91.2	94	96.2	95.6	377	=AVERAGE(D3:H3)
4	201601101	陈念念	女	92	94.8	94.8	94.2	375.8	AVERAGE(number1, [number2], ...)
5	201601101	马婷婷	女	91.6	95.6	94.8	87	369	
6	201601101	黄建	男	86.4	93.6	94.4	95.6	370	
7	201601101	钱帅	男	85	87.4	93	88	353.4	
8	201601101	郭亚楠	男	83.4	94.4	94.6	89.6	362	
9	201601201	张弛	男	94.2	96.4	92.4	92	375	

图 4-73　自动求平均值过程

在“成绩总表”工作表中增加“名次”列，计算每位学生的总分排名，并修改每位学生的总分排名，操作步骤如下。

- 打开“成绩总表”工作表，单击 J2 单元格，输入“名次”。
- 选中 J3 单元格，单击编辑栏左边的“插入函数”按钮，打开“插入函数”对话框，在“或选择类别”下拉列表中选择“统计”选项，在“选择函数”列表框中选择“RANK.EQ”函数，如图 4-74 所示。
- 单击“确定”按钮，打开“函数参数”对话框，将插入点定位在第 1 个参数“Number”处，从当前工作表中选择 H3 单元格，再将插入点定位在第 2 个参数“Ref”处，从当前工作表中选择 H3:H46 单元格区域，如图 4-75 所示。

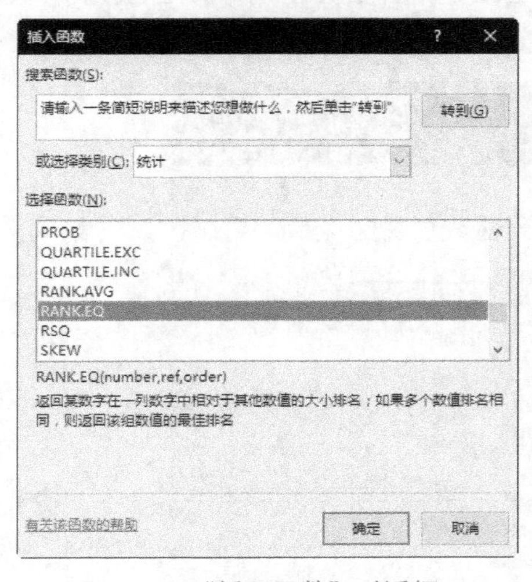

图 4-74　“插入函数”对话框

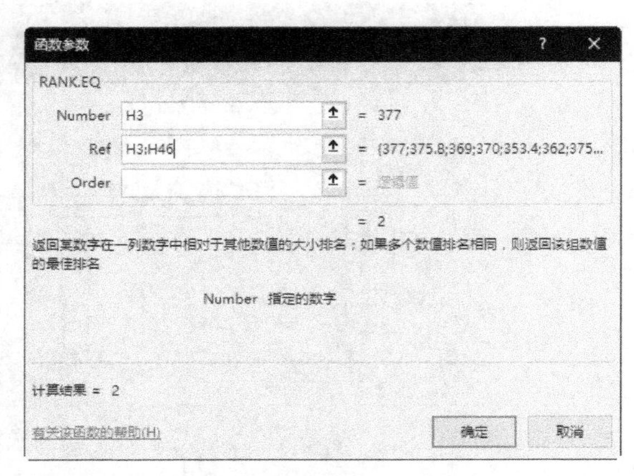

图 4-75　“函数参数”对话框

● 单击“确定”按钮，在 J3 单元格返回计算结果“2”，单击 J3 单元格，将鼠标指针指向填充柄，双击填充柄复制公式，得到总分排名，如图 4-76 所示。

J3　=RANK.EQ(H3,H3:H46)

	A	B	C	D	E	F	G	H	I	J
1	2016级学生成绩一览表									
2	学号	姓名	性别	高等数学	大学英语	基础会计	计算机基础	总分	平均分	名次
3	201601101	刘芳	女	91.2	94	96.2	95.6	377	94.25	2
4	201601101	陈念念	女	92	94.8	94.8	94.2	375.8	93.95	3
5	201601101	马婷婷	女	91.6	95.6	94.8	87	369	92.25	13
6	201601101	黄建	男	86.4	93.6	94.4	95.6	370	92.5	10
7	201601101	钱帅	男	85	87.4	93	88	353.4	88.35	33
8	201601101	郭亚楠	男	83.4	94.4	94.6	89.6	362	90.5	23
9	201601201	张驰	男	94.2	96.4	92.4	92	375	93.75	3
10	201601201	王慧	女	96.4	95.4	94.4	95.6	381.8	95.45	1
11	201601201	李烨	女	92.6	91.8	89.4	93	366.8	91.7	13
12	201601201	王林峰	男	83.4	98.2	88	95	364.6	91.15	17
13	201601201	吴晓天	男	88.8	93.6	85.6	94.8	362.8	90.7	17
14	201601201	徐金凤	女	89.4	93.4	87.2	88	358	89.5	21

图 4-76　总分排名结果

● 仔细检查“名次”列，会发现存在多个第 1 名，另外，其他名次也有多个重复的，如图 4-77 所示，显然，结果不正确，原因在于当数据被复制时，数据范围 H3:H46 应是绝对地址，而实际上是相对地址。

J3　=RANK.EQ(H3,H3:H46)

	A	B	C	D	E	F	G	H	I	J
37	201602301	魏明凯	男	93.6	91.6	86	82	353.2	88.3	9
38	201602301	沈杰	男	87.2	86.6	94.8	85.4	354	88.5	6
39	201602301	妖梦蕊	女	83.4	87.6	97	86	354	88.5	6
40	201602301	贾宏伟	男	94.8	91.8	94.8	93	374.4	93.6	1
41	201602301	宋转	男	95.4	96.8	89.2	90	371.4	92.85	1
42	201602302	王萌萌	女	89.6	94	88.4	96.8	368.8	92.2	2
43	201602302	魏逍遥	男	90.4	93.8	92	95	371.2	92.8	1
44	201602302	马伊伟	男	85.2	81.6	95.2	87	349	87.25	3
45	201602302	邓倩	女	94.6	81.8	89.2	93	358.6	89.65	1
46	201602302	李靖	男	89.4	91.2	87	86	353.6	88.4	1

图 4-77　重复的总分排名

● 选中 J3 单元格，激活编辑栏显示使用的函数，在函数输入格式中单击“Ref”参数，选择对应区域 H3:H46，按 F4 键，将选定的区域由相对引用转换为绝对引用$H$3:$H$46，单击编辑栏的“输入”按钮确认，双击填充柄，仔细观察排名结果，完全正确，如图 4-78 所示。

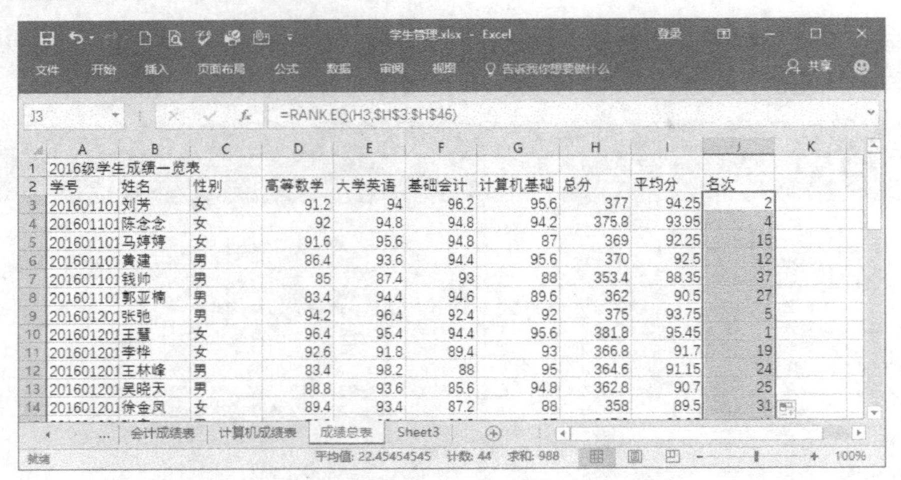

	A	B	C	D	E	F	G	H	I	J
1	2016级学生成绩一览表									
2	学号	姓名	性别	高等数学	大学英语	基础会计	计算机基础	总分	平均分	名次
3	201601101	刘芳	女	91.2	94	96.2	95.6	377	94.25	2
4	201601101	陈念念	女	92	94.8	94.8	94.2	375.8	93.95	4
5	201601101	马婷婷	女	91.6	95.6	94.8	87	369	92.25	15
6	201601101	黄建	男	86.4	93.6	94.4	95.6	370	92.5	12
7	201601101	钱帅	男	85	87.4	93	88	353.4	88.35	37
8	201601101	郭亚楠	男	83.4	94.4	94.6	89.6	362	90.5	27
9	201601201	张弛	男	94.2	96.4	92.4	92	375	93.75	5
10	201601201	王慧	女	96.4	95.4	94.4	95.6	381.8	95.45	1
11	201601201	李梓	女	92.6	91.8	89.4	93	366.8	91.7	19
12	201601201	王林峰	男	83.4	98.2	88	95	364.6	91.15	24
13	201601201	吴晓天	男	88.8	93.6	85.6	94.8	362.8	90.7	25
14	201601201	徐金凤	女	89.4	93.4	87.2	88	358	89.5	31

图 4-78　由相对引用到绝对引用的结果

在“成绩总表”工作表中，计算各门课程的平均分，结果四舍五入保留两位小数，操作步骤如下。

- 打开“成绩总表”工作表，单击 A47 单元格，输入“平均分”。
- 选中 D47 单元格，在“公式”选项卡的“函数库”组中，单击“自动求和”下拉按钮，在弹出的下拉列表中选择“平均值”选项，单元格中显示求平均值函数 AVERAGE，Excel 自动选择了计算范围 D3:D46，按 Enter 键，得到计算结果。
- 将鼠标指针指向 D47 单元格右下角的填充柄，当鼠标指针变为**+**时，向右拖动至 G46 单元格，这样其他 3 门课程的平均分就计算出来了。
- 选中 D47 单元格，此时编辑栏显示“=AVERAGE（D3:D46）”，选中“AVERAGE（D3:D46）”，在“开始”选项卡的“剪贴板”组中，单击“剪切”按钮，将选定内容剪切到剪贴板上。
- 在“公式”选项卡的“函数库”组中，单击“插入函数”按钮，打开“插入函数”对话框，在“搜索函数”文本框中输入“四舍五入”，单击“转到”按钮，Excel 自动搜索相关函数，找到后将近似函数在“选择函数”列表框中列出，选择“ROUND”函数，如图 4-79 所示。

图 4-79　“插入函数”对话框

● 单击“确定”按钮，打开“函数参数”对话框，将插入点定位在第 1 个参数处，按 Ctrl+V 组合键，将剪贴板中的内容粘贴到该处，在第 2 个参数处输入“2”，如图 4-80 所示。

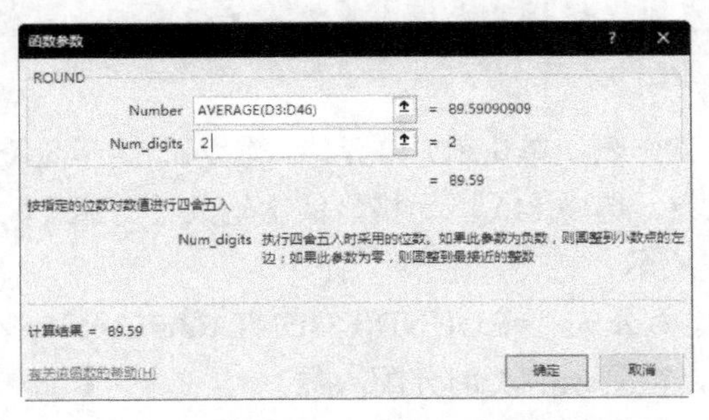

图 4-80　“函数参数”对话框

● 单击“确定”按钮，D47 单元格显示结果“89.59”，编辑栏中的公式为“=ROUND（AVERAGE（D3:D46）,2）”。

● 将鼠标指针指向 D47 单元格右下角的填充柄，向右拖动至 G47 单元格。

● 在“开始”选项卡的“数字”组中，单击“常规”下拉按钮，在弹出的下拉列表中选择“数字”选项，可以看到所有平均分都保留两位小数。

在“成绩总表”工作表中，计算各门课程的最高分和最低分，操作步骤如下。

● 打开“成绩总表”工作表，单击 A48 单元格，输入“最高分”，单击 A49 单元格，输入“最低分”。

● 选中 D48 单元格，在“公式”选项卡的“函数库”组中，单击“插入函数”按钮，打开“插入函数”对话框，在“或选择类别”下拉列表中选择“统计”选项，在“选择函数”列表框中选择“MAX”函数。

● 单击“确定”按钮，打开“插入函数”对话框，在第 1 个参数处显示计算范围 D3:D47，显然不正确，将范围改为 D3:D46，单击“确定”按钮，得到计算结果，将鼠标指针指向 D48 单元格右下角的填充柄，向右拖动至 G48 单元格，得到每门课程的最高分。

● 使用同样的方法，选中 D49 单元格，在“插入函数”对话框中，在“或选择类别”下拉列表中选择“统计”选项，在“选择函数”列表框中选择“MIN”函数，计算范围为 D3:D46，单击“确定”按钮，得到单门课程最低分，将鼠标指针指向 D49 单元格右下角的填充柄，向右拖动至 G49 单元格，得到每门课程的最低分，最高分和最低分的计算结果如图 4-81 所示。

学生管理.xlsx - Excel

D49　=MIN(D3:D46)

	A	B	C	D	E	F	G	H	I	J	K
41	20160230106	宋转	男	95.4	96.8	89.2	90	371.4	92.85	10	
42	20160230207	王萌萌	女	89.6	94	88.4	96.8	368.8	92.2	16	
43	20160230208	魏逍遥	男	90.4	93.8	92	95	371.2	92.8	11	
44	20160230209	马伊伟	男	85.2	81.6	95.2	87	349	87.25	40	
45	20160230210	邓倩	女	94.6	81.8	89.2	93	358.6	89.65	30	
46	20160230211	李婧	男	89.4	91.2	87	86	353.6	88.4	36	
47	平均分			89.59	91.21	91.61	90.93				
48	最高分			96.4	98.2	97	96.8				
49	最低分			79.2	80.8	85.2	82				

会计成绩表　计算机成绩表　成绩总表　Sheet3

就绪　平均值: 89.91166667　计数: 12　求和: 1078.94　100%

图 4-81　平均分、最高分、最低分的计算结果

3. 评定奖学金等级

在“成绩总表”工作表中，根据名次评出上学期奖学金获奖等级。评选比例：一等奖 5%，二等奖 10%，三等奖 15%，操作步骤如下。

- 打开“成绩总表”工作表，单击 K2 单元格，输入“奖学金”。
- 获得奖学金等级人数。选中 M5 单元格，依次输入“等级”“人数”和“一等奖”“二等奖”“三等奖”，如图 4-82 所示。
- 单击 N6 单元格，输入公式“=ROUND(COUNTA(A3:A46)*5%,0)”，如图 4-83 所示，单击编辑栏的“确认”按钮，得到一等奖的分配人数。

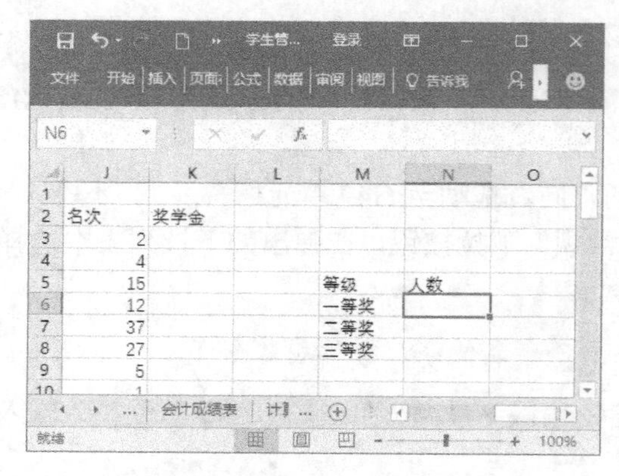

图 4-82　构建等级人数区域

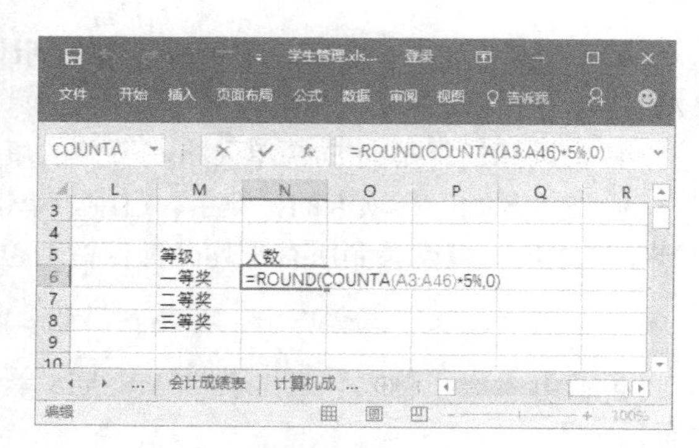

图 4-83　输入公式

- 单击 N6 单元格，拖动其填充柄至 N8 单元格复制公式，单击 N7 单元格，将 5%修改为 10%，单击编辑栏的“确认”按钮，得到二等奖分配人数；单击 N8 单元格，将 5%修改为 15%，单击编辑栏的“确认”按钮，得到三等奖分配人数，如图 4-84 所示。
- 单击 K3 单元格，输入公式“=IF(J3<=$N$6,"一等奖",IF(J3<=$N$6+$N$7,"二等奖",IF(J3<=$N$6+$N$7+$N$8,"三等奖","")))”，如图 4-85 所示。

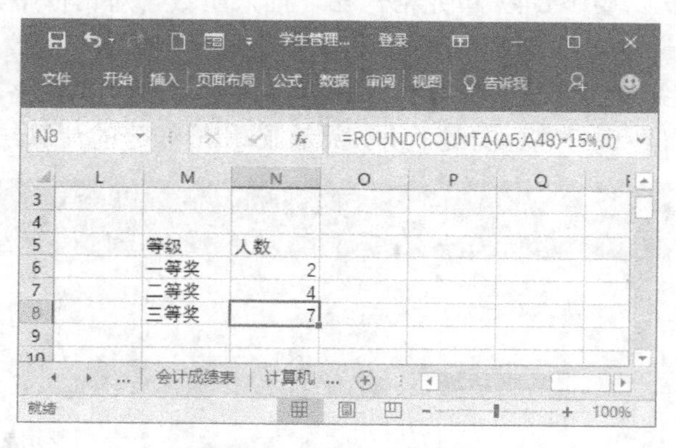

图 4-84　奖学金分配人数

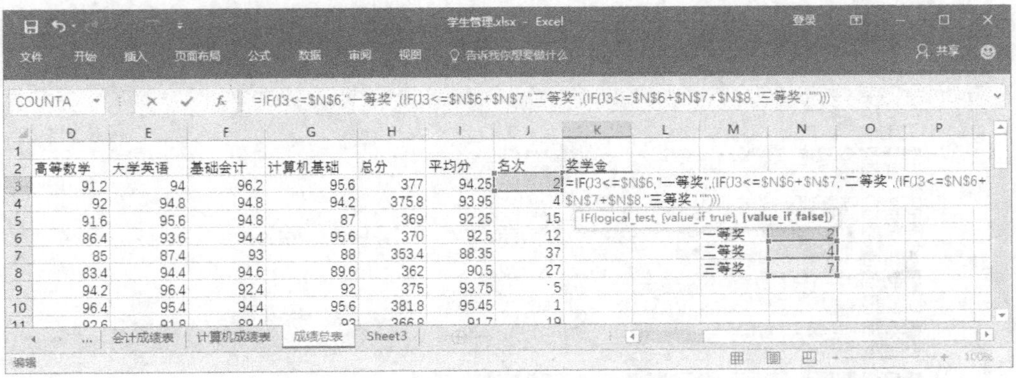

图 4-85　输入公式计算奖学金等级

● 单击编辑栏的“确认”按钮，得到奖学金等级，拖动 K3 单元格的填充柄到 K46 单元格，得到每个学生的奖学金等级，如图 4-86 所示。

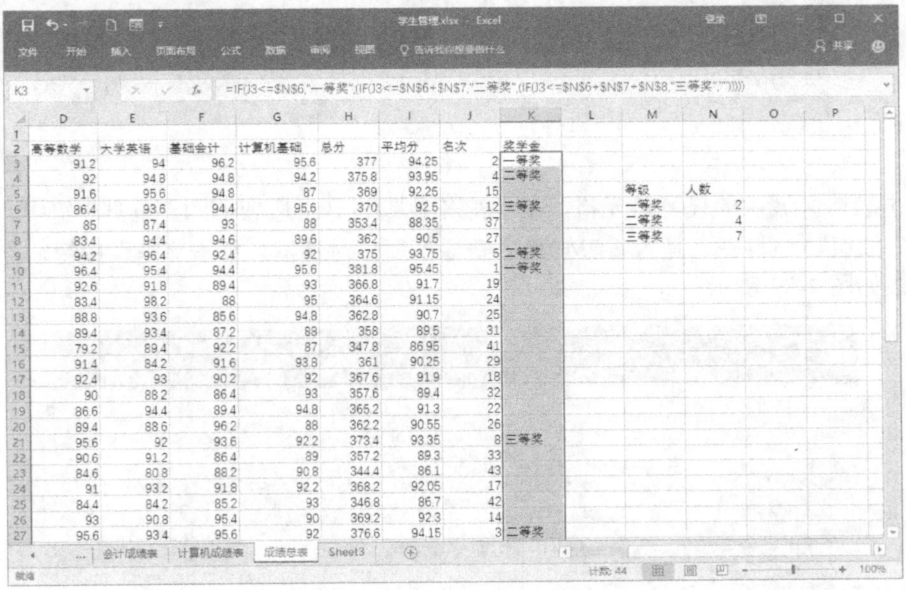

图 4-86　获得的奖学金等级

4. 美化“成绩总表”

套用表格格式，美化“成绩总表”工作表，操作步骤如下。

● 打开“成绩总表”工作表，选中 A1:K1 单元格区域，在“开始”选项卡的“对齐方式”组中，单击“合并后居中”按钮，将标题合并单元格后居中对齐，设置标题为“幼圆，16 磅”。

● 在“开始”选项卡的“样式”组中，单击“套用表格格式”按钮，在弹出的下拉列表中选择“浅色”选项组中的“浅蓝，表样式浅色 16”选项，如图 4-87 所示。

● 打开“创建表”对话框，设置“表数据的来源”为“$A$2:$K$49”，勾选“表包含标题”复选框，如图 4-88 所示。

● 单击“确定”按钮套用表格格式，从套用效果看到，除了应用选择的表格样式外，在每列的列标题右侧还添加了“筛选”按钮，单击“筛选”按钮可以对表格中的数据进行筛选查看。

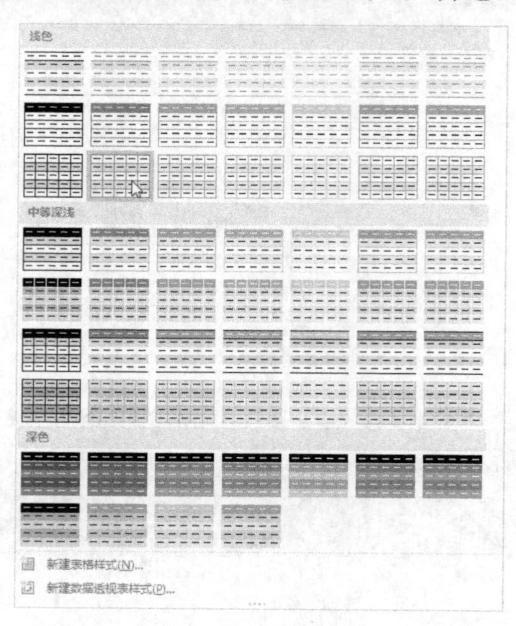

图 4-87　套用表格格式

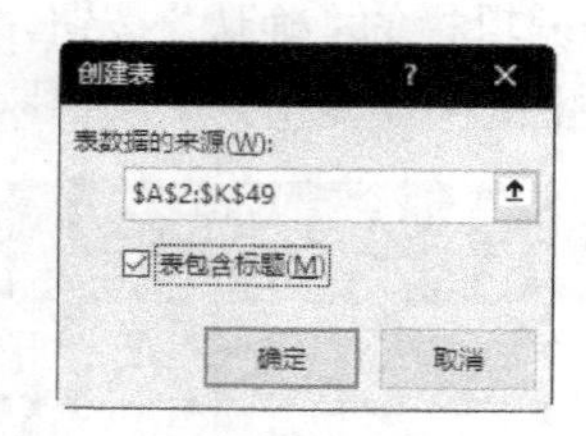

图 4-88　“套用表格式”对话框

● 单击表格区域中的任意单元格，在“表格工具/设计”选项卡的“工具”组中，单击“转换为区域”按钮，打开“是否将表转换为普通区域”对话框，单击“是”按钮，套用表格样式后的效果如图 4-89 所示。

2016级学生成绩一览表

学号	姓名	性别	高等数学	大学英语	基础会计	计算机基础	总分	平均分	名次	奖学金
20160110101	刘芳	女	91.2	94	96.2	95.6	377	94.25	2	一等奖
20160110102	陈念念	女	92	94.8	94.8	94.2	375.8	93.95	4	二等奖
20160110103	马婷婷	女	91.6	95.6	94.8	87	369	92.25	15	
20160110104	黄建	男	86.4	93.6	94.4	95.6	370	92.5	12	三等奖
20160110105	钱帅	男	85	87.4	93	88	353.4	88.35	37	
20160110106	郭亚楠	男	83.4	94.4	94.6	89.6	362	90.5	27	
20160120101	张弛	男	94.2	96.4	92.4	92	375	93.75	5	二等奖
20160120102	王慧	女	96.4	95.4	94.4	95.6	381.8	95.45	1	一等奖
20160120103	李桦	女	92.6	91.8	89.4	93	366.8	91.7	19	

图 4-89　套用表格样式后的效果

5．排序单科成绩表

在“英语成绩表”工作表中，按“总评成绩”降序排列，操作步骤如下。

● 单击“英语成绩表”工作表标签，打开“英语成绩表”工作表，单击“总评成绩”列任一单元格。

● 在“数据”选项卡的“排序和筛选”组中，单击“降序”按钮，工作表以记录为单位按照“总评成绩”列值由高到低的降序方式进行排序，如图 4-90 所示。

	A	B	C	D	E	F
1	大学英语期末成绩表					
2	学号	姓名	性别	平时成绩	期末成绩	总评成绩
3	20160120104	王林峰	男	100	97	98.2
4	20160210106	赵碧漪	女	94	100	97.6
5	20160230106	宋铸	男	98	96	96.8
6	20160120101	张弛	男	94	98	96.4
7	20160110103	马婷婷	女	89	100	95.6
8	20160120102	王慧	女	99	93	95.4
9	20160210105	蒋文景	男	98	93	95
10	20160110102	陈念念	女	93	96	94.8
11	20160220101	李美华	女	93	96	94.8
12	20160220105	徐帆	男	97	93	94.6
13	20160110106	郭亚楠	男	98	92	94.4
14	20160120111	单红	女	98	92	94.4
15	20160110101	刘芳	女	97	92	94
16	20160230207	王萌萌	女	97	92	94
17	20160230208	魏逍遥	男	95	93	93.8
18	20160110104	黄建	男	90	96	93.6
19	20160120105	吴晓天	男	96	92	93.6
20	20160220106	孙志超	男	99	90	93.6
21	20160120106	徐金凤	女	88	97	93.4
22	20160210104	邱静华	男	97	91	93.4

英语成绩表

图 4-90　降序排序结果

在“数学成绩表”工作表中，以“性别”为主要关键字升序排列，以“总评成绩”为第 2 关键字降序排列，以“姓名”为第 3 关键字升序排列，并套用表格样式美化该工作表，操作步骤如下。

- 单击“数学成绩表”工作表标签，打开“数学成绩表”工作表，单击工作表任一单元格。
- 在“数据”选项卡的“排序和筛选”组中，单击“排序”按钮，打开“排序”对话框，在“列”选项组的“主要关键字”下拉列表中选择“性别”选项，“排序依据”采用默认值“数值”，在“次序”选项组的下拉列表中选择“升序”选项。
- 单击“添加条件”按钮，出现“次序关键字”条件，在“次要关键字”下拉列表中选择“总评成绩”选项，在“排序依据”下拉列表中选择“数值”选项，在“次序”下拉列表中选择“降序”选项。
- 重复上一步骤，分别选择“姓名”“数值”“升序”如图 4-91 所示。

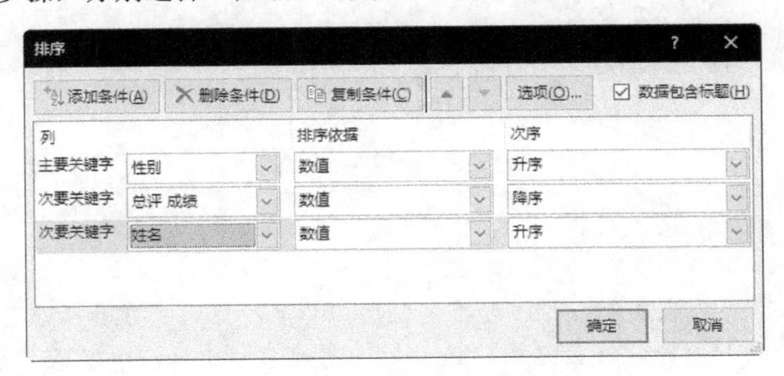

图 4-91　“排序”对话框

- 单击“确定”按钮，“数学成绩表”工作表的排序结果如图 4-92 所示。
- 在“数学成绩表”工作表中，单击任一单元格，套用“白色，表样式浅色 18”，将表格转换为普通区域。

	A	B	C	D	E	F	G
1	高等数学期末成绩表						
2	学号	姓名	性别	平时成绩	期末成绩	总评成绩	
3	20160130101	李阳	男	98	94	95.6	
4	20160210104	邱静华	男	95	96	95.6	
5	20160230106	宋转	男	93	97	95.4	
6	20160220105	徐帆	男	97	94	95.2	
7	20160230105	贾宏伟	男	93	96	94.8	
8	20160120101	张弛	男	96	93	94.2	
9	20160230102	魏明凯	男	90	96	93.6	
10	20160210103	黄豆	男	96	91	93	
11	20160120109	刘畅	男	90	94	92.4	
12	20160120108	刘梦迪	男	86	95	91.4	
13	20160210101	赵亮	男	85	95	91	
14	20160130102	王辉	男	96	87	90.6	
15	20160230208	魏逍遥	男	97	86	90.4	

数学成绩表　英语成绩表

图 4-92　多关键字排序结果

在“会计成绩表”工作表中，以“总评成绩”为关键字降序排列，并利用套用表格的汇总行计算基础会计平均分，操作步骤如下。

- 单击“会计成绩表”工作表标签，打开“会计成绩表”工作表，单击工作表任一单元格，套用表格格式“蓝色，表样式中等深浅 2”。
- 单击“总评成绩”列标题右侧的下拉按钮，在弹出的下拉列表中选择“降序”选项，该列下拉按钮变为，表示该列已按降序排列。
- 单击工作表任一单元格，在“表格工具/设计”选项卡的“表格样式选项”组中，勾选“汇总行”和“最后一列”复选框。
- 将 A47 单元格的文字“汇总”改为“平均分”，选中 D47 单元格，单击其右侧的下拉按钮，在弹出的下拉列表中选择“平均值”选项，结果如图 4-93 所示。

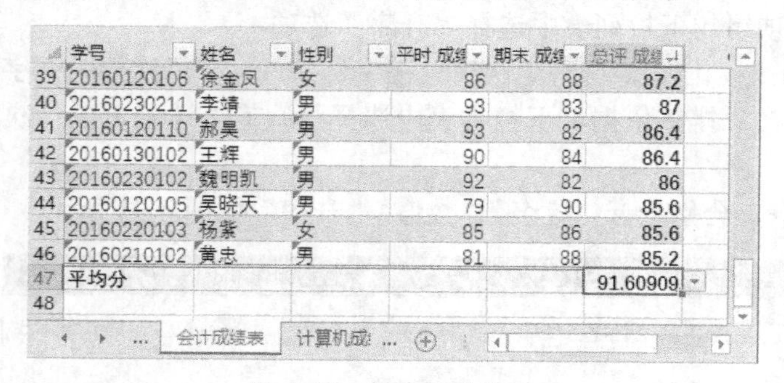

	学号	姓名	性别	平时成绩	期末成绩	总评成绩
39	20160120106	徐金凤	女	86	88	87.2
40	20160230211	李靖	男	93	83	87
41	20160120110	郝昊	男	93	82	86.4
42	20160130102	王辉	男	90	84	86.4
43	20160230102	魏明凯	男	92	82	86
44	20160120105	吴晓天	男	79	90	85.6
45	20160220103	杨紫	女	85	86	85.6
46	20160210102	黄忠	男	81	88	85.2
47	平均分					91.60909
48						

会计成绩表　计算机成…

图 4-93　排序汇总结果

6. 筛选“成绩总表”

将“成绩总表”工作表复制一份，并将复制的工作表改名为“自动筛选”。在“自动筛选”工作表中筛选满足以下条件的数据记录：姓“刘”或姓名中最后一个字为“华”，其“计算机基础”的成绩在 90 分（含 90）以上，“名次”在前 5 的“女”同学，操作步骤如下。

- 单击“成绩总表”工作表标签，按住 Ctrl 键，将“成绩总表”工作表拖动到目标位置后释放，将“成绩总表（2）”工作表重命名为“自动筛选”。

● 选中 A2:J46 单元格区域，在“数据”选项卡的“排序和筛选”组中，单击“筛选”按钮，在所有列标题右侧自动添加筛选按钮▼。

● 单击“姓名”列的筛选按钮，在弹出的下拉列表中选择“文本筛选”→“自定义筛选”选项，打开“自定义自动筛选方式”对话框。

● 设置第 1 个条件为“开头是”“刘”，选中“或”单选按钮，设置第 2 个条件为“结尾是”“华”，如图 4-94 所示。

图 4-94　“自定义自动筛选方式”对话框

● 单击“确定”按钮，此时工作表中“姓名”字段的筛选按钮变成▼，满足条件的记录行号变成蓝色，当鼠标指针指向▼按钮时，筛选条件将显示出来，如图 4-95 所示。

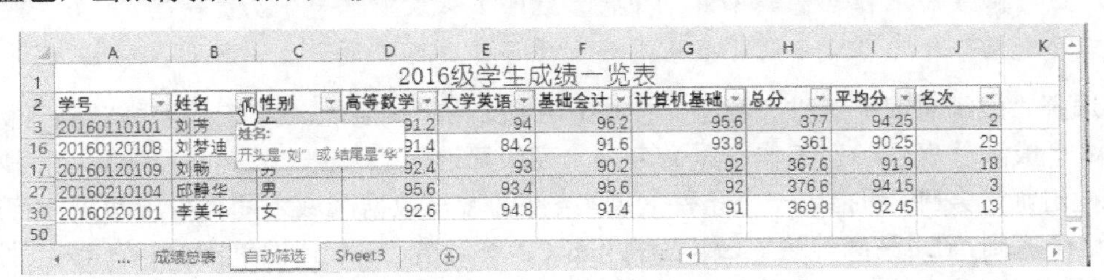

图 4-95　姓名筛选结果

专家点睛

在“自定义自动筛选方式”对话框中，单选按钮“与”表示两个以上条件同时满足，“或”表示两个以上条件满足一个即可。

● 单击“计算机基础”列的筛选按钮，在弹出的下拉列表中选择“数字筛选”→“大于等于”选项，打开“自定义自动筛选方式”对话框，输入“90”，单击“确定”按钮。

● 单击“名称”列的筛选按钮，在弹出的下拉列表中选择“数字筛选”→“前 10 项”选项，打开“自动筛选前 10 个”对话框，设置筛选条件为“最小”“5”“项”，如图 4-96 所示。

● 单击“确定”按钮，排名前 5 显示在表中，单击“性别”列的筛选按钮，在弹出的下拉列表中取消勾选“全选”复选框，勾选“女”复选框，如图 4-97 所示。

● 单击“确定”按钮，满足筛选条件的记录显示在工作表中，如图 4-98 所示。

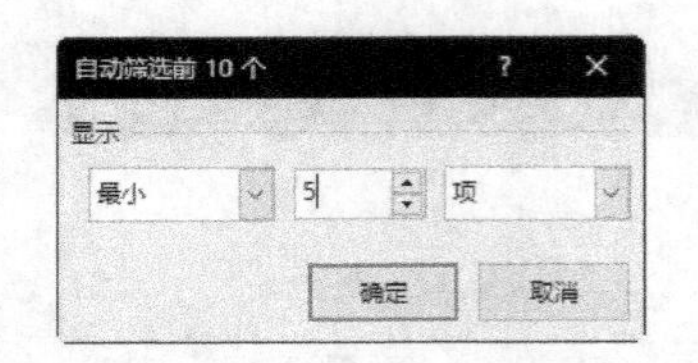

图 4-96　“自动筛选前 10 个”对话框

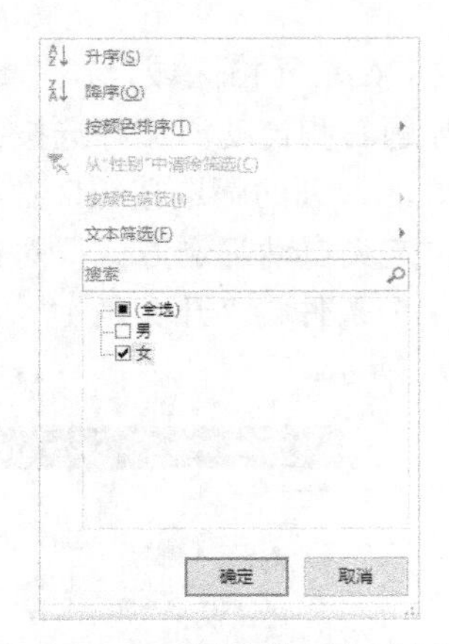

图 4-97　筛选性别为“女”

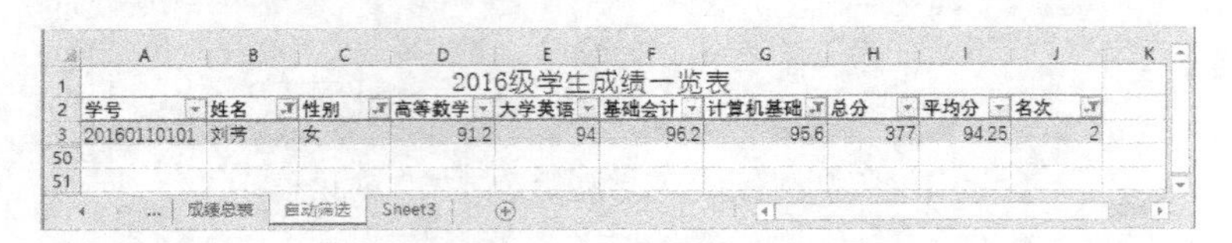

图 4-98　自动筛选的筛选结果

将“成绩总表”工作表复制一份，并将复制的工作表改名为“高级筛选”。在“高级筛选”工作表中筛选总分小于 350 分的男生或总分大于等于 375 分的女生，操作步骤如下。

● 选择“成绩总表”工作表标签，按住 Ctrl 键，将“成绩总表”工作表拖动到目标位置后释放，将“成绩总表（2）”工作表重命名为“高级筛选”。

● 构造筛选条件，即指定一个条件区域。条件区域与数据区域之间至少应间隔一行或一列，为遵循这个原则，在“高级筛选”工作表中单击 C2 单元格，按 Ctrl 键单击 H2 单元格，按 Ctrl+C 组合键复制所选单元格内容，单击 L6 单元格，按 Ctrl+V 组合键，将复制内容粘贴到 L6:M6 单元格区域中，设置如图 4-99 所示的条件。

● 单击“高级筛选”工作表任意单元格，在“数据”选项卡的“排序和筛选”组中，单击“高级”按钮，打开“高级筛选”对话框，同时数据区域被自动选定，选中“将筛选结果复制到其他位置”单选按钮，单击“条件区域”右侧的“折叠”按钮，拖动鼠标选定 L6:M8 单元格区域，单击“复制到”右侧的“折叠”按钮，单击 A52 单元格选定存放筛选结果的起始单元格，如图 4-100 所示。

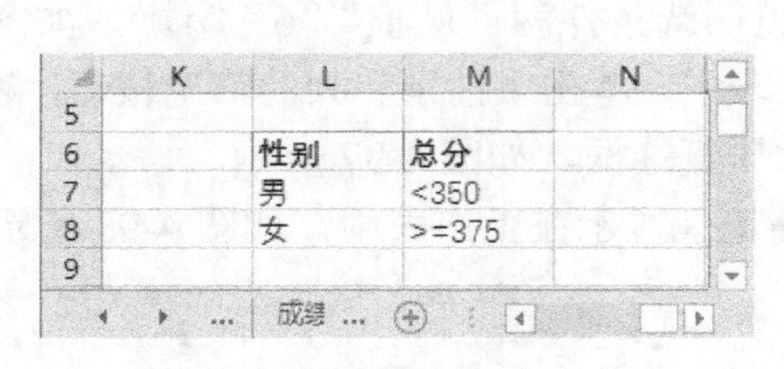

图 4-99　条件区域

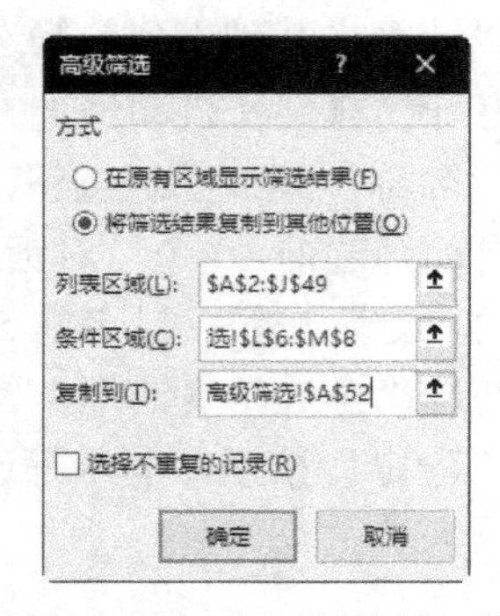

图 4-100　“高级筛选”对话框

● 单击“确定”按钮，满足筛选条件的记录显示在 A52 开始的单元格区域，如图 4-101 所示。

学号	姓名	性别	高等数学	大学英语	基础会计	计算机基础	总分	平均分	名次
20160110101	刘芳	女	91.2	94	96.2	95.6	377	94.25	2
20160110102	陈念念	女	92	94.8	94.8	94.2	375.8	93.95	4
20160120102	王慧	女	96.4	95.4	94.4	95.6	381.8	95.45	1
20160120107	张宇	男	79.2	89.4	92.2	87	347.8	86.95	41
20160210102	黄忠	男	84.4	84.2	85.2	93	346.8	86.7	42
20160230209	马伊伟	男	85.2	81.6	95.2	87	349	87.25	40

图 4-101　高级筛选的筛选结果

将“学生管理”工作簿复制一份，并将复制的工作簿改名为“学生管理（主题）”，将“学生管理（主题）”工作簿中的所有工作表使用“主题”来统一风格，操作步骤如下。

● 打开“学生管理”工作簿，选择“文件”→“另存为”命令，将文件另存为“学生管理（主题）.xlsx”。

● 在“学生管理（主题）”工作簿中选择任意一个工作表，在“页面布局”选项卡的“主题”组中，单击“主题”按钮，在弹出的下拉列表中选择“Office”选项组中的“包裹”选项，如图 4-102 所示。

● 保存文件，分别切换到不同工作表中，可以看到凡是设置过单元格格式或套用了表格样式的工作表中的字体、底纹、边框的颜色都已经统一成“包裹”风格。但没有设置单元格格式的工作表只有字体发生了变化。

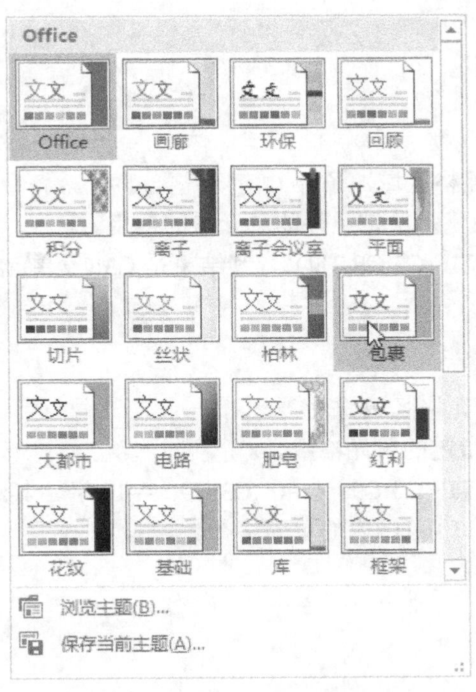

图 4-102　“主题”下拉列表

项目 4
分析“成绩统计表”

制作成绩统计表

制作各科成绩等级表

项目描述

创建“成绩统计表”，统计总分的平均分、最高分和最低分，不同分数段的学生人数，参加考试情况，计算优秀率和及格率，并按学校规定的比例确定奖学金获得者名单。

项目分析

首先新建工作表，重命名为“成绩统计表”，将“成绩总表”的“学号”“姓名”“总分”“名次”项复制到“成绩统计表”工作表中，利用 AVERAGE 函数统计平均分，利用 MAX 及 MIN 函数计算最高成绩和最低成绩，利用 COUNTA 函数统计奖学金人数，利用 IF 函数获得奖学金名单，利用 COUNTA、COUNTIF、COUNTIFS 函数统计不同分数段的学生人数及考试情况，利用 IF 函数生成“成绩等级表”，利用条件格式设置成绩总表显示格式，利用图表进行数据分析。

相关知识

1. 统计函数

(1) COUNTIF( )函数

格式：COUNTIF（单元格区域，条件）。

计算给定单元格区域内满足给定条件的单元格的数目。

例如，输入“=COUNTIF(C3:C9,211)”，其结果是 C3:C9 单元格区域中值为 211 的单元格的个数。

(2) COUNTIFS( )函数

格式：COUNTIFS（单元格区域,条件）。

统计一组给定条件所指定的单元格数。

例如，输入“=COUNTIF(C3:C9, “>=0”,C3:C9,“<=10”)”，其结果是 C3:C9 单元格区域中值在大于等于 0 且小于等于 10 范围内的单元格个数。

2. 插入与编辑图表

(1) 图表

Excel 工作表中的数据可以用图形的方式来表示。图表具有较好的视觉效果，可方便用户

查看数据的差异、图案和预测趋势。例如，用户不必分析工作表中的多个数据列就可以立即看到数据的升降，或者方便地对不同数据项进行比较。

（2）图表的种类

Excel 中可以建立两种图表：嵌入式图表和独立式图表。嵌入式图表与建立工作表的数据共存于同一工作表中，独立式图表则单独存在于另一个工作表中。

（3）图表的类型

Excel 2016 提供了 17 种类型的图表，分别如下。

- 柱形图。柱形图用于显示一段时间内的数据变化或说明项目之间的比较结果。
- 折线图。折线图显示了相同间隔内数据的预测趋势。
- 饼图。饼图显示构成数据系列的项目相对于项目总和的比例大小。饼图中只显示一个数据系列。当希望强调某个重要元素时，饼图很有用。
- 条形图。条形图显示了各个项目之间的比较情况。纵轴表示分类，横轴表示值。
- 面积图。面积图强调了随时间的变化幅度。由于也显示了绘制值的总和，因此面积图也可显示部分相对于整体的关系。
- XY 散点图。XY 散点图既可以显示多个数据系列的数值间的关系，也可以将两组数字绘制成一系列的 XY 坐标。
- 地图。Excel 绘制地图主要使用 PowerMap 模块。PowerMap 是微软基于 Bing 地图开发的一款数据可视化工具，它可以针对地理和时间数据跨地理区域绘制来生动形象地展示数据动态发展趋势。在绘制时需要提供国家/地区、州/省/自治区、县或邮政编码等地理数据信息。
- 股价图。盘高→盘低→收盘图常用来说明股票价格。
- 曲面图。当希望在两组数据间查找最优组合时，曲面图将会很有用。
- 雷达图。在雷达图中，每个分类都有它自己的数值轴，每个数值轴都从中心向外辐射。而线条则以相同的顺序连接所有的值。
- 树状图。树状图能够凸显在商业中哪些业务、产品或者趋势能产生最大的收益，或者在收入中占据最大的比例。
- 旭日图。旭日图也称太阳图，其层次结构中每个级别的比例通过 1 个圆环表示，离原点越近代表圆环级别越高，最内层的圆表示层次结构的顶级，然后一层一层去看数据的占比情况。另外，当数据不存在分层时，旭日图也就是圆环图。
- 直方图。直方图能够显示出业务目标趋势以及客户统计，帮助企业更好地了解有需求客户的分布。
- 箱形图。箱形图用于一次性获取一批数据的“四分值”、平均值以及离散值，即最高值、3/4 四分值、平均值、1/2 四分值、1/4 四分值和最低值。
- 瀑布图。主要用于展示各个数值之间的累计关系。该图表能够高效地反映出哪些特定信息或趋势能够影响到业务底线，展示出收支平衡、亏损和盈利信息。
- 漏斗图。漏斗图能帮助企业跟踪销售情况。
- 组合图。当需要在图表中体现多个数据维度，如需要柱形图、折线图等在同一个图表中呈现时，就需要使用组合图。

每种类型的图表还有若干子类型，如柱形图中有簇状柱形图、堆积柱形图、百分比柱形图、三维簇状柱形图、三维堆积柱形图、三维百分比柱形图和三维柱形图共 7 个子图表类型。

(4) 使用一步创建法来创建图表

在工作表上选定要创建图表的数据区域，按 F11 键，可插入一张新的独立式图表，该方法只能建立独立式图表。

(5) 创建图表

在 Excel 中可利用“插入”选项卡“图表”组的功能区的图表类型按钮（如“柱形图”按钮），在弹出的下拉列表中选择该类型具体图表，或单击右下角的“对话框启动器”按钮，通过“插入图表”对话框两种方法来创建图表。

(6) 为图表添加标签

为使图表更易于理解，可以为图表添加标签。图表标签主要用于说明图表上的数据信息，它包括图表标题、坐标轴标题、数据标签等。

专家点睛

默认情况下，数据标签所显示的值与工作表中的值是相连的，在对这些值进行更改时，数据标签会自动更新。

(7) 为图表添加趋势线

趋势线以图形的方式表示数据系列的变化趋势并预测以后的数据。若在实际工作中需要利用图表进行回归分析，就可以在图表中添加趋势线。

(8) 为图表添加误差线

在 Excel 中误差线的添加方法与趋势线相同。

项目实现

本项目将利用 Excel 2016 制作如图 4-103 所示的“成绩统计表”。

（1）利用已有的“成绩总表”工作表通过单元格引用创建“成绩统计表”。
（2）利用单元格引用获得年级平均分、最高分和最低分。
（3）利用函数获得不同考试情况的人数。
（4）利用函数计算各分数段的人数。
（5）利用公式计算优秀率和及格率。
（6）利用 IF 函数生成如图 4-104 所示的课程等级表。
（7）利用条件格式对“成绩总表”设置显示格式。
（8）利用图表统计分析“成绩统计表”。

	A	B	C	D	E
1	2016级学生成绩统计表				
2	课程	高等数学	大学英语	基础会计	计算机基础
3	年级平均分	89.59	91.21	91.61	90.93
4	年级最高分	96.4	98.2	97	96.8
5	年级最低分	79.2	80.8	85.2	82
6	应考人数	44	44	44	44
7	参考人数	44	44	44	44
8	缺考人数	0	0	0	0
9	90-100（人）	24	30	27	27
10	75-90（人）	20	14	17	17
11	60-75（人）	0	0	0	0
12	低于60（人）	0	0	0	0
13	优秀率	54.55%	68.18%	61.36%	61.36%
14	及格率	100.00%	100.00%	100.00%	100.00%

图 4-103　成绩统计表

	A	B	C	D	E	F	G
1	学号	姓名	性别	高等数学	大学英语	基础会计	计算机基础
2	201601101	刘芳	女	A	A	A	A
3	201601101	陈念念	女	A	A	A	A
4	201601101	马婷婷	女	A	A	A	B
5	201601101	黄建	男	B	A	A	A
6	201601101	钱帅	男	B	B	A	B
7	201601101	郭亚楠	男	B	A	A	B
8	201601201	张弛	男	A	A	A	A
9	201601201	王慧	女	A	A	A	A
10	201601201	李桦	女	A	A	B	A
11	201601201	王林峰	男	B	A	B	A
12	201601201	吴晓天	男	B	A	B	A
13	201601201	徐金凤	女	B	A	B	B

图 4-104　课程等级表

1. 创建“成绩统计表”

打开“成绩总表”工作表，利用工作表引用操作，生成“成绩统计表”工作表，操作步骤如下。

- 打开“学籍管理”工作簿，单击工作表标签栏的“新工作表”按钮⊕，新建一张空白工作表，双击工作表标签，工作表名反白显示，输入新工作表名“成绩统计表”。
- 单击 A1 单元格，输入“2016 级学生成绩统计表”，单击 A2 单元格，输入“课程”，单击 B2 单元格，输入“=”，单击“成绩总表”标签，切换到“成绩总表”，再单击 D2 单元格，此时，编辑栏显示“=显示成绩总表！D2”，单击“输入”按钮，此时切换到“成绩统计表”，在 B2 单元格显示“高等数学”。
- 同样方法，依次引用“成绩总表”的 E2、F2、G2 单元格的内容，如图 4-105 所示。
- 单击 A3 单元格，向下依次输入“年级平均分”“年级最高分”“年级最低分”“应考人数”“参考人数”“缺考人数”“90-100（人）”“75-90（人）”“60-75（人）”“低于 60（人）”“优秀率”“及格率”。
- 选中 A1:E1 单元格区域，在“开始”选项卡的“对齐方式”组中，单击“合并后居中”按钮，合并选定单元格，内容居中。

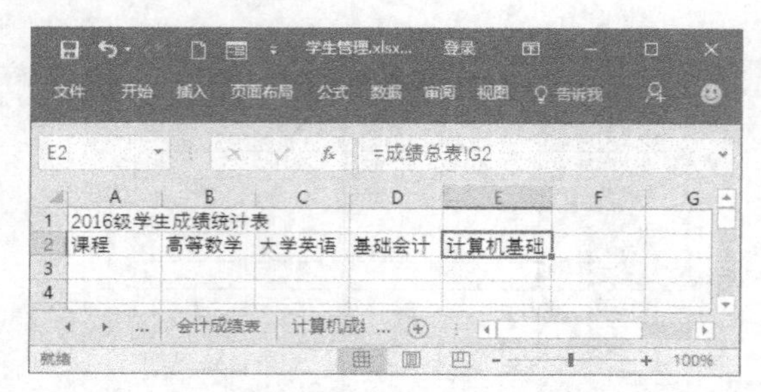

	A	B	C	D	E
1	2016级学生成绩统计表				
2	课程	高等数学	大学英语	基础会计	计算机基础

图 4-105　引用单元格结果

● 选中 A2:E2 单元格区域，按住 Ctrl 键，再选中 A3:A14 单元格区域，在“开始”选项卡的“样式”组中，单击“单元格样式”按钮，在弹出的下拉列表中选择“主题”单元格样式中的“60%—着色 4”选项，效果如图 4-106 所示。

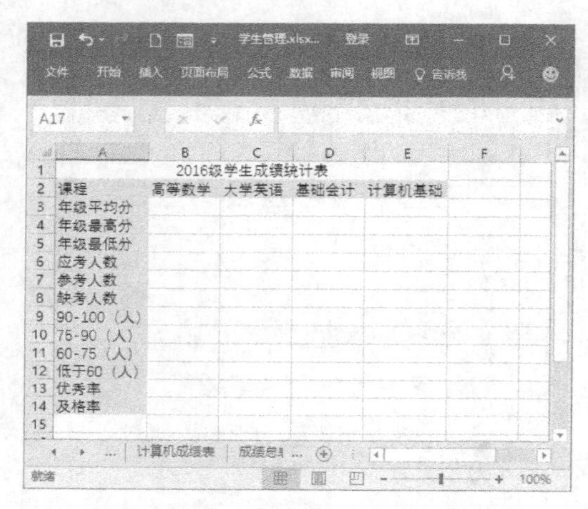

	A	B	C	D	E
1	2016级学生成绩统计表				
2	课程	高等数学	大学英语	基础会计	计算机基础
3	年级平均分				
4	年级最高分				
5	年级最低分				
6	应考人数				
7	参考人数				
8	缺考人数				
9	90-100（人）				
10	75-90（人）				
11	60-75（人）				
12	低于60（人）				
13	优秀率				
14	及格率				

图 4-106　“成绩统计表”框架

2．统计年级最高分和最低分

打开“成绩总表”工作表，利用单元格引用将 4 门课程的年级平均分、最高分和最低分引用到“成绩统计表”工作表中，操作步骤如下。

● 在“成绩统计表”工作表中，单击 B3 单元格，输入“=”，单击“成绩总表”工作表标签，在“成绩总表”工作表中单击该课程对应的平均分单元格 D47，如图 4-107 所示。

	A	B	C	D	E	F	G	H
44	20160230209	马伊伟	男	85.2	81.6	95.2	87	349
45	20160230210	邓倩	女	94.6	81.8	89.2	93	358.6
46	20160230211	李靖	男	89.4	91.2	87	86	353.6
47	平均分			89.59	91.21	91.61	90.93	
48	最高分			96.4	98.2	97	96.8	
49	最低分			79.2	80.8	85.2	82	

图 4-107　引用“成绩总表”中的数据

● 按 Enter 键确认，此时在“成绩统计表”工作表的 B3 单元格中显示成绩，同时在编辑栏中显示公式“=成绩总表!D47”，如图 4-108 所示。

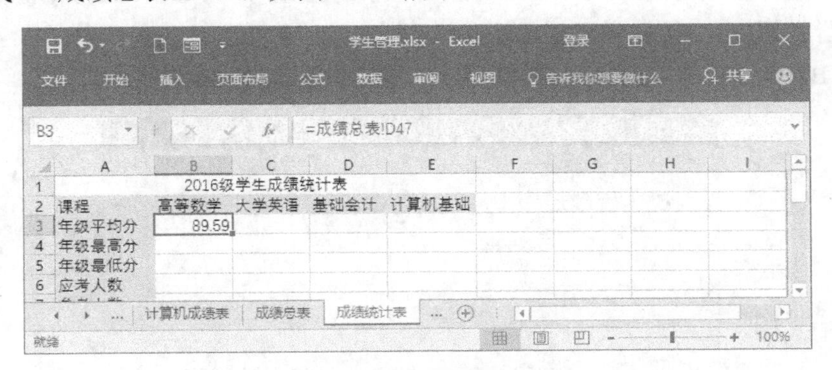

图 4-108　引用数据的结果

● 拖动 B3 单元格的填充柄向右至 E3 单元格，得到 4 门课程的年级平均分。

● 选中 B3:E3 单元格区域，将鼠标指针指向填充柄，向下拖动至 E5 单元格，分别得到 4 门课程的年级最高分和最低分，如图 4-109 所示。

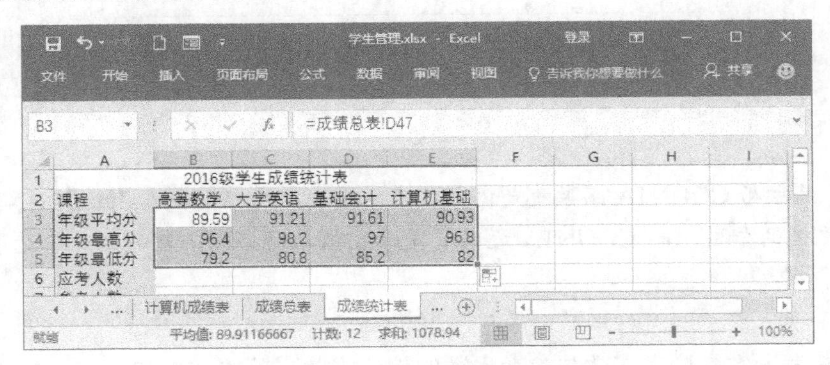

图 4-109　引用数据的全部结果

3．统计考试不同情况的人数

打开“成绩统计表”工作表，利用 COUNT、COUNTA 函数统计不同情况的考试人数，操作步骤如下。

● 在“成绩统计表”工作表中，单击 B6 单元格，在“公式”选项卡的“函数库”组中，单击“其他函数”按钮，在弹出的下拉列表中选择“统计”→“COUNTA”选项，打开“函数参数”对话框。

● 单击“Value1”处，删除默认参数，单击“成绩总表”工作表标签，在“成绩总表”工作表中用鼠标重新选择参数范围 B3:B46，如图 4-110 所示。

● 单击“确定”按钮，应考人数显示在 B6 单元格中，拖动 B6 单元格的填充柄到 E6 单元格，得到 4 门课程的应考人数。

● 单击 B7 单元格，在“开始”选项卡的“编辑”组中，单击“自动求和”下拉按钮，在弹出的下拉列表中选择“计数”选项，单击“成绩总表”工作表标签，在“成绩总表”工作表中用鼠标重新选择参数范围 D3:D46，此时编辑栏中的函数为“=COUNT（成绩总表!D3:D46）”，单击“输入”按钮，此时 B7 单元格显示参考人数。

● 拖动 B7 单元格的填充柄到 E7 单元格，得到 4 门课程的参考人数。

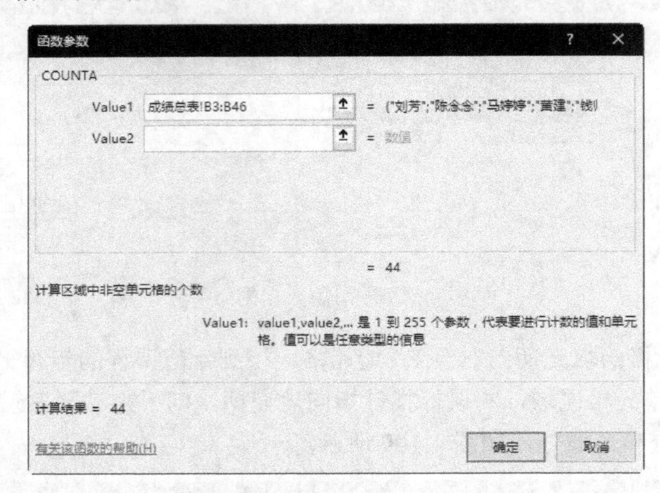

图 4-110 “函数参数”对话框

专家点睛

COUNT 函数与 COUNTA 函数都是返回指定范围内单元格的数目，但 COUNT 返回的是包含数字的单元格的个数，而 COUNTA 返回的是非空值单元格的个数，因此，选取范围的数据类型很重要。

● 由于缺考人数是应考人数与参考人数的差，因此，单击 B8 单元格，输入“=”，单击 B6 单元格，输入“-”，再单击 B7 单元格，按 Enter 键得到缺考人数。

● 拖动 B8 单元格的填充柄到 E8 单元格，得到 4 门课程的缺考人数。

4．统计不同分数段的人数

打开“成绩统计表”工作表，利用 COUNTIF、COUNTIFS 函数统计 4 门课程不同分数段的人数，操作步骤如下。

● 在“成绩统计表”工作表中，单击 B9 单元格，单击编辑栏的“插入函数”按钮，打开“插入函数”对话框，在“或选择类别”下拉列表中选择“统计”选项，在“选择函数”列表框中选择“COUNTIF”选项，单击“确定”按钮，打开“函数参数”对话框。

● 单击“Range”参数处，选择统计范围，单击“成绩总表”工作表标签，选择 D3:D46 单元格区域，将光标定位在“Criteria”参数处，设置统计条件，输入“>=90”，如图 4-111 所示。

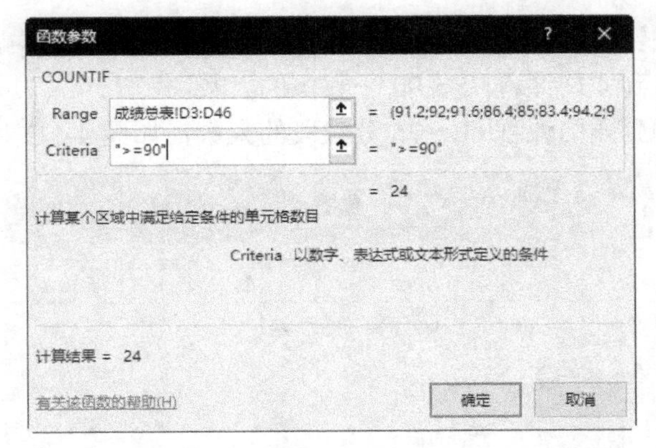

图 4-111　“函数参数”对话框

● 单击“确定”按钮，90 分以上人数显示在 B9 单元格中，拖动 B9 单元格的填充柄到 E9 单元格，得到 4 门课程 90 分以上的人数。

● 用同样的方法求低于 60 分的人数。单击 B12 单元格，单击编辑栏的“插入函数”按钮，打开“插入函数”对话框，在“或选择类别”下拉列表中选择“统计”选项，在“选择函数”列表框中选择“COUNTIF”选项，单击“确定”按钮，打开“函数参数”对话框。

● 单击“Range”参数处，单击“成绩总表”工作表标签，选择 D3:D46 单元格区域，将光标定位在“Criteria”参数处，输入“<60”，单击“确定”按钮，60 分以下的人数显示在 B12 单元格中，拖动 B12 单元格的填充柄到 E12 单元格，得到 4 门课程低于 60 分的人数。

● 单击 B10 单元格，单击编辑栏的“插入函数”按钮，打开“插入函数”对话框，在“或选择类别”下拉列表中选择“统计”选项，在“选择函数”列表框中选择“COUNTIFS”选项，单击“确定”按钮，打开“函数参数”对话框。

● 单击“Criteria-range1”参数处，单击“成绩总表”工作表标签，选择 D3:D46 单元格区域，将光标定位在“Criteria1”参数处，输入“>=75”，单击“Criteria-range2”参数处，单击“成绩总表”工作表标签，选择 D3:D46 单元格区域，将光标定位在“Criteria2”参数处，输入“<90”，如图 4-112 所示。

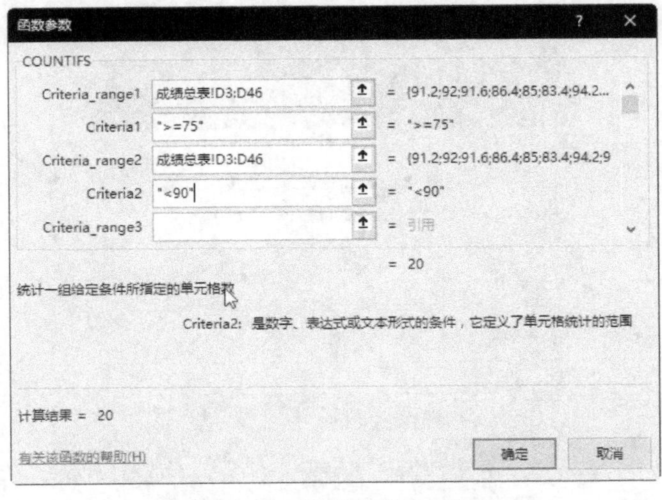

图 4-112　“函数参数”对话框

● 单击“确定”按钮，75～90 分数段的人数显示在 B10 单元格中，拖动 B10 单元格的填充柄到 E10 单元格，得到 4 门课程 75～90 分数段的人数。

● 用同样的方法得到 4 门课程 60～75 分数段的人数，如图 4-113 所示。

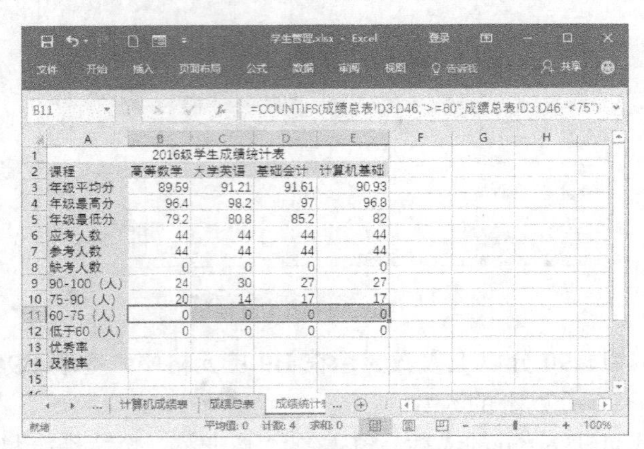

B11 =COUNTIFS(成绩总表!D3:D46,">=60",成绩总表!D3:D46,"<75")

	A	B	C	D	E
1	2016级学生成绩统计表				
2	课程	高等数学	大学英语	基础会计	计算机基础
3	年级平均分	89.59	91.21	91.61	90.93
4	年级最高分	96.4	98.2	97	96.8
5	年级最低分	79.2	80.8	85.2	82
6	应考人数	44	44	44	44
7	参考人数	44	44	44	44
8	缺考人数	0	0	0	0
9	90-100（人）	24	30	27	27
10	75-90（人）	20	14	17	17
11	60-75（人）	0	0	0	0
12	低于60（人）	0	0	0	0
13	优秀率				
14	及格率				

图 4-113 分数段统计结果

5．统计优秀率和及格率

打开“成绩统计表”工作表，计算 4 门课程的优秀率和及格率，操作步骤如下。

● 在“成绩统计表”工作表中，单击 B13 单元格，输入“=”，单击 B9 单元格，引用优秀人数，输入“/”，单击 B7 单元格，引用参考人数，按 Enter 键，得到优秀率。

● 拖动 B13 单元格的填充柄到 E13 单元格，得到 4 门课程的优秀率。

● 单击 B14 单元格，输入“=1-”，单击 B12 单元格，引用不及格人数，输入“/”，单击 B7 单元格，引用参考人数，按 Enter 键，得到及格率。

● 拖动 B14 单元格的填充柄到 E14 单元格，得到 4 门课程的及格率。

● 选中 B13:E14 单元格区域，在“开始”选项卡的“数字”组中，单击“数字格式”下拉按钮，在弹出的下拉列表中选择“百分比”选项，得到按百分比显示的优秀率和及格率，如图 4-114 所示。

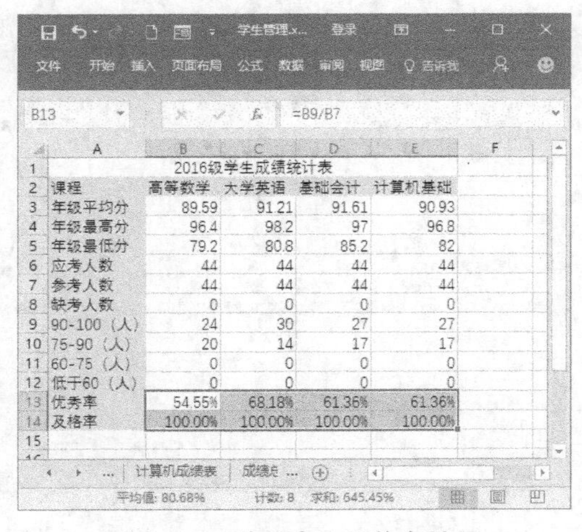

B13 =B9/B7

	A	B	C	D	E
1	2016级学生成绩统计表				
2	课程	高等数学	大学英语	基础会计	计算机基础
3	年级平均分	89.59	91.21	91.61	90.93
4	年级最高分	96.4	98.2	97	96.8
5	年级最低分	79.2	80.8	85.2	82
6	应考人数	44	44	44	44
7	参考人数	44	44	44	44
8	缺考人数	0	0	0	0
9	90-100（人）	24	30	27	27
10	75-90（人）	20	14	17	17
11	60-75（人）	0	0	0	0
12	低于60（人）	0	0	0	0
13	优秀率	54.55%	68.18%	61.36%	61.36%
14	及格率	100.00%	100.00%	100.00%	100.00%

图 4-114 优秀率和及格率结果

6. 制作“课程等级表”

打开“成绩总表”工作表，利用单元格复制操作创建等级表结构并删除单元格数据，利用 IF 函数的嵌套并依据“成绩总表”的数据所在范围转换为等级值，要求 90 分以上为 A 等，75—90 分为 B 级，60—75 分 C 级，60 分以下为 D 级，操作步骤如下。

- 打开“学生管理”工作簿，新建空白工作表，将工作表改名为“课程等级表”。
- 在“成绩总表”工作表中，选中 A2:G46 单元格区域，在“开始”选项卡的“剪贴板”组中，单击“复制”按钮，复制选定区域的内容，在“课程等级表”工作表中单击 A1 单元格，在“开始”选项卡的“剪贴板”组中，单击“粘贴”下拉按钮，在弹出的下拉列表中选择“粘贴数值”选项。
- 在“课程等级表”工作表中，选中 D2:G45 单元格区域，按 Delete 键删除选定区域的内容。
- 选中 D2 单元格，在“公式”选项卡的“函数库”组中，单击“逻辑”按钮，在弹出的下拉列表中选择“IF”选项，打开“函数参数”对话框。
- 将光标定位在“Logical_test”参数处，单击“成绩总表”工作表标签，选择 D3 单元格，输入“>=90”，将光标定位在“Value_if_true”参数处，输入“"A"”。
- 将光标定位在“Value_if_false”参数处，单击“名称框”中的“IF”，又打开一个“函数参数”对话框，将光标定位在“Logical_test”参数处，单击“成绩总表”工作表中的 D3 单元格，输入“>=75”，将光标定位在“Value_if_true”参数处，输入“"B"”。
- 将光标定位在“Value_if_false”参数处，单击“名称框”中的“IF”，再次打开一个“函数参数”对话框，将光标定位在“Logical_test”参数处，单击“成绩总表”工作表中的 D3 单元格，输入“>=60”，将光标定位在“Value_if_true”参数处，输入“"C"”，将光标定位在“Value_if_false”参数处，输入“"D"”，如图 4-115 所示。

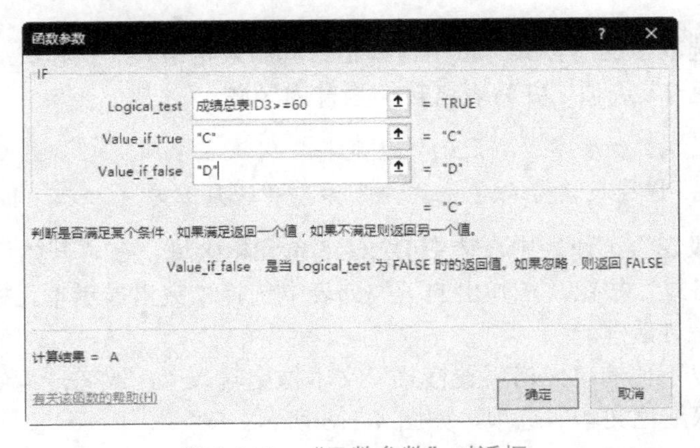

图 4-115　“函数参数”对话框

- 单击“确定”按钮，所选单元格的等级显示出来，此时，编辑框显示 IF 函数的嵌套引用，如图 4-116 所示。

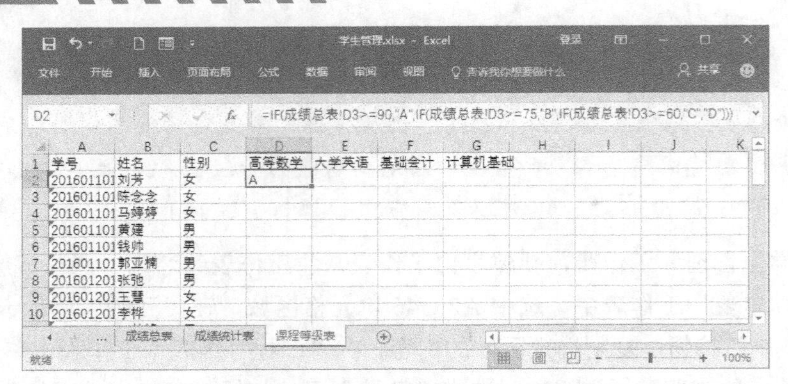

图 4-116　IF 函数嵌套引用公式和结果

● 向右拖动 D2 单元格的填充柄至 G2 单元格，然后双击填充柄，在“课程等级表”工作表中得到 4 门课程的等级成绩，如图 4-117 所示。

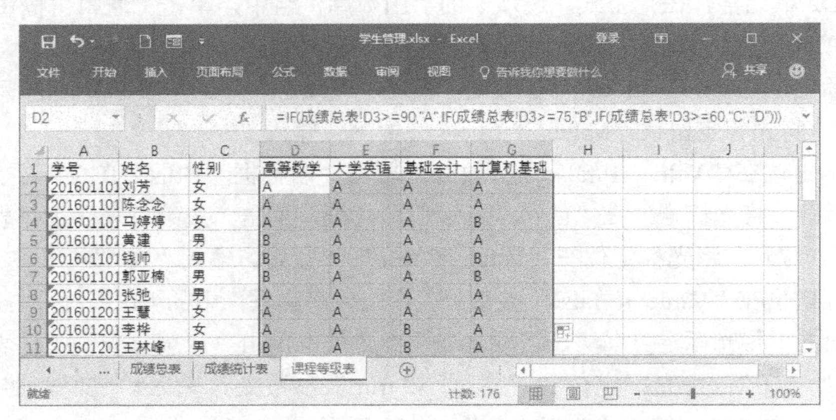

图 4-117　4 门课程的等级

● 在“开始”选项卡的“样式”组中，单击“套用表格格式”按钮，在弹出的下拉列表中选择“表样式浅色 9”选项，并将表格转换为普通区域。

在“课程等级表”工作表中，利用条件格式将 4 门课程中所有 B 等的单元格设置为“浅红色填充深红色文本”，将所有 A 等的单元格设置为“黄色底纹绿色加粗字体”，操作步骤如下。

● 在“课程等级表”工作表中，选中 D2:G45 单元格区域，在“开始”选项卡的“样式”组中，单击“条件格式”按钮，在弹出的下拉列表中选择“突出显示单元格规则”→“等于”选项，打开“等于”对话框。

● 在“为等于以下值的单元格设置格式”文本框中输入“B”，在 “设置为”下拉列表中选择“浅红色填充深红色文本”选项，如图 4-118 所示。

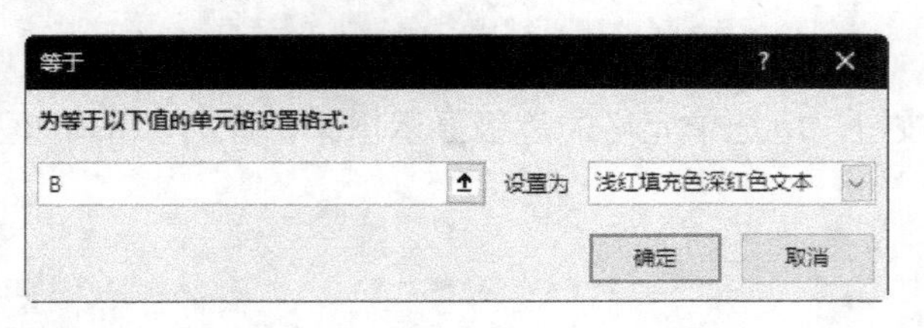

图 4-118　“等于”对话框

● 单击“确定”按钮，再次打开“等于”对话框，在“为等于以下值的单元格设置格式”文本框中输入“A”，在“设置为”下拉列表中选择“自定义格式”选项，打开“设置单元格格式”对话框，选择“字体”选项卡，设置字形为“加粗”，颜色为“绿色”，选择“填充”选项卡，设置填充色为“黄色”，如图 4-119 所示。

● 单击“确定”按钮，返回“等于”对话框，如图 4-120 所示。

● 单击“确定”按钮，结果如图 4-121 所示。

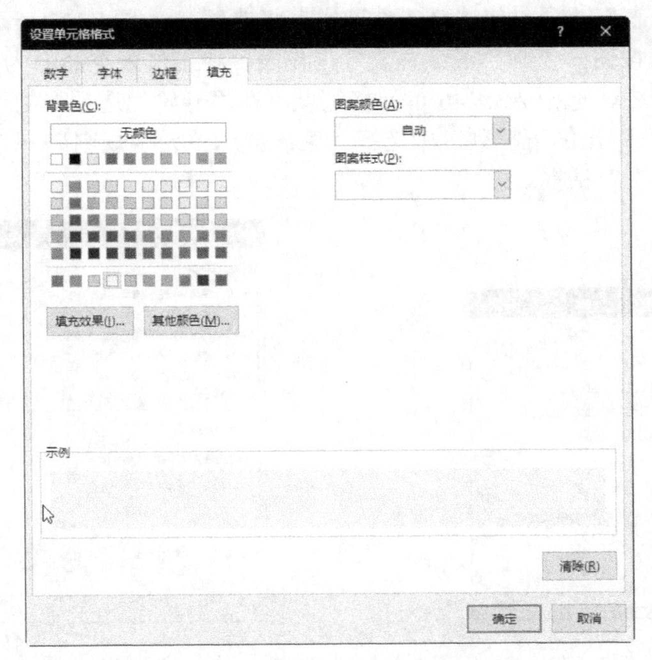

图 4-119　“设置单元格格式”对话框

图 4-120　“等于”对话框

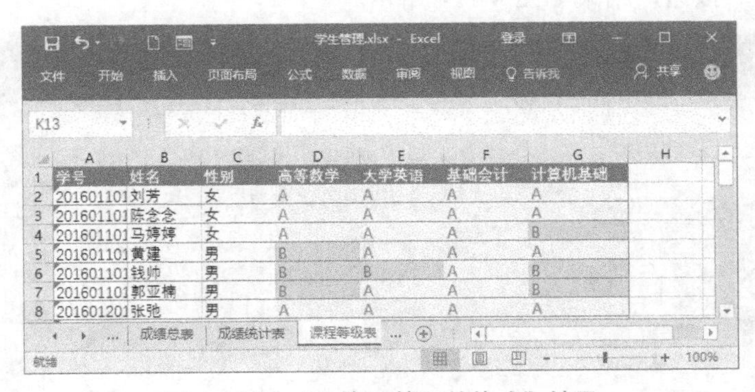

图 4-121　“A 等 B 等条件格式”结果

7．利用条件格式设置“成绩总表”的格式

打开“成绩总表”工作表，复制工作表，重命名为“成绩表”，利用条件格式将获得一等奖的女学生以浅红色背景显示，操作步骤如下。

- 打开“成绩总表”工作表，将鼠标指针指向工作表标签并右击，在弹出的快捷菜单中选择“移动或复制”命令，打开“移动或复制工作表”对话框，在“下列选定工作表之前”列表框中选择“成绩统计表”选项，勾选“建立副本”复选框，如图 4-122 所示。
- 单击“确定”按钮，复制“成绩总表”工作表，将工作表重命名为“成绩表”。
- 在“成绩表”中，选中 A3:K46 单元格区域，在“开始”选项卡的“样式”组中，单击“条件格式”按钮，在弹出的下拉列表中选择“突出显示单元格规则”→“其他规则”选项，打开“新建格式规则”对话框。

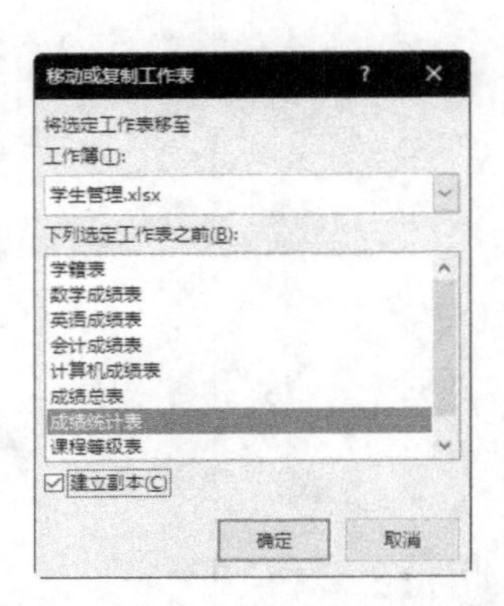

图 4-122　“移动或复制工作表”对话框

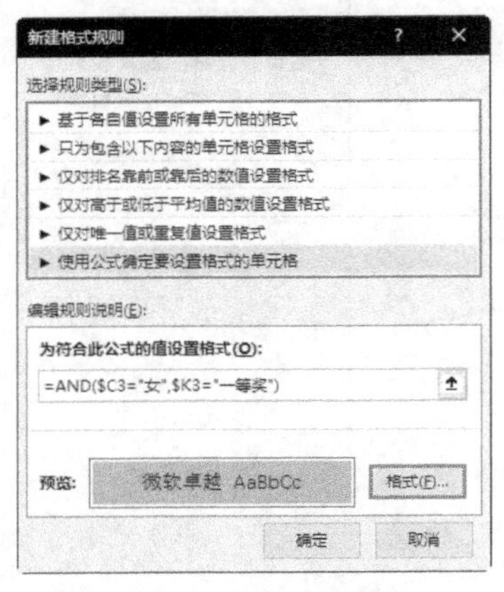

图 4-123　“新建格式规则”对话框

- 在“选择规则类型”列表框中选择“使用公式确定要设置格式的单元格”选项，在“为符合此公式的值设置格式”文本框中输入“=AND（$C3="女"，$K3="一等奖"）”。
- 单击“格式”按钮，打开“设置单元格格式”对话框，在“填充”选项卡中单击“其他颜色”按钮，打开“颜色”对话框，选择“浅红色”，连续单击两次“确定”按钮，返回“新建格式规则”对话框，如图 4-123 所示。
- 单击“确定”按钮，结果如图 4-124 所示。

2016级学生成绩一览表

学号	姓名	性别	高等数学	大学英语	基础会计	计算机基础	总分	平均分	名次	奖学金
20160110101	刘芳	女	91.2	94	96.2	95.6	377	94.25	2	一等奖
20160110102	陈念念	女	92	94.8	94.8	94.2	375.8	93.95	4	二等奖
20160110103	马婷婷	女	91.6	95.6	94.8	87	369	92.25	15	
20160110104	黄建	男	86.4	93.6	94.4	95.6	370	92.5	12	三等奖
20160110105	钱帅	男	85	87.4	93	88	353.4	88.35	37	
20160110106	郭亚楠	男	83.4	94.4	94.6	89.6	362	90.5	27	
20160120101	张驰	男	94.2	96.4	92.4	92	375	93.75	5	二等奖
20160120102	王慧	女	96.4	95.4	94.4	95.6	381.8	95.45	1	一等奖
20160120103	李梓	女	92.6	91.8	89.4	93	366.8	91.7	19	
20160120104	王林峰	男	83.4	98.2	88	95	364.6	91.15	24	

图 4-124　获得一等奖的女同学

在“成绩表”工作表中，利用条件格式的图标集将前 10 名用✓表示，后 10 名用✗表示，其余名次用!表示，操作步骤如下。

- 打开“成绩表”工作表，选中 J3:J46 单元格区域，在“开始”选项卡的“样式”组中，单击“条件格式”按钮，在弹出的下拉列表中选择“图标集”→“标记”选项组的第 1 组。
- 再次单击“条件格式”按钮，在弹出的下拉列表中选择“管理规则”选项，打开“条件格式规则管理器”对话框，单击“编辑规则”按钮，打开“编辑格式规则”对话框。
- 在“根据以下规则显示各个图标”选项组中，首先在“类型”下拉列表中选择“数字”选项，在“图标”下拉列表中依次选择✗!✓，在“值”文本框中依次输入“36”“10”，如图 4-125 所示。
- 单击“确定”按钮，返回“条件格式规则管理器”对话框，单击“确定”按钮，结果如图 4-126 所示。

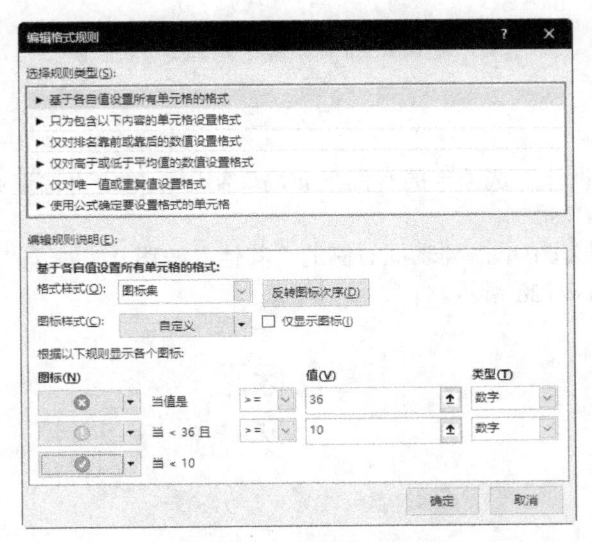

图 4-125　“编辑格式规则”对话框

	A	B	C	D	E	F	G	H	I	J	K
1	2016级学生成绩一览表										
2	学号	姓名	性别	高等数学	大学英语	基础会计	计算机基础	总分	平均分	名次	奖学金
3	20160110101	刘芳	女	91.2	94	96.2	95.6	377	94.25	2	一等奖
4	20160110102	陈念念	女	92	94.8	94.8	94.2	375.8	93.95	4	二等奖
5	20160110103	马婷婷	女	91.6	95.6	94.8	87	369	92.25	15	
6	20160110104	黄建	男	86.4	93.6	94.4	95.6	370	92.5	12	三等奖
7	20160110105	钱帅	男	85	87.4	93	88	353.4	88.35	37	
8	20160110106	郭亚楠	男	83.4	94.4	94.6	89.6	362	90.5	27	
9	20160120101	张驰	男	94.2	96.4	92.4	92	375	93.75	5	二等奖
10	20160120102	王慧	女	96.4	95.4	94.4	95.6	381.8	95.45	1	一等奖
11	20160120103	李桦	女	92.6	91.8	89.4	93	366.8	91.7	19	
12	20160120104	王林峰	男	83.4	98.2	88	95	364.6	91.15	24	
13	20160120105	吴晓天	男	88.8	93.6	85.6	94.8	362.8	90.7	25	
14	20160120106	徐金凤	女	89.4	93.4	87.2	88	358	89.5	31	
15	20160120107	张宇	男	79.2	89.4	92.2	87	347.8	86.95	41	
16	20160120108	刘梦迪	男	91.4	84.2	91.6	93.8	361	90.25	29	

图 4-126　图标集结果

8．利用图表分析“成绩统计表”的数据

在“成绩统计表”工作表中，根据年级平均分、最高分和最低分制作图表。要求图表类型为“簇状柱形图”，图表布局为“布局 9”，图表样式为“样式 14”，操作步骤如下。

● 打开“成绩统计表”工作表，选中 A2:E5 单元格区域，在“插入”选项卡的“图表”组中，单击“推荐的图表”按钮，打开“插入图表”对话框，选择“**簇状柱形图**”，单击“确定”按钮，得到如图 4-127 所示的图表。

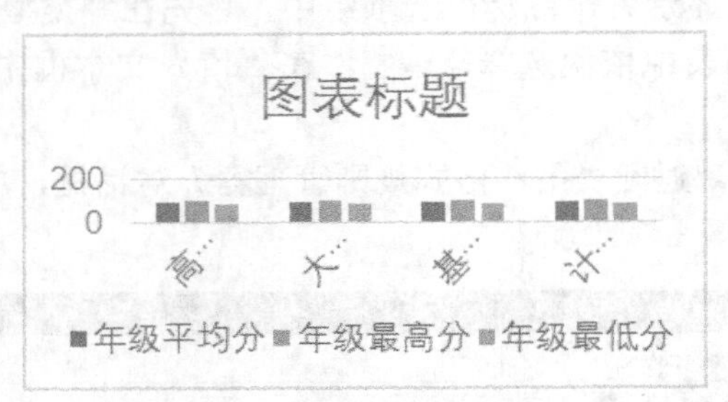

图 4-127　生成的图表

● 在“图表工具/设计”选项卡的“图表布局”组中，单击“快速布局”按钮，弹出下拉列表，选择“布局 9”选项。

● 在“图表样式”组中单击列表框右侧的“其他”按钮，展开“图表样式”列表，选择“样式 14”选项，如图 4-128 所示。

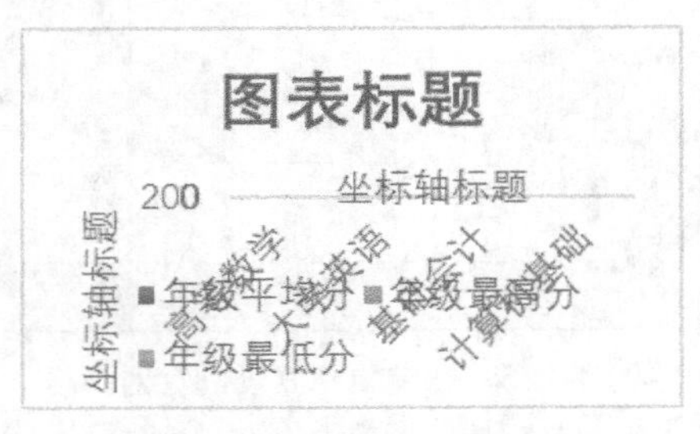

图 4-128　布局样式效果

● 单击“图表标题”，输入“课程成绩分析”，分别单击横、竖“坐标轴标题”，依次输入“科目”“成绩”，如图 4-129 所示。

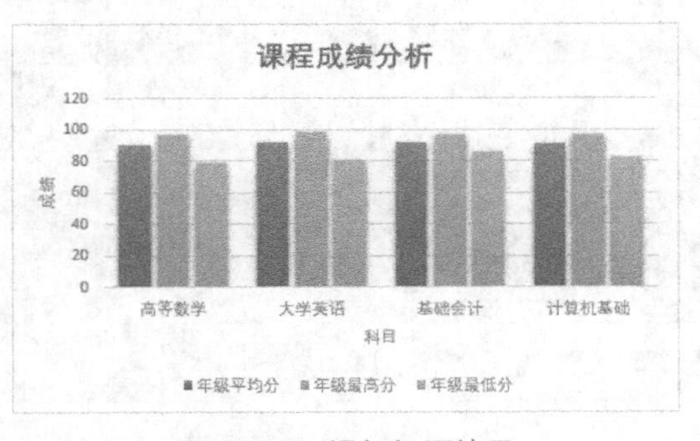

图 4-129　添加标题效果

在“成绩统计表”工作表中，为图表添加“模拟运算表”，并将“图例”的位置移至图表顶部，操作步骤如下。

● 单击图表，在“图表工具/设计”选项卡的“图表布局”组中，单击“添加图表元素”按钮，在弹出的下拉列表中选择“数据表”→“其他模拟运算表选项”选项，在图表下方添加模拟运算表，如图 4-130 所示。

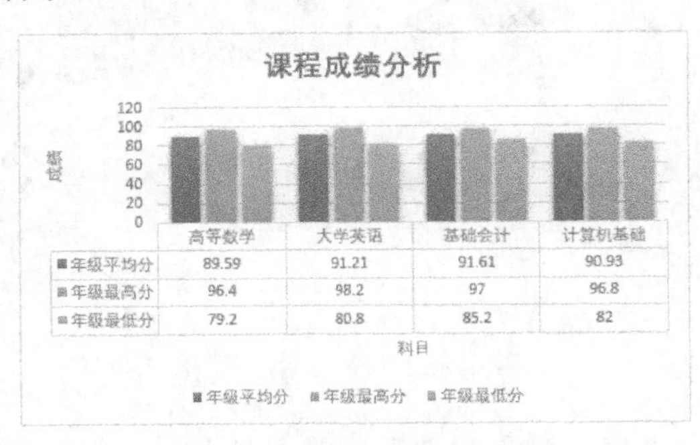

图 4-130　添加模拟运算表

● 单击图表，在“图表工具/设计”选项卡的“图表布局”组中，单击“添加图表元素”按钮，在弹出的下拉列表中选择“图例”→“顶部”选项，将“图例”移至图表顶部。

在“成绩统计表”工作表中，将图表类型改为“簇状圆柱图”，将图表移至新工作表中，将工作表命名为“成绩统计图”，操作步骤如下。

● 单击图表，在“图表工具/设计”选项卡的“类型”组中，单击“更改图表类型”按钮，在打开的“更改图表类型”对话框中选择“三维簇状圆柱图”选项，如图 4-131 所示。

● 单击“确定”按钮，将图表类型改为“簇状圆柱图”，选择图表，在“开始”选项卡的“剪贴板”组中，单击“剪切”按钮，在标签行单击“新工作表”按钮新建工作表。

● 在新工作表中，在“开始”选项卡的“剪贴板”组中，单击“粘贴”按钮，将图表移至新工作表中，双击新工作表标签反白显示，输入工作表名“成绩统计图”，如图 4-132 所示。

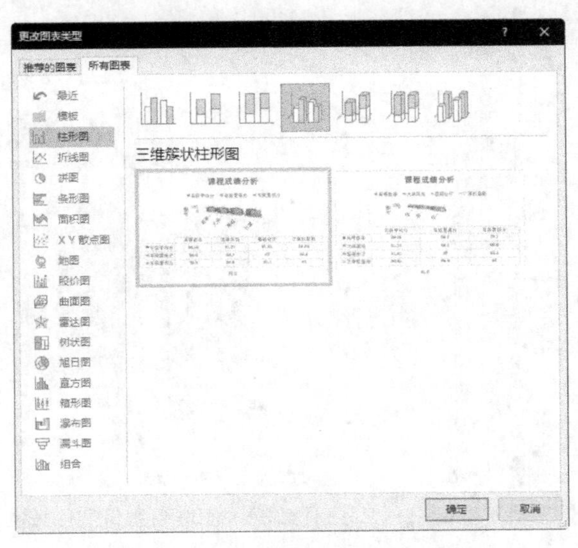

图 4-131　“更改图表类型”对话框

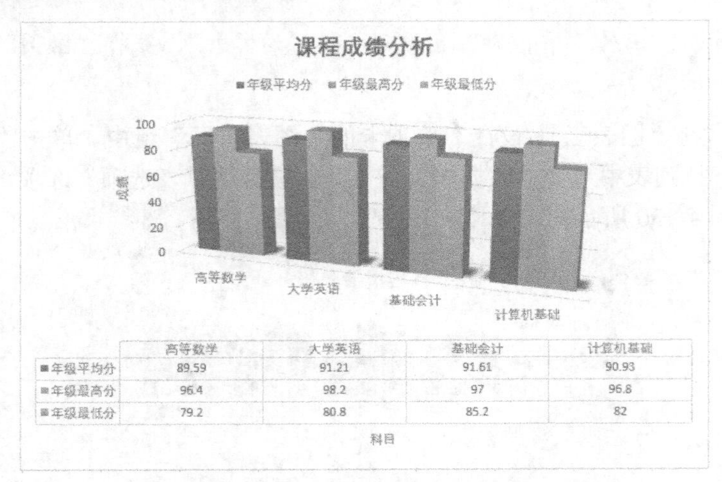

图 4-132　修改后的图表

在“成绩统计图”工作表中，调整图表三维视图的角度，修改图例颜色，将纵向坐标轴标题横向，操作步骤如下。

- 选择图表并右击，在弹出的快捷菜单中选择“三维旋转”命令，打开“设置图表区格式”窗格，在“三维旋转”选项组中勾选“直角坐标轴”复选框，如图 4-133 所示。
- 选择图表，在“图表工具/设计”选项卡的“图表样式”组中，单击“更改颜色”按钮，在弹出的下拉列表中选择“彩色调色板 3”选项。
- 单击纵轴坐标轴标题“成绩”，在“图表工具/格式”选项卡的“当前所选内容”组中，单击“设置所选内容格式”按钮，打开“设置坐标轴标题格式”窗格，设置文字方向为“横排”，效果如图 4-134 所示。

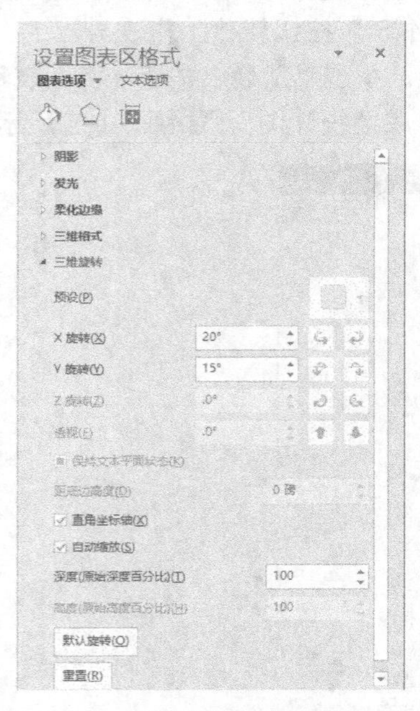

图 4-133　“设置图表区格式”窗格

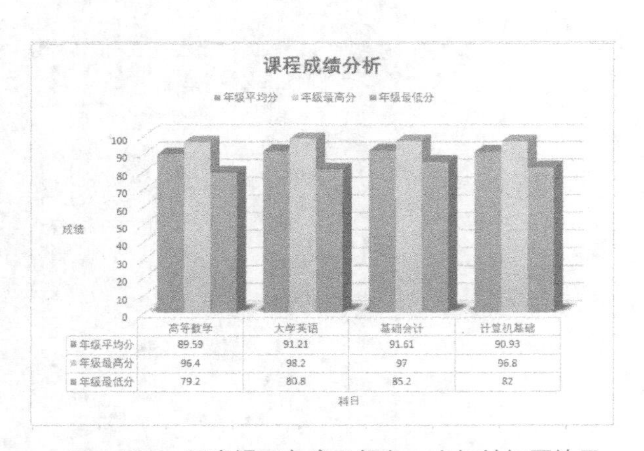

图 4-134　图表视图角度及颜色、坐标轴标题效果

在“成绩统计图”工作表中，设置图表区、背景墙的填充效果，修饰图表标题，操作步骤如下。

- 选择图表，在“图表工具/格式”选项卡的“当前所选内容”组中，设置“图表元素”为“图表区”，单击“设置所选内容格式”按钮，打开“设置图表区格式”窗格。
- 在“填充”选项组中，选中“渐变填充”单选按钮，“预设渐变”为“顶部聚光灯-个性色 1”，“类型”为“射线”，“方向”为“从左下角”，在“边框”选项组中，选中“实线”单选按钮，设置颜色为“蓝色”。
- 再次设置“图表元素”为“背景墙”，单击“设置所选内容格式”按钮，打开“设置背景墙格式”窗格。
- 在“填充”选项组中，选中“图片或纹理填充”单选按钮，“纹理”为“纸袋”，在“边框”选项组中设置“黄色”的“实线”。
- 选择图表标题“课程成绩分析”，在“开始”选项卡的“字体”选项组中，设置字体为“隶书”，大小为“28 磅”。
- 单击图表标题，在“图表工具/格式”选项卡的“艺术字样式”组中，单击“其他”按钮，在弹出的下拉列表中选择“填充白色，边框橙色”选项，如图 4-135 所示。
- 依次单击坐标轴标题及模拟运算表，单击“文本填充”下拉按钮，设置填充色为“黑色”，效果如图 4-136 所示。

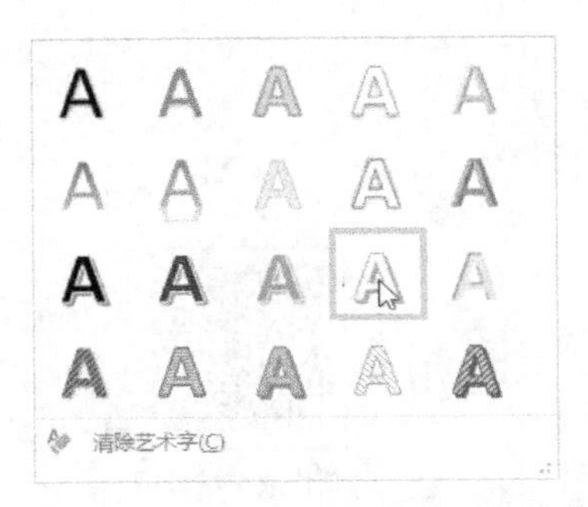

图 4-135　“艺术字样式”下拉列表

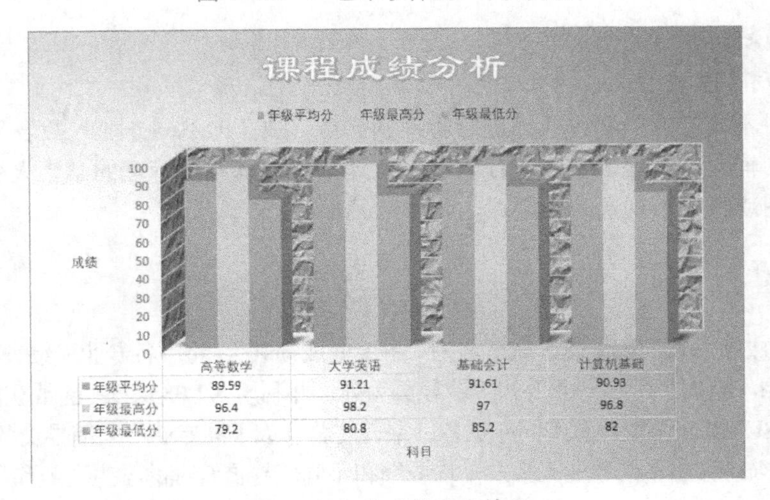

图 4-136　格式化图表效果

在“成绩统计图”工作表中，为图表添加数据标签，操作步骤如下。

- 选择图表，在“图表工具/设计”选项卡的“图表布局”组中，单击“添加图表元素”按钮，在弹出的下拉列表中选择“数据标签”→“其他数据标签选项”，打开“设置数据标签格式”窗格。
- 勾选“值”复选框，在“开始”选项卡的“字体”组中设置标签为白色 11 磅，此时数据标签将显示在图表的数据系列中，如图 4-137 所示。

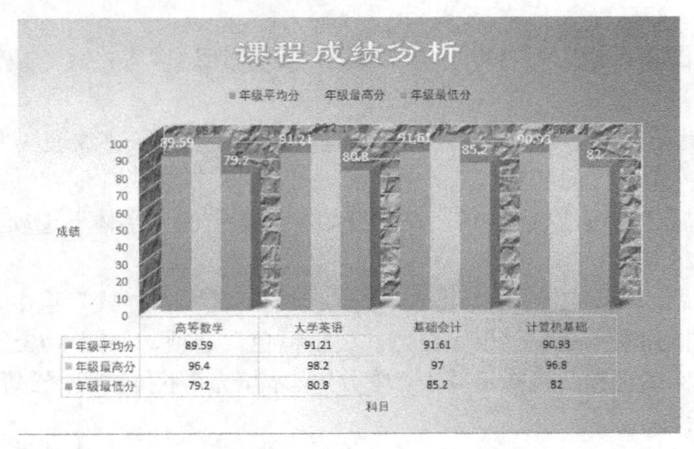

图 4-137　添加数据标签

项目 5
管理“成绩总表”

制作成绩统计图

项目描述

教务处想对不同专业的学生成绩进行管理和分析，统计出不同专业人数及平均成绩，而学生处也想对不同辅导员管理的学生进行管理，统计出不同辅导员管理的学生人数和平均成绩，并由数据透视图或数据透视表来体现。

项目分析

首先复制“成绩总表”工作表，重命名为“各专业成绩表”，将“各专业成绩表”的“名次”和“奖学金”列删除，添加“所学专业”和“辅导员”列，并利用 VLOOKUP 函数获得该列的内容，利用 SUMIF 及 SUMIFS 函数计算不同专业各门课程的总分或不同专业不同辅导员各门课程的总分，利用数据透视表来统计出不同专业人数及平均成绩和不同辅导员管理的学生人数和平均成绩。

相关知识

1．常用函数

（1）VLOOKUP( )函数

格式：VLOOKUP (查找目标,查找区域,相对列数,TRUE 或 FALSE)

在指定查找区域内查找指定的值并返回当前行中指定列处的数值。VLOOKUP 函数是常用的函数之一，它可以指定位置查找和引用数据；表和表的核对；利用模糊运算进行区间查询。

例如，输入“=VLOOKUP(B2,$D$2:$F$9,2,0)”，结果为在 D2:F9 单元格区域范围内精确查找与 B2 值相同的在第 2 列的数值。

（2）SUMIF( )函数

格式：SUMIF (单元格区域 1,条件,单元格区域 2)

对于单元格区域 1 范围内的单元格进行条件判断，将满足条件的对应的单元格区域 2 中的单元格求和。

例如，输入“=SUMIF(C3:C9,211,F3:F9)”，其结果是将与 C3:C9 单元格区域中值为 211 同行的对应在 F3:F9 单元格区域中的单元格中的值相加。

专家点睛

SUMIF()函数常用于进行分类汇总。

（3）SUMIFS( )函数

格式：SUMIFS (单元格区域 1,条件 1,单元格区域 2,…)

对于单元格区域 1 范围内的单元格进行条件判断，将满足条件 1 的对应的单元格区域 2 同时满足条件 2 的对应的单元格区域 4 和……中的单元格求和。

例如，输入“=SUMIF(C3:C9,985,F3:F9,211,K3:K9)”，其结果是将与 C3:C9 单元格区域中值为 985 且对应在 F3:F9 单元格区域中值为 211 同行的对应在 K3:K9 单元格区域中的单元格的值相加。

专家点睛

SUMIFS()函数常用于多个条件的分类汇总。

2．名称的定义

在工作表中，可以使用“列标”和“行号”引用单元格，也可以用“名称”来表示单元格或单元格区域。使用名称可以使用公式更容易理解和维护，使更新、审核和管理这些名称更方便。

3. 数据透视表及切片器

数据透视表是一种交互式工作表，用于对现有数据列表进行汇总和分析。创建数据透视表后，可以按不同的需要，依不同的关系来提取和组织数据。

(1) 创建数据透视表

数据透视表的创建是以工作表中的数据为依据的，在工作表中创建数据透视表的方法与前面创建图表的方法类似。

首先，单击工作表中的任一单元格，在“插入”选项卡的“表格”组中，单击“数据透视表”按钮，打开“创建数据透视表”对话框，在“请选择要分析的数据”选项组中选中“选择一个表或区域”单选按钮，单击“表/区域”文本框右侧的“折叠”按钮，拖动鼠标选择表格中的数据区域，单击文本框右侧的“展开”按钮，返回“创建数据透视表”对话框，在“选择放置数据透视表的位置”选项组中选中“现有工作表”单选按钮，用相同的方法在“位置”文本框中设置区域，单击“确定”按钮即可完成数据透视表的创建。

(2) 设置数据透视表字段

新创建的数据透视表是空白的，若要生成报表就需要在“数据透视表字段列表”窗格中，根据需要将工作表中的数据添加到报表字段中。在 Excel 中除了可以向报表中添加字段外，还可以对所添加的字段进行移动、设置和删除操作。

(3) 美化数据透视表

如果新建的数据透视表不美观，可以对数据透视表的行、列或整体进行美化设计，这样不仅使数据透视表美观，而且增强了数据的可读性。一般是在“数据透视表工具/设计”选项卡下进行设置。

4. 数据透视图

数据透视图是以图表的形式表示数据透视表中的数据。与数据透视表一样，在数据透视图中可查看不同级别的明细数据，具有直观表现数据的优点。

(1) 创建数据透视图

数据透视图的创建方法与图表的创建方法类似。

(2) 设置数据透视图的格式

设置数据透视图的格式与美化图表的操作类似。首先选择需进行设置的图表元素，如图表区、绘图区、图例以及坐标轴等，然后在“数据透视图工具”的“设计”“布局”和“格式”选项卡下进行设置。

项目实现

本项目将利用 Excel 2016 制作如图 4-138 所示的“各专业成绩表”。

(1) 利用已有的“学籍表”工作表和“成绩总表”工作表通过 VLOOKUP 函数创建“各

专业成绩表”工作表。

（2）利用 SUMIF 函数计算不同专业各门课程的总分。

（3）利用 SUMIFS 函数计算不同专业不同辅导员各门课程的总分。

（4）利用分类汇总方法统计每个辅导员管理的学生人数。

（5）用两轴线图比较同一位辅导员所带不同专业的平均成绩。

（6）利用数据透视表分别统计不同专业人数及平均成绩，以及不同辅导员管理的学生人数和平均成绩。

（7）利用数据透视图统计每个专业 4 门课程的平均分数。

2016级各专业学生成绩一览表

学号	姓名	性别	高等数学	大学英语	基础会计	计算机基础	总分	平均分	所学专业	辅导员
20160110101	刘芳	女	91.2	94	96.2	95.6	377	94.25	注册会计	蒋壮
20160110102	陈念念	女	92	94.8	94.8	94.2	375.8	93.95	注册会计	蒋壮
20160110103	马婷婷	女	91.6	95.6	94.8	87	369	92.25	注册会计	蒋壮
20160110104	黄建	男	86.4	93.6	94.4	95.6	370	92.5	注册会计	蒋壮
20160110105	钱帅	男	85	87.4	93	88	353.4	88.35	注册会计	蒋壮
20160110106	郭亚楠	男	83.4	94.4	94.6	89.6	362	90.5	注册会计	蒋壮
20160120101	张弛	男	94.2	96.4	92.4	92	375	93.75	信息会计	自起
20160120102	王慧	女	96.4	95.4	94.4	95.6	381.8	95.45	信息会计	自起
20160120103	李桦	女	92.6	91.8	89.4	93	366.8	91.7	信息会计	自起
20160120104	王林峰	男	83.4	98.2	88	95	364.6	91.15	信息会计	自起
20160120105	吴晓天	男	88.8	93.6	85.6	94.8	362.8	90.7	信息会计	自起
20160120106	徐金凤	女	89.4	93.4	87.2	88	358	89.5	信息会计	自起
20160120107	张宇	男	79.2	89.4	92.2	87	347.8	86.95	信息会计	自起
20160120108	刘梦迪	男	91.4	84.2	91.6	93.8	361	90.25	信息会计	自起

成绩统计表　成绩统计图　课程等级表　各专业成绩表

图 4-138　各专业成绩表

1．创建“各专业成绩表”

打开“学籍管理”工作簿，利用“学籍表”和“成绩总表”工作表，通过复制工作表和 VLOOKUP 函数生成“各专业成绩表”工作表，操作步骤如下。

● 打开“学籍管理”工作簿，选择“成绩总表”工作表标签并右击，在弹出的快捷菜单中选择“移动或复制”命令，打开“移动或复制工作表”对话框，在“下列选定工作表之前”列表框中选择“移至最后”选项，并勾选“建立副本”复选框，如图 4-139 所示。

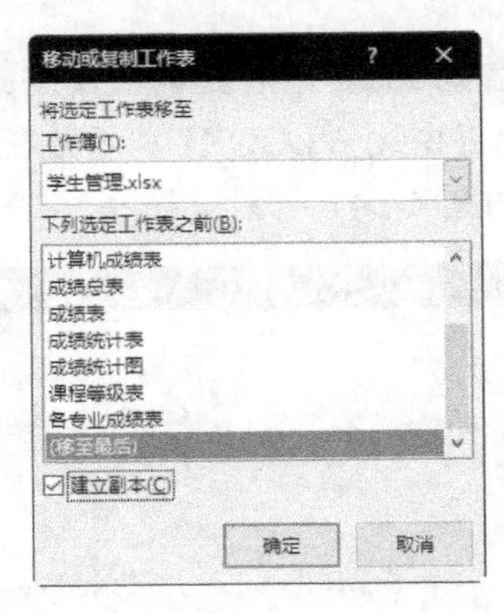

图 4-139　“移动或复制工作表”对话框

● 单击“确定”按钮，复制选定的工作表得到“成绩总表（2）”，将工作表改名为“各专业成绩表”。

● 在“各专业成绩表”工作表中，修改标题为“2016 级各专业学生成绩一览表”，选中“名次”列和“奖学金”列，在“开始”选项卡的“编辑”组中单击“清除”按钮，在弹出的下拉列表中选择“清除内容”选项，将其中所有数据清除。

● 选中 A47:J49 单元格区域，在“开始”选项卡的“单元格”组中，单击“删除”按钮，在弹出的下拉列表中选择“删除工作表行”选项，删除所选行。

● 在 J2 和 K2 单元格中依次输入“所学专业”和“辅导员”。

● 在“学籍表”工作表中，选中 A3:I46 单元格区域，在名称框中输入“CHAX”后，按 Enter 键，创建名为“CHAX”的数据区域。

● 在“各专业成绩表”工作表中，单击 J3 单元格，在“公式”选项卡的“函数库”组中，单击“查找与引用”按钮，在弹出的下拉列表中选择“VLOOKUP”选项，打开“函数参数”对话框。

● 由于是根据学号查找所学专业，因此，在第 1 个参数处单击 A3 单元格输入“A3”；第 2 个参数处是确定查找区域，因此，在“公式”选项卡的“定义的名称”组中单击“用于公式”按钮，在弹出的下拉列表中选择“CHAX”选项；在第 3 个参数处输入返回值“所学专业”，在定义的查找区域“CHAX”中输入所在的列数，这里输入“5”；由于要求是精确匹配查找，所以，最后一个参数处必须输入“FALSE”，如图 4-140 所示。

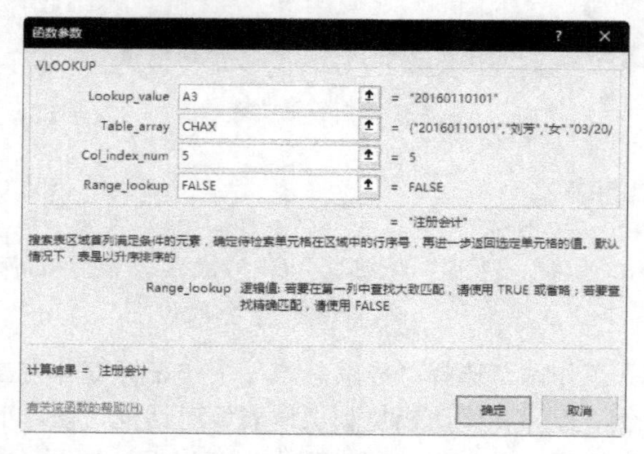

图 4-140 “函数参数”对话框

● 单击“确定”按钮，可以看到 J3 单元格显示查找到的专业是“注册会计”。

● 用相同的方法，在 K3 单元格引用 VLOOKUP 函数在“CHAX”区域中查找对应学号的辅导员，其“函数参数”对话框如图 4-141 所示。

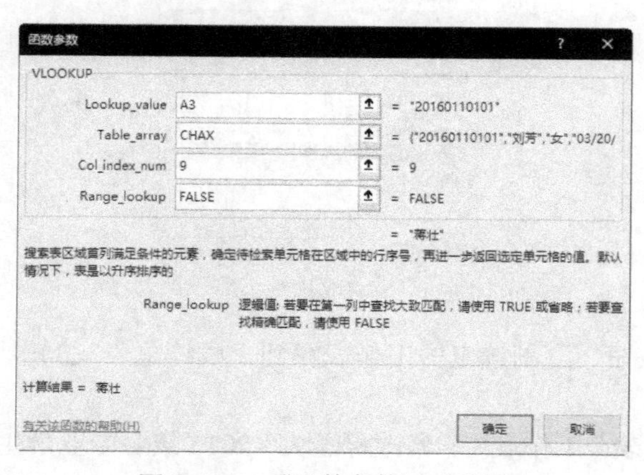

图 4-141 “函数参数”对话框

● 选中 J3:K3 单元格区域，双击填充柄，复制公式，得到所有不同的专业和辅导员，如图 4-142 所示。

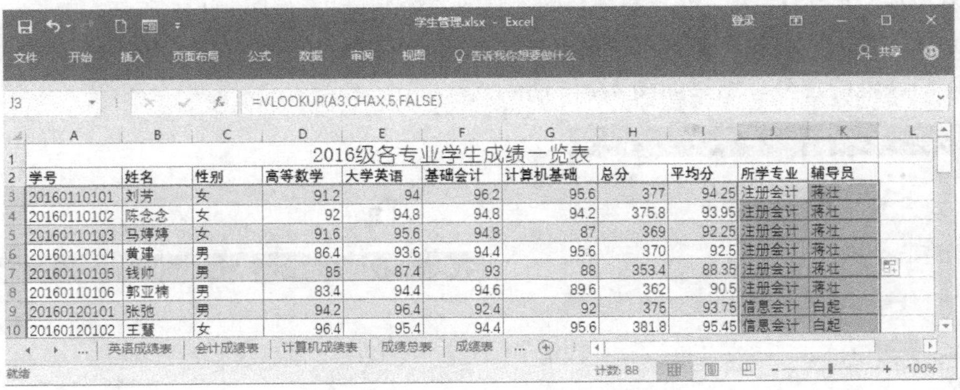

=VLOOKUP(A3,CHAX,5,FALSE)

学号	姓名	性别	高等数学	大学英语	基础会计	计算机基础	总分	平均分	所学专业	辅导员
20160110101	刘芳	女	91.2	94	96.2	95.6	377	94.25	注册会计	蒋壮
20160110102	陈念念	女	92	94.8	94.8	94.2	375.8	93.95	注册会计	蒋壮
20160110103	马婷婷	女	91.6	95.6	94.8	87	369	92.25	注册会计	蒋壮
20160110104	黄建	男	86.4	93.6	94.4	95.6	370	92.5	注册会计	蒋壮
20160110105	钱帅	男	85	87.4	93	88	353.4	88.35	注册会计	蒋壮
20160110106	郭亚楠	男	83.4	94.4	94.6	89.6	362	90.5	注册会计	蒋壮
20160120101	张弛	男	94.2	96.4	92.4	92	375	93.75	信息会计	白起
20160120102	王慧	女	96.4	95.4	94.4	95.6	381.8	95.45	信息会计	白起

图 4-142　各专业成绩表

● 选中 A2:K46 单元格区域，在“开始”选项卡的“编辑”组中，单击“清除”按钮，在弹出的下拉列表中选择“清除格式”选项，在“开始”选项卡的“样式”组中，单击“套用表格格式”按钮，在弹出的下拉列表中选择“浅橙色”选项，重新进行美化。

2. 计算不同专业各门课程的总分

在“各专业成绩表”工作表中，利用 SUMIF 函数计算不同专业不同课程的总分，操作步骤如下。

● 打开“各专业成绩表”工作表，选中“所学专业”列的 J2:J46 单元格区域，按住 Ctrl 键再选择“高等数学”到“计算机基础”列的 D2:G46 单元格区域，在“公式”选项卡的“定义的名称”组中，单击“根据所选内容创建”按钮，打开的“以选定区域创建名称”对话框。

● 勾选“首行”复选框，单击“确定”按钮，分别将“所学专业”“高等数学”“大学英语”“基础会计”“计算机基础”作为相应区域的名称。

● 在“各专业成绩表”工作表右侧，创建如图 4-143 所示的“按专业统计”表格。

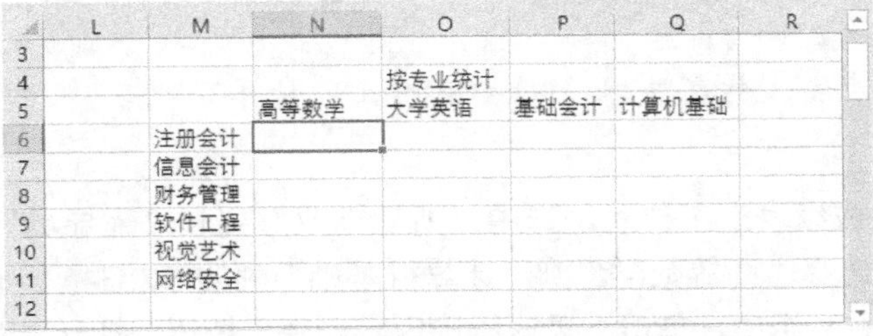

	按专业统计			
	高等数学	大学英语	基础会计	计算机基础
注册会计				
信息会计				
财务管理				
软件工程				
视觉艺术				
网络安全				

图 4-143　“按专业统计”表格

● 选中 N6 单元格，在“公式”选项卡的“函数库”组中，单击“插入函数”按钮，打开“插入函数”对话框，在“或选择类别”下拉列表中选择“数学与三角函数”选项，在“选择函数”列表框中选择“SUMIF”选项，如图 4-144 所示。

● 单击“确定”按钮，打开“函数参数”对话框，在第 1 个参数处，在“公式”选项卡的“定义名称”组中，单击“用于公式”按钮，在弹出的下拉列表中选择“所学专业”选项，在第 2 个参数处，单击 J3 单元格，最后参数选择“高等数学”，如图 4-145 所示。

● 单击“确定”按钮，得到“注册会计”专业“高等数学”的总分。用同样的方法求得其他专业 4 门课程的总分，结果如图 4-146 所示。

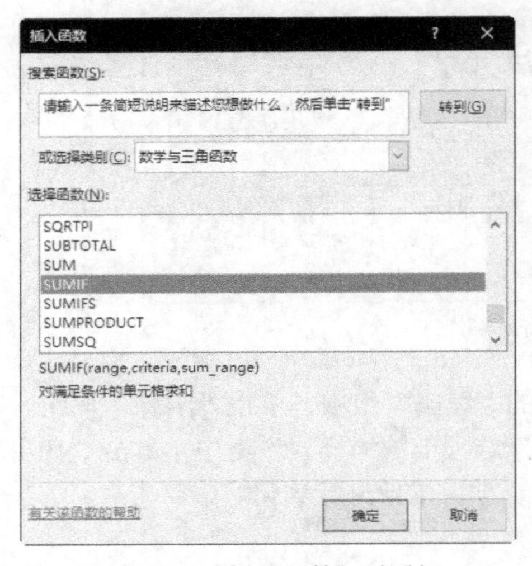

图 4-144　“插入函数”对话框

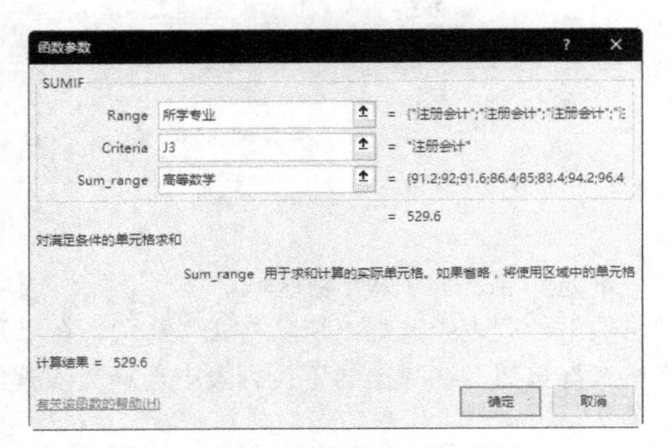

图 4-145　“函数参数”对话框

	L	M	N	O	P	Q	R
3							
4				按专业统计			
5			高等数学	大学英语	基础会计	计算机基础	
6		注册会计	529.6	559.8	567.8	550	
7		信息会计	1073.8	1106.6	1083	1107	
8		财务管理	270.8	264	268.2	272	
9		软件工程	536.6	554.2	569	549.8	
10		视觉艺术	537.4	546.2	551	540	
11		网络安全	993.8	982.6	1001.8	982.2	
12							

… 英语成绩表 | 会计成绩表 | 1 …

图 4-146　按专业统计各门课总分

3. 计算不同专业不同辅导员各门课程的总分

在“各专业成绩表”工作表中，利用 SUMIFS 函数计算不同辅导员所带不同专业 4 门课程的总分，操作步骤如下。

● 打开“各专业成绩表”工作表，选中“所学专业”列和“辅导员”列的 J2:K46 单元格区域，按住 Ctrl 键再选择“高等数学”到“计算机基础”列的 D2:G46 单元格区域，在“公式”选项卡的“定义的名称”组中，单击“根据所选内容创建”按钮，打开“以选定区域创建名称”对话框。

● 勾选“首行”复选框，单击“确定”按钮，分别将“所学专业”“辅导员”“高等数学”“大学英语”“基础会计”“计算机基础”作为相应区域的名称。

● 在“各专业成绩表”工作表右侧，创建如图 4-147 所示的“按专业和辅导员统计”表格。

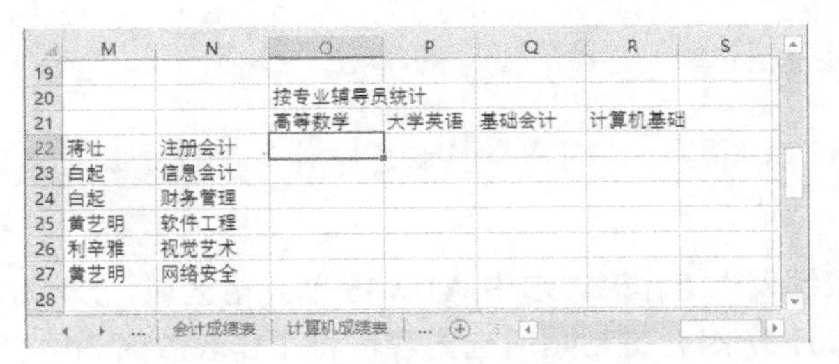

	M	N	O	P	Q	R	S
19							
20			按专业辅导员统计				
21			高等数学	大学英语	基础会计	计算机基础	
22	蒋壮	注册会计					
23	白起	信息会计					
24	白起	财务管理					
25	黄艺明	软件工程					
26	利辛雅	视觉艺术					
27	黄艺明	网络安全					
28							

图 4-147　“按专业辅导员统计”表格

● 选中 O22 单元格，在“公式”选项卡的“函数库”组中，单击“数学与三角函数”按钮，在弹出的列表中选择“SUMIFS”选项，打开“函数参数”对话框。

● 在第 1 个参数处，在“公式”选项卡的“定义名称”组中，单击“用于公式”按钮，在弹出的下拉列表中选择“高等数学”选项，在第 2 个参数处，选择“所学专业”，在第 3 个参数处，单击 J3 单元格，在第 4 个参数处，选择“辅导员”，在最后的参数处单击 K3 单元格，如图 4-148 所示。

专家点睛

SUMIFS()函数和 SUMIF()函数的参数顺序有所不同，具体而言，Sum_range 参数在 SUMIFS 中是第 1 个参数，而在 SUMIF 中则是第 3 个参数。

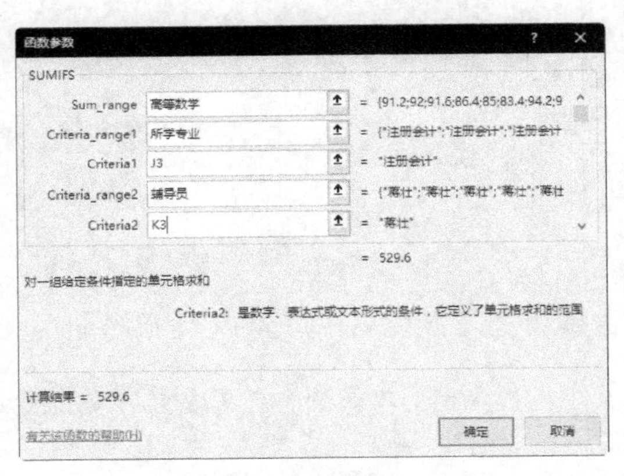

图 4-148　“函数参数”对话框

● 单击“确定”按钮，得到“蒋壮”老师管理的“注册会计”专业“高等数学”的总分。用同样的方法求得其他辅导员管理的其他专业 4 门课程的总分，结果如图 4-149 所示。

	M	N	O	P	Q	R	S
19							
20			按专业辅导员统计				
21			高等数学	大学英语	基础会计	计算机基础	
22	蒋壮	注册会计	529.6	559.8	567.8	550	
23	白起	信息会计	1073.8	1106.6	1083	1107	
24	白起	财务管理	270.8	264	268.2	272	
25	黄艺明	软件工程	536.6	554.2	559	549.8	
26	利辛雅	视觉艺术	537.4	546.2	551	540	
27	黄艺明	网络安全	993.8	982.6	1001.8	982.2	
28							

图 4-149　按专业和辅导员统计各门课总分

4. 用分类汇总方法统计每个辅导员管理的学生人数

在“各专业成绩表”工作表中，利用分类汇总统计每个辅导员所管理的学生人数，操作步骤如下。

- 打开“各专业成绩表”工作表，选中 A1:K46 单元格区域，按 Ctrl+C 组合键复制区域内容，新建工作表，按 Ctrl+V 组合键粘贴所选内容，将工作表改名为“分类统计各辅导员”。
- 单击“分类统计各辅导员”工作表“辅导员”列的任一单元格，在“数据”选项卡的“排序与筛选”组中，单击“升序”按钮，将工作表记录按“辅导员”升序排序。
- 单击工作表的任一单元格，在“数据”选项卡的“分级显示”组中，单击“分类汇总”按钮，打开“分类汇总”对话框。
- 在“分类字段”下拉列表中选择“辅导员”选项，在“汇总方式”下拉列表中选择“计数”选项，在“选定汇总项”列表框中勾选“学号”复选框，如图 4-150 所示。
- 单击“确定”按钮，得到每个辅导员所管理的学生人数，单击分级显示符号 2，隐藏分类汇总表中的明细数据行，如图 4-151 所示。

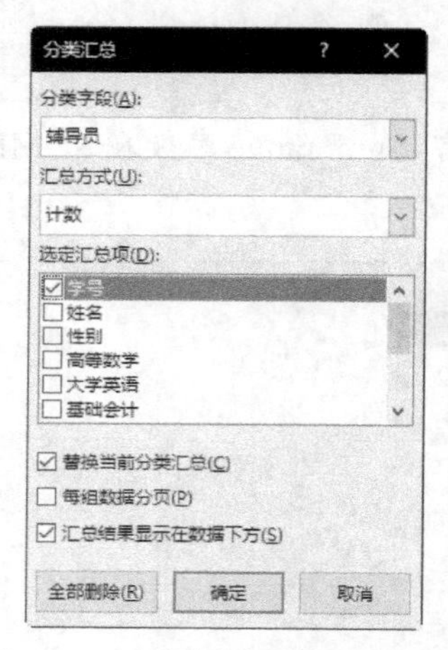

图 4-150 “分类汇总”对话框

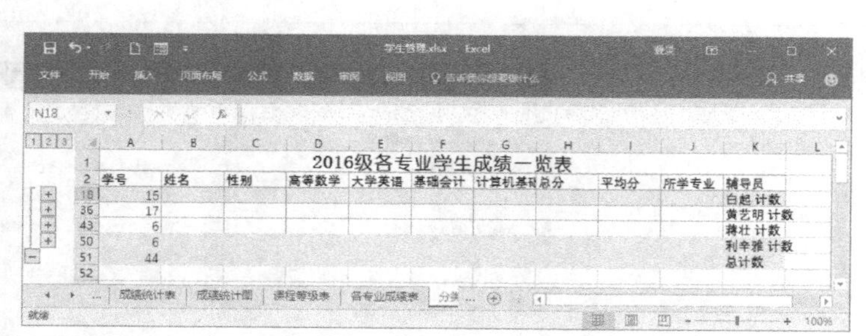

图 4-151 分类汇总结果

在“分类汇总各辅导员”工作表中，用嵌套分类汇总统计每个专业的辅导员所管理的班级学生人数，操作步骤如下。

- 单击分级显示符号 3，展开数据区，单击“分类汇总各辅导员”工作表数据区中任一单元格。
- 在“数据”选项卡的“排序与筛选”组中，单击“排序”按钮，打开“排序”对话框。
- 在“主要关键字”下拉列表中选择“辅导员”选项，单击“添加条件”按钮，在“次要关键字”下拉列表中选择“所学专业”选项，如图 4-152 所示。
- 单击“确定”按钮，在“数据”选项卡的“分级显示”组中单击“分类汇总”按钮，打开“分类汇总”对话框。
- 在“分类字段”下拉列表中选择“所学专业”选项，在“汇总方式”下拉列表中选择“计数”选项，在“选定汇总项”列表框中依次勾选“学号”“所学专业”和“辅导员”复选框，如图 4-153 所示。

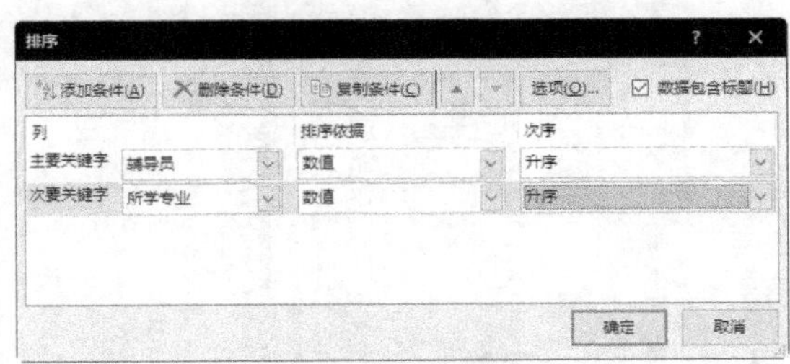

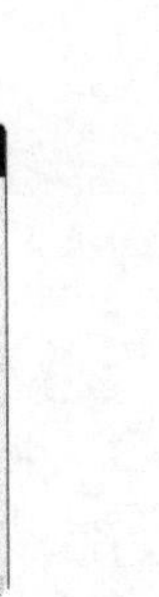

图 4-152　“排序”对话框　　　　图 4-153　“分类汇总”对话框

- 单击“确定”按钮，得到每个专业每个辅导员所管理的学生人数，如图 4-154 所示。

2016级各专业学生成绩一览表

行	学号	姓名	性别	高等数学	大学英语	基础会计	计算机基础	总分	平均分	所学专业	辅导员
3	201601301	李阳	男	95.6	92	93.6	92.2	373.4	93.35	财务管理	白起
4	201601301	王辉	男	90.6	91.2	86.4	89	357.2	89.3	财务管理	白起
5	201601301	张雷	女	84.6	80.8	88.2	90.8	344.4	86.1	财务管理	白起
6	3								财务管理 计数	3	3
7	201601201	张驰	男	94.2	96.4	92.4	92	375	93.75	信息会计	白起
8	201601201	王慧	女	96.4	95.4	94.4	95.6	381.8	95.45	信息会计	白起
9	201601201	李梓	女	92.6	91.8	89.4	93	366.8	91.7	信息会计	白起
10	201601201	王林峰	男	83.4	98.2	88	95	364.6	91.15	信息会计	白起
11	201601201	吴晓天	男	88.8	93.6	85.6	94.8	362.8	90.7	信息会计	白起
12	201601201	徐金凤	女	89.4	93.4	87.2	88	358	89.5	信息会计	白起
13	201601201	张宇	男	79.2	89.4	92.2	87	347.8	86.95	信息会计	白起
14	201601201	刘梦迪	男	91.4	84.2	91.6	93.8	361	90.25	信息会计	白起
15	201601201	刘畅	男	92.4	93	90.2	92	367.6	91.9	信息会计	白起
16	201601201	郝昊	男	90	88.2	86.4	93	357.6	89.4	信息会计	白起
17	201601201	单红	女	86.6	94.4	89.4	94.8	365.2	91.3	信息会计	白起
18	201601201	诸天	男	89.4	88.6	96.2	88	362.2	90.55	信息会计	白起
19	12								信息会计 计数	12	12
20	201602101	赵亮	男	91	93.2	91.8	92.2	368.2	92.05	软件工程	黄艺明
21	201602101	黄忠	男	84.4	84.2	85.2	93	346.8	86.7	软件工程	黄艺明
22	201602101	黄豆	男	93	90.8	95.4	90	369.2	92.3	软件工程	黄艺明
23	201602101	邱静华	男	95.6	93.4	95.6	92	376.6	94.15	软件工程	黄艺明
24	201602101	蒋文景	男	79.4	95	96.2	95.6	366.2	91.55	软件工程	黄艺明
25	201602101	赵碧琳	女	93.2	97.6	94.8	87	372.6	93.15	软件工程	黄艺明
26	6								软件工程 计数	6	6
27	201602301	周凯南	男	90.2	85.8	88.2	88	352.2	88.05	网络安全	黄艺明
28	201602301	魏明凯	男	93.6	91.6	86	82	353.2	88.3	网络安全	黄艺明

图 4-154　按专业、辅导员分类汇总结果

在“分类汇总各辅导员”工作表中，用嵌套分类汇总统计每个辅导员所负责专业的平均总分，操作步骤如下。

- 单击“分类汇总各辅导员”工作表数据区中任一单元格。
- 在“数据”选项卡的“排序与筛选”组中单击“排序”按钮，打开“排序”对话框。
- 在“主要关键字”下拉列表中选择“辅导员”选项，单击“添加条件”按钮，在“次要关键字”下拉列表中选择“所学专业”选项。
- 单击“确定”按钮，在“数据”选项卡的“分级显示”组中，单击“分类汇总”按钮，打开“分类汇总”对话框。
- 在“分类字段”下拉列表中选择“所学专业”选项，在“汇总方式”下拉列表中选择“平均值”选项，在“选定汇总项列表框中依次勾选“总分”“所学专业”和“辅导员”复选框。
- 单击“确定”按钮，得到每个辅导员所负责专业的平均总分，如图 4-155 所示。

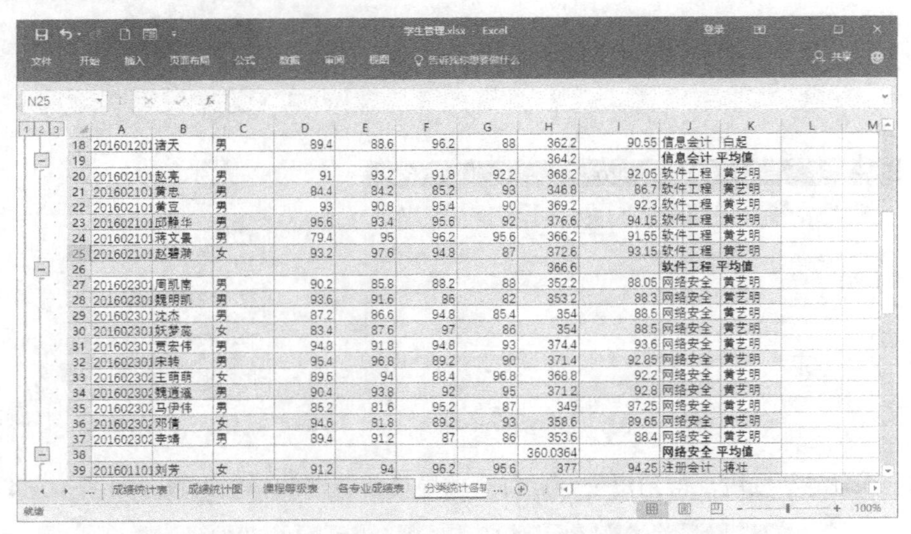

	A	B	C	D	E	F	G	H	I	J	K
18	201601201	诸天	男	89.4	88.6	96.2	88	362.2	90.55	信息会计	白起
19								364.2		信息会计 平均值	
20	201602101	赵亮	男	91	93.2	91.8	92.2	368.2	92.05	软件工程	黄艺明
21	201602101	黄忠	男	84.4	84.2	85.2	93	346.8	86.7	软件工程	黄艺明
22	201602101	黄豆	男	93	90.8	95.4	90	369.2	92.3	软件工程	黄艺明
23	201602101	邱静华	男	95.6	93.4	95.6	92	376.6	94.15	软件工程	黄艺明
24	201602101	蒋文景	男	79.4	95	96.2	95.6	366.2	91.55	软件工程	黄艺明
25	201602101	赵碧漪	女	93.2	97.6	94.8	87	372.6	93.15	软件工程	黄艺明
26								366.6		软件工程 平均值	
27	201602301	周凯南	男	90.2	85.8	88.2	88	352.2	88.05	网络安全	黄艺明
28	201602301	魏明凯	男	93.6	91.6	86	82	353.2	88.3	网络安全	黄艺明
29	201602301	沈杰	男	87.2	86.6	94.8	85.4	354	88.5	网络安全	黄艺明
30	201602301	妖梦蕊	女	83.4	87.6	97	86	354	88.5	网络安全	黄艺明
31	201602301	贾宏伟	男	94.8	91.8	94.8	93	374.4	93.6	网络安全	黄艺明
32	201602301	宋转	男	95.4	96.8	89.2	90	371.4	92.85	网络安全	黄艺明
33	201602302	王萌萌	女	89.6	94	88.4	96.8	368.8	92.2	网络安全	黄艺明
34	201602302	魏逍遥	男	90.4	93.8	92	95	371.2	92.8	网络安全	黄艺明
35	201602302	马伊伟	男	85.2	81.6	95.2	87	349	87.25	网络安全	黄艺明
36	201602302	邓倩	女	94.6	81.8	89.2	93	358.6	89.65	网络安全	黄艺明
37	201602302	李婧	男	89.4	91.2	87	86	353.6	88.4	网络安全	黄艺明
38								360.0364		网络安全 平均值	
39	201601101	刘芳	女	91.2	94	96.2	95.6	377	94.25	注册会计	蒋壮

图 4-155　按专业、辅导员分类汇总总分平均值

5. 用数据透视表统计一位辅导员所带不同专业的平均成绩

在"分类统计各辅导员"工作表中，选择"黄艺明"老师所负责两个专业的平均成绩制作"簇状柱形图"图表，操作步骤如下。

- 选中"各专业成绩表"工作表的 H2 单元格，按 Ctrl 键依次选择 J2、H26、J26、H38、J38 单元格，复制其中的数据至空白单元格中，如图 4-156 所示。

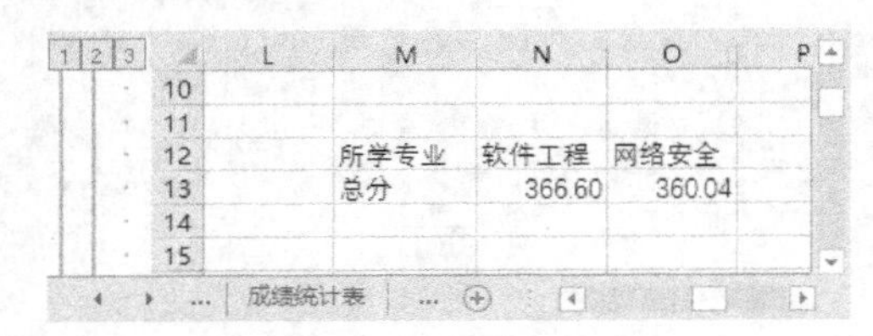

	L	M	N	O
10				
11				
12		所学专业	软件工程	网络安全
13		总分	366.60	360.04
14				
15				

图 4-156　复制数据至空白单元格

- 在"插入"选项卡的"图表"组中，单击"插入柱形图或条形图"按钮，在弹出的下拉列表中选择"簇状柱形图"选项，插入如图 4-157 所示的图表。

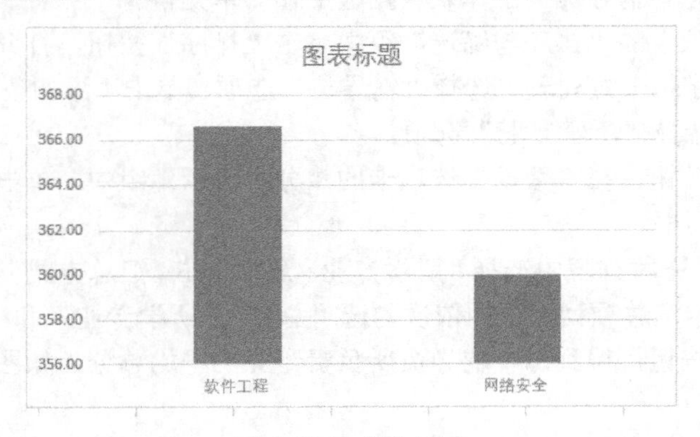

图 4-157　插入图表

● 单击图表，在“图表工具/设计”选项卡的“图表布局”组中，单击“添加图表元素”按钮，添加图表标题及图例，在“图表工具/设计”选项卡的“图表布局”组中，单击“添加图表元素”按钮，添加指数趋势线，如图 4-158 所示。

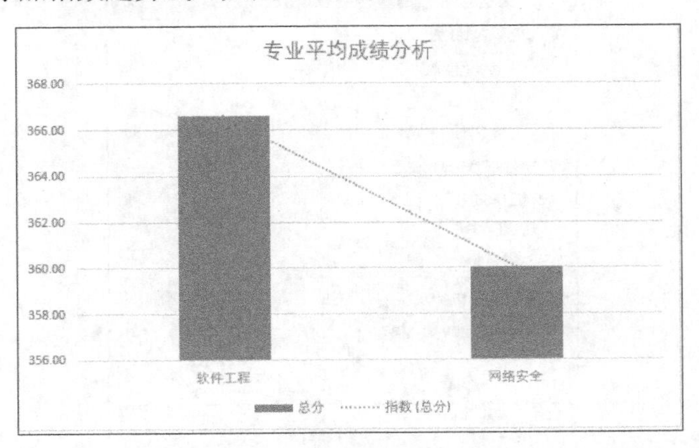

图 4-158　添加指数趋势线

● 更改趋势线颜色和线型。单击添加的指数趋势线，在“图表工具/格式”选项卡的“形状样式”组中，单击“形状轮廓”按钮，在弹出的下拉列表中选择“红色”“粗细 1 磅”“实线”“箭头样式 5”等选项，效果如图 4-159 所示。

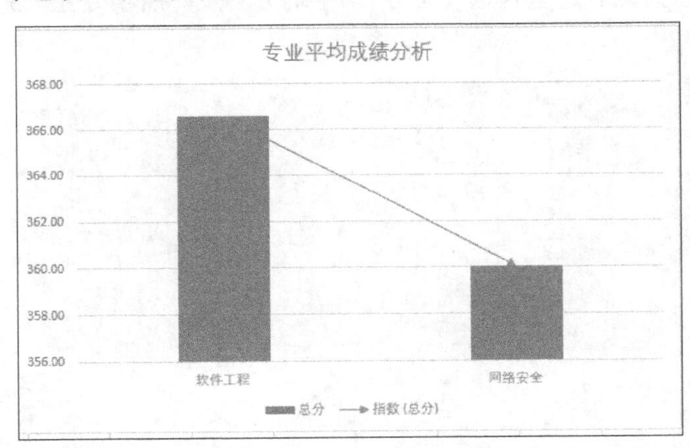

图 4-159　更改趋势线

6．用数据透视表统计不同专业的人数及平均成绩

在“各专业成绩表”工作表中，用数据透视表统计不同专业的人数和平均成绩，操作步骤如下。

● 在“各专业成绩表”工作表中单击数据区的任意一个单元格。

● 在“插入”选项卡的“表格”组中，单击“数据透视表”按钮，打开“创建数据透视表”对话框。

● 系统会自动选择数据区，在“选择放置数据透视表的位置”选项组中选中“新工作表”单选按钮，如图 4-160 所示。

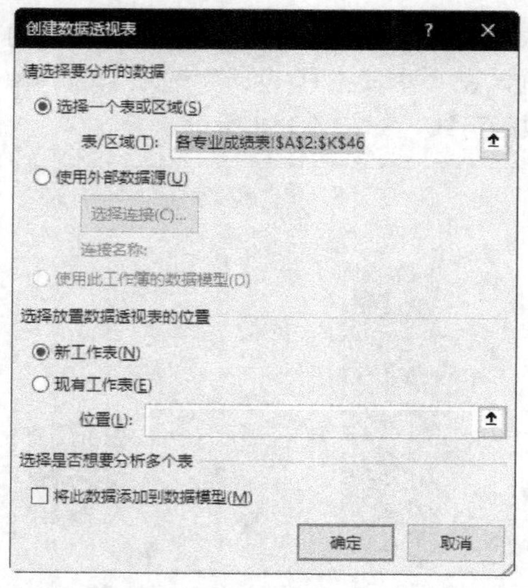

图 4-160 “创建数据透视表”对话框

● 单击“确定”按钮，创建数据透视表 Sheet1。

● 添加字段。在“数据透视表字段列表”窗格中的“选择要添加到报表的字段”列表框中，勾选对应字段的复选框，即可在左侧的数据透视表区域显示出相应的数据信息，而且这些字段被存放在窗格的相应区域。这里勾选“总分”“平均分”及“所学专业”3 个字段，如图 4-161 所示。

图 4-161 添加字段

● 单击“值”选项组中“总分”字段的▾按钮，在弹出的下拉列表中选择“值字段设置”选项，打开“值字段设置”对话框，在“计算类型”列表框中选择“平均值”选项，如图 4-162 所示。

● 单击“确定”按钮，计算同专业“总分”的“平均分”，同样方法，计算同专业“平均

分”的“计数”，如图 4-163 所示。

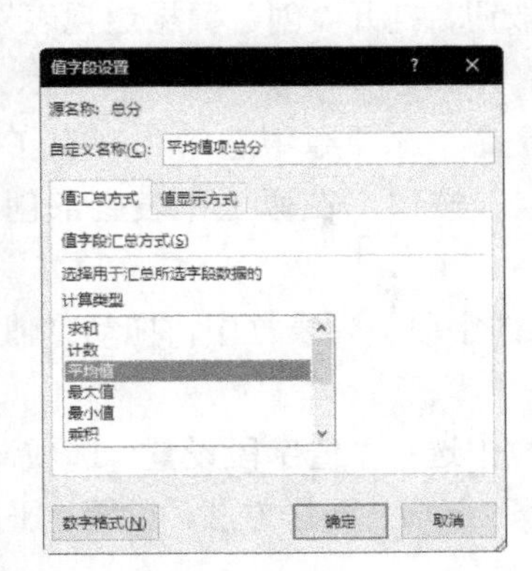

图 4-162　“值字段设置”对话框

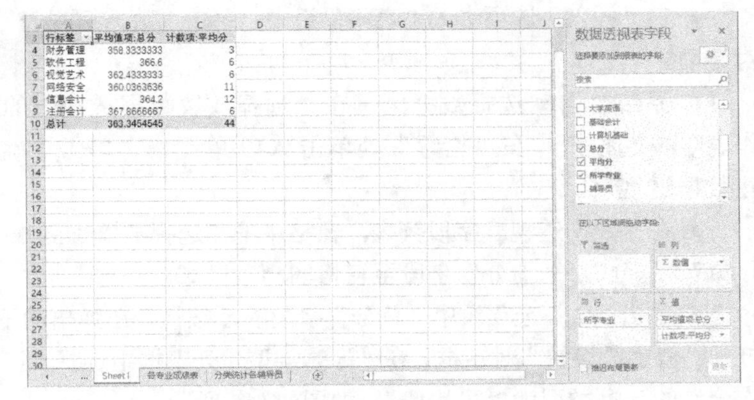

图 4-163　设置字段

● 选择数据透视表中的 B2:B10 单元格区域，在“开始”选项卡的“数字”组中，连续单击“减少小数位数”按钮，让数据保留小数点后两位。

● 单击任意一个单元格，在“数据透视表工具/设计”选项卡的“数据透视表样式选项”组中，勾选“镶边行”复选框。

● 在“数据透视表工具/设计”选项卡的“数据透视表样式”组中，单击“其他”按钮，在弹出的下拉列表中选择“深色”选项组中的“数据透视表样式深色 3”选项，应用所选样式，如图 4-164 所示。

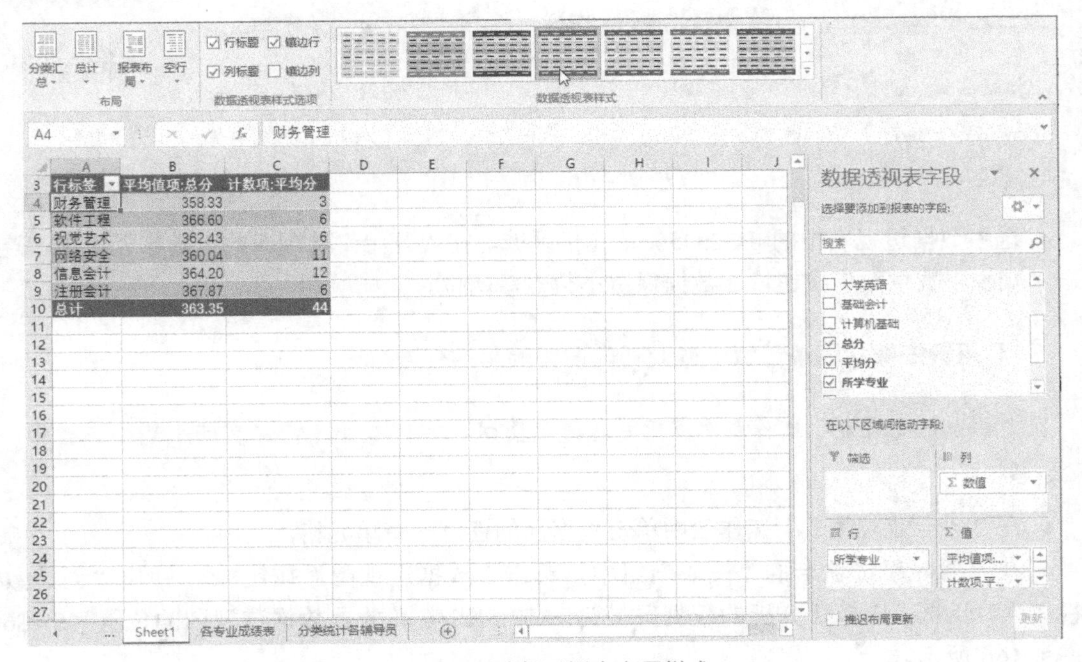

图 4-164　选择透视表应用样式

在“各专业成绩表”工作表中，用数据透视表统计不同辅导员管理的学生人数和平均成绩，操作步骤如下。

● 在“各专业成绩表”工作表中单击数据区的任意一个单元格。

● 在“插入”选项卡的“表格”组中，单击“数据透视表”按钮，打开“创建数据透视表”对话框。

● 系统会自动选择数据区，在“选择放置数据透视表的位置”选项组中选中“现有工作表”单选按钮，在“位置”处单击 A49 单元格，单击“确定”按钮，在原工作表底部创建数据透视表。

● 在“数据透视表字段列表”窗格中的“选择要添加到报表的字段”列表框中，拖动“辅导员”“总分”“平均分”字段至窗格的相应区域。

● 单击“值”选项组中“总分”字段的▾按钮，在弹出的下拉中选择“值字段设置”选项，打开“值字段设置”对话框，在“计算类型”列表框中选择“计数”选项，同样方法，设置“平均分”的计算类型为“平均值”，如图 4-165 所示。

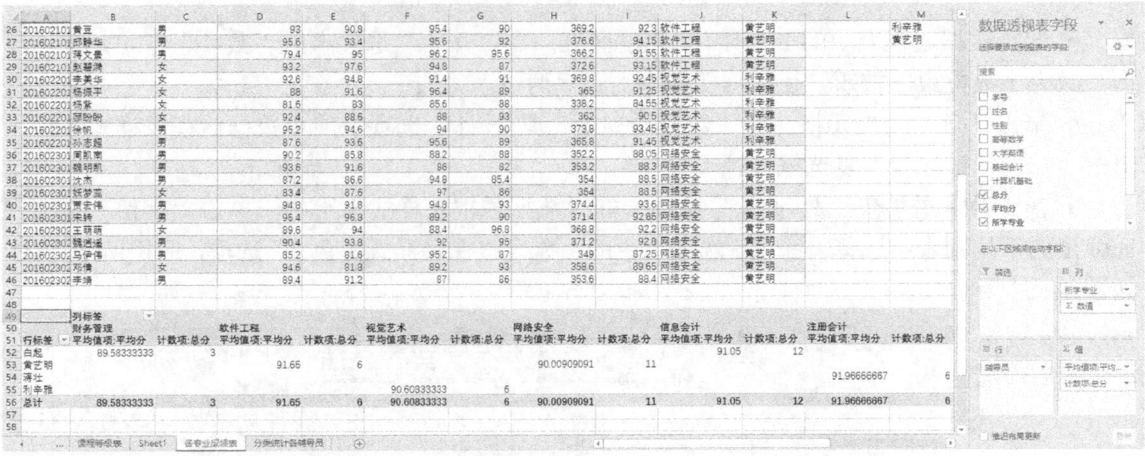

	A	B	C	D	E	F	G	H	I	J	K	L	M
26	201602101	黄豆	男	93	90.8	95.4	90	369.2	92.3	软件工程	黄艺明		利辛雅
27	201602101	邱静华	男	95.6	93.4	95.6	92	376.6	94.15	软件工程	黄艺明		黄艺明
28	201602101	蒋文景	男	79.4	95	96.2	95.6	366.2	91.55	软件工程	黄艺明		
29	201602101	赵碧腾	女	93.2	97.6	94.8	87	372.6	93.15	软件工程	黄艺明		
30	201602201	李美华	女	92.6	94.8	91.4	91	369.8	92.45	视觉艺术	利辛雅		
31	201602201	杨振平	女	88	91.6	96.4	89	365	91.25	视觉艺术	利辛雅		
32	201602201	杨紫	女	81.6	83	85.6	88	338.2	84.55	视觉艺术	利辛雅		
33	201602201	顾盼盼	女	92.4	88.6	88	93	362	90.5	视觉艺术	利辛雅		
34	201602201	徐帆	男	95.2	94.6	94	90	373.8	93.45	视觉艺术	利辛雅		
35	201602201	孙志超	男	87.6	93.6	95.6	89	365.8	91.45	视觉艺术	利辛雅		
36	201602301	周凯南	男	90.2	85.8	88.2	88	352.2	88.05	网络安全	黄艺明		
37	201602301	魏明凯	男	93.6	91.6	86	82	353.2	88.3	网络安全	黄艺明		
38	201602301	沈杰	男	87.2	86.6	94.8	85.4	354	88.5	网络安全	黄艺明		
39	201602301	妖梦蕊	女	83.4	87.6	97	86	354	88.5	网络安全	黄艺明		
40	201602301	贾宏伟	男	94.8	91.8	94.8	93	374.4	93.6	网络安全	黄艺明		
41	201602301	宋柠	男	95.4	96.8	89.2	90	371.4	92.85	网络安全	黄艺明		
42	201602302	王萌萌	女	89.6	94	88.4	96.8	368.8	92.2	网络安全	黄艺明		
43	201602302	魏逍遥	男	90.4	93.8	92	95	371.2	92.8	网络安全	黄艺明		
44	201602302	马伊伟	男	85.2	81.6	95.2	87	349	87.25	网络安全	黄艺明		
45	201602302	邓倩	女	94.6	81.8	89.2	93	358.6	89.65	网络安全	黄艺明		
46	201602302	李婧	男	89.4	91.2	87	86	353.6	88.4	网络安全	黄艺明		

		列标签												
50		财务管理		软件工程		视觉艺术		网络安全		信息会计		注册会计	
51	行标签	平均值项:平均分	计数项:总分	平均值项:平均分	计数项:总分	平均值项:平均分	计数项:总分	平均值项:平均分	计数项:总分	平均值项:平均分	计数项:总分	平均值项:平均分	计数项:总分
52	白起	89.58333333	3							91.05	12		
53	黄艺明			91.65	6			90.00909091	11				
54	蒋壮											91.96666667	6
55	利辛雅					90.60833333	6						
56	总计	89.58333333	3	91.65	6	90.60833333	6	90.00909091	11	91.05	12	91.96666667	6

课程等级表 Sheet1 各专业成绩表 分类统计各辅导员

图 4-165 设置字段

● 选中数据透视表中的 B52:O56 单元格区域，在“开始”选项卡的“数字”组中，连续单击“减少小数位数”按钮，让数据保留小数点后两位。

7．利用数据透视图统计每个专业 4 门课程的平均分数

在“各专业成绩表”工作表中，用数据透视图统计不同专业 4 门课程的平均分，操作步骤如下。

● 在“各专业成绩表”工作表中单击数据区的任意一个单元格。

● 在“插入”选项卡的“图表”组中，单击“数据透视图”按钮，弹出“创建数据透视图”对话框，选择要分析的数据区域为$A$2:$K$46 和放置数据透视图的位置为$A$60，如图 4-166 所示。

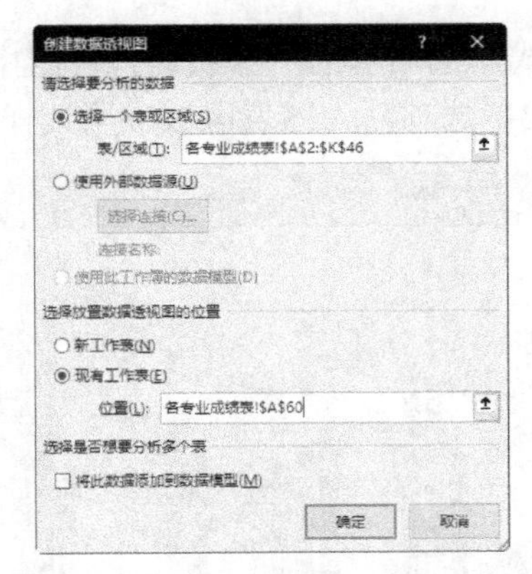

图 4-166　“创建数据透视图”对话框

● 单击“确定”按钮，生成数据透视图，如图 4-167 所示。

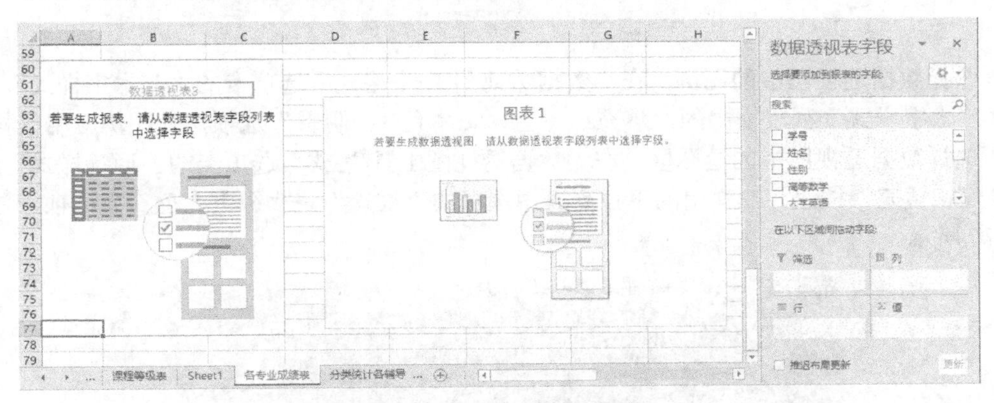

图 4-167　新建的数据透视图

● 在“数据透视表字段”窗格的“选择要添加到报表的字段”列表框中勾选“辅导员”“高等数学”“大学英语”“基础会计”及“计算机基础”5 个复选框，此时，数据透视图表中将显示所选数据信息，如图 4-168 所示。

● 在“值”选项组中设置所有字段的“计算类型”为“平均值”。

● 单击数据透视图，在“数据透视图工具/设计”选项卡的“图表布局”组，单击“添加图表元素”按钮，在弹出的下拉列表中选择“数据标签”→“无”选项，取消数据标签。

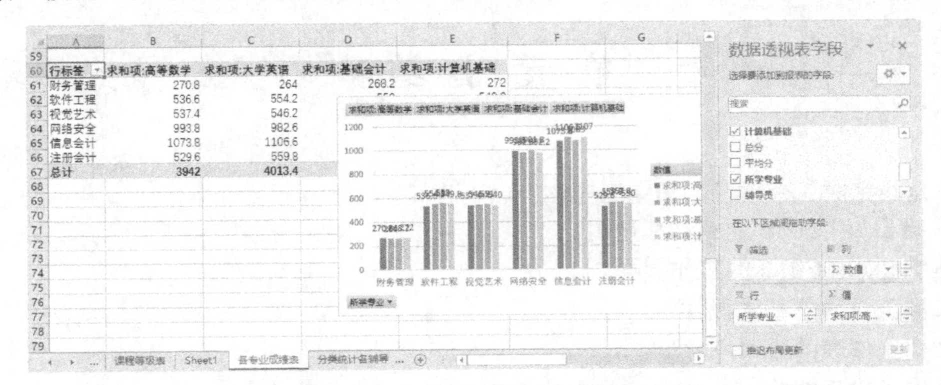

图 4-168　创建的数据透视表及数据透视图

● 在“数据透视图工具/格式”选项卡的“形状样式”组中，选择“形状样式”列表框中的“强烈效果_灰色，强调颜色 3”选项，为图表区域应用该样式，如图 4-169 所示。

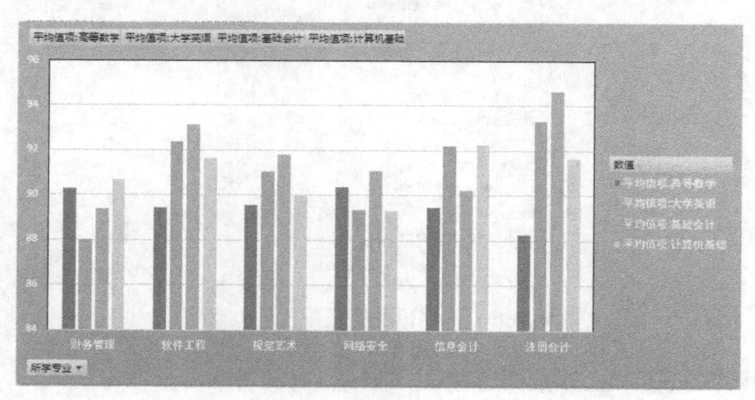

图 4-169 设置图表区样式

● 选择数据透视图中的图例，在“数据透视图工具/格式”选项卡的“艺术字样式”组中，选择“艺术字样式”列表框中的“填充：黑色，文本色 1：阴影”选项，为图例应用该样式。

● 选择数据透视图中的绘图区，在“数据透视图工具/格式”选项卡的“形状样式”组中，单击“形状填充”按钮，在弹出的下拉列表中选择的“纹理”→“绿色大理石”选项，效果如图 4-170 所示。

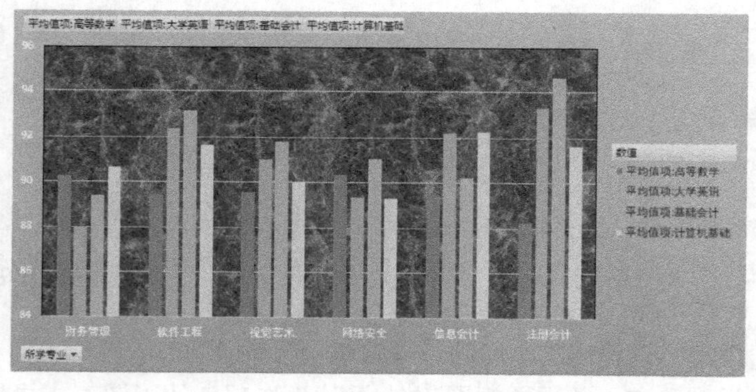

图 4-170 数据透视图美化效果

单 元 小 结 4

本单元共完成 3 个项目，学完后应该有以下收获。

- 掌握 Excel 2016 的启动和退出。
- 熟悉 Excel 2016 的工作界面。
- 掌握工作簿的基本操作。
- 掌握工作表的基本操作。
- 掌握工作表的输出。

- 了解单元格中数据的输入。
- 掌握单元格的基本操作。
- 掌握单元格中数据的编辑。
- 掌握单元格格式的设置。
- 掌握公式的构成及使用。
- 掌握函数的分类及引用。
- 掌握常用函数的格式、功能及应用。
- 掌握数据的排序、筛选及分类汇总。
- 掌握使用图表、透视表、透视图进行数据分析。

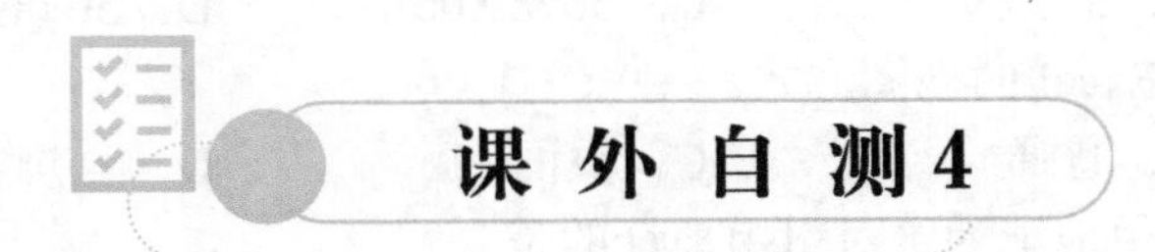

课外自测4

一、单选题

1．Excel 工作簿的默认名称是__________。

A．Sheet1　　B．Excel1
C．Xlstart　　D．工作簿 1

2．在 Excel 工作簿中，默认包含的工作表个数是_________。

A．1　　B．2　　C．3　　D．4

3．在单元格中输入“2019 年 9 月 10 日”，然后选择该单元格，使用鼠标进行拖动，填充数据。那么填充的第一个数据是__________。

A．2019 年 9 月 10 日　　B．2019 年 9 月 11 日
C．2019 年 8 月 10 日　　D．2019 年 8 月 11 日

4．在单元格中输入“2/5”，按 Enter 键，该单元格将显示__________。

A．2/5　　B．2 月 5 日
C．0.4　　D．5 月日

5．如果需要输入邮政编码“010105”，则可在单元格中输入_________。

A．010105　　B．‘010105
C．+010105　　D．0 010105

6．Excel 中，在单元格中输入 19/3/10，则结果为__________。

A．2019/3/10　　B．3-10-2019
C．19-3-10　　D．2019 年 3 月 10 日

7．要向 A1 单元格中输入字符串时，其长度超过 A1 单元格的显示长度，若 B1 单元格是空的，则字符串的超出部分将__________。

A．被删除　　B．作为另一个字符串被存入 B1 中
C．显示####　　D．连续超格显示

8．在工作表的编辑过程中，“格式刷”按钮的功能是___________。

A．复制输入的文字　　B．复制输入单元格的格式

C．重复打开文件　　　　　　　　　　C．删除

9．Excel 中录入数字时，若在数据前加单引号“'”，则单元格中表示的数据类型是________。

A．字符类　　B．数值　　C．日期　　D．时间

10．在 Excel 工作表中，如果没有预先设定整个工作表的对齐方式，系统默认数值的对齐方式为__________。

A．右对齐　　B．居中对齐　　C．左对齐　　D．视具体情况而定

11．在 Excel 工作表中，如果对数值型数据预置小数位数为 2，那么键入 56789 时，显示结果是__________。

A．0056789　　B．567.89　　C．56789.00　　D．56789

12．__________不属于 Excel 的视图方式。

A．分页预览　　B．普通　　C．页面　　D．全屏显示

13．在 Excel 中，下列引用地址为绝对引用地址的是__________。

A．$D5　　B．E$6　　C．F8　　D．$G$9

14．在 D1 单元格中有公式“=A1+$C1”，将 D1 中的公式复制到 E4 单元格中，则 E4 单元格中的公式为__________。

A．=A4+$C4　　B．=B4+$D4

C．=B4+$C4　　D．=A4+C4

15．=SUM(D3,F5,C2:G2,E3)表达式的数学意义是__________。

A．=D3+F5+C2+D2+E2+F2+G2+E3

B．=D3+F5+C2+G2+E3

C．=D3+F5+C2+E3

D．=D3+F5+G2+E3

16．在 Excel 窗口的不同位置，__________可以引出不同的快捷菜单。

A．右击　　B．单击

C．双击鼠标右键　　D．双击

17．在选定单元格的操作中先选定 A2，按住 Shift 键，然后单击 C5，这时选定的单元格区域是__________。

A．A2:C5　　B．A1:C5　　C．B1:C5　　D．B2:C5

18．执行一次排序时，最多能设__________个关键字段。

A．1　　B．2　　C．3　　D．任意多个

19．在 Excel 工作表中，公式的定义必须以__________符号开头。

A．“　　B．=　　C．:　　D．*

20．在工作表中创建图表，需要使用“__________”选项卡。

A．开始　　B．插入　　C．数据　　D．视图

二、实操题

1．根据不同类型数据的输入方法，完成如图 4-171 所示的“职工信息”工作表的创建。

五阳公司职工信息表									
编号	姓名	性别	身份证号	参加工作时间	行政职务	学历	工作部门	职称	年薪（万元）
A1002	赵红法	男	110102196610050003	1986-8-10	部门经理	本科	总公司	高级经济师	30
A1004	陈林	女	310122196712106000	1989-3-20	总经理	本科	总公司	高级会计师	28
A1001	王正明	男	310100196301102211	1985-7-15	部门总监	本科	总公司	高级经济师	60
A1007	李二芳	女	220101199010032268	2011-7-12	部门经理	本科	重庆店	高级经济师	26
A1011	张一剑	女	410106197710112388	1999-7-3	普通职员	本科	重庆店	经济师	30
A1010	张成然	男	230266197901283231	2001-7-20	普通职员	本科	上海店	助理经济师	16
A1009	金一明	女	320113198808204000	2010-7-30	普通职员	本科	上海店	助理经济师	22
A1005	周海龙	男	610102198605102211	2008-7-25	部门经理	本科	上海店	经济师	28
A1008	武胜辉	男	410112198303203311	2006-7-7	普通职员	本科	北京店	经济师	20
A1006	孙明辉	男	420105199107230007	2013-7-15	部门总监	本科	北京店	高级经济师	30
A1003	李明真	女	410116197304210022	1998-8-15	部门经理	专科	北京店	高级会计师	33
A1012	郑超	男	311230197510303387	1997-7-4	普通职员	本科	重庆店	助理经济师	19
A1013	陈淑英	女	512213198004231152	2000-9-1	普通职员	本科	总公司	助理经济师	18
A1014	王志刚	男	110102198006102113	2002-7-13	普通职员	本科	北京店	助理经济师	22
A1015	钱金金	女	102231198106162328	2003-8-3	普通职员	本科	总公司	经济师	25

职工信息　Sheet2　Sheet3

图 4-171　五阳公司职工信息表

（1）要求标题黑体 16 磅红色，合并单元格居中，表头楷体 11 磅，橙色填充居中，表内数据宋体 11 磅居中。

（2）设置职工信息表外边框绿色实线 2 磅，内侧黑实线，0.5 磅。

（3）给工作表插入背景图片。

（4）利用条件格式将“年薪”低于 20 万元的用绿色填充，而超过 30 万元的用红色填充。

（5）对职工信息表中“年薪”项按由高到低进行排序。

（6）先按照“工作部门”的降序，再按照“行政职务”的降序，最后按照“职称”的升序进行排序，查看不同部门职工的职务及职称情况。

（7）在职工信息表中，筛选出在“总公司”工作的职工。

（8）在职工信息表中，筛选年薪在 20 万元～30 万元的所有职工。

（9）在职工信息表中筛选出年薪在 30 万元（含 30 万元）以上的部门经理和年薪在 20 万元以下的普通职员。

2．完成如同 4-172 所示的“职工工资表”工作表的制作，使用公式和函数进行运算。

五阳公司职工工资表											
编号	姓名	性别	基本工资	职务津贴	文明奖	住房补贴	应发小计	失业金	医保金	公积金	实发工资
1	王正明	男	2763.30	1000.00	200.00	300.00		27.63	82.90	138.17	
3	金一明	男	2541.10	800.00	200.00	280.00		25.41	76.23	127.06	
4	陈林	男	2556.50	800.00	200.00	280.00		25.57	76.70	127.83	
5	李二芳	男	2206.70	600.00	200.00	250.00		22.07	66.20	110.34	
2	陈淑英	女	2730.30	1200.00	200.00	300.00		27.30	81.91	136.52	
6	钱金金	女	2178.00	500.00	200.00	200.00		21.78	65.34	108.90	
7	李明真	女	2149.50	500.00	200.00	200.00		21.50	64.49	107.48	
最高工资											
最低工资											
平均工资											

职工工资　工资表　Sheet2　Sheet3　Sheet4

图 4-172　五阳公司职工工资表

（1）标题宋体 16 磅合并后居中，其他宋体 9 磅居中，绿色外边框 3 磅实线，内线为细实线 0.5 磅。

（2）利用公式和函数计算“应发小计”“实发工资”“最高工资”“最低工资”“平均工资”。

（3）按“性别”进行分类汇总，统计不同性别的平均实发工资和人数。

（4）筛选所有的实发工资在 3500 元以上的女职工。

3．利用职工信息表和职工工资表进行如下操作。

（1）使用 VLOOKUP 函数统计不同工作部门实发工资总额和人数。

（2）使用 COUNT 或 COUNTA 函数统计公司总人数。

（3）使用 COUNTIF 或 COUNTIFS 函数统计各行政职务的人数和平均实发工资。

（4）使用 COUNTIFS 函数统计实发工资在 4000 元以上，3000～4000 元，以及 3000 元以下的人数。

4．根据统计出的各工作部门人数绘制图表。

（1）图表类型为“复合饼型”，图表样式为“样式 8”。

（2）图表布局为“布局 2”，图表标题为“各工作部门人数统计图”，字体为隶书 16 磅。

（3）在图表顶部添加图例，将数据标签设置在“数据标签外”。

（4）将图表作为新工作表插入，新工作表的名称为“统计图”。

PowerPoint 2016 基本应用

PowerPoint 作为一款交互式演示软件，可以为企事业单位、公司、个人等提供强大的展示界面，适合于各种展示型、分享型、介绍型的工作场景。PowerPoint 具有生动形象，动感直观的视觉效果，能够帮助受众更好地理解讲授者的意图，其中可供展示的内容包含文字、图片、音频、视频，具体的操作有幻灯片文字排版、图片插入、SmartArt 使用、版式的应用、母版的应用、背景的设置、动画效果的设置、放映效果的设置等，本单元就将通过对产品分析宣讲稿的制作来演示以上功能。

项目 1
制作产品分析宣讲稿

PowerPoint 预备知识

项目描述

刘明利毕业之后进入一家互联网公司，并很快成为公司的骨干。公司最近准备在共享单车这个项目上做一些实践，于是让刘明利分析一下目前共享单车的发展现状以及利弊，给公司以后的发展提供战略支撑。刘明利深知责任重大，他决定先搜集资料，然后使用 PowerPoint 做出一个形象直观的演示文件，并准备在部门会议上给大家做分析演示。

项目分析

在完成资料搜集和整理后，首先建立一个 PowerPoint 演示文档，先制作一个宣讲稿的演示大纲，再统一格式设计幻灯片的模板，并填充文字和图片等多媒体素材，为了美观动感，在文字和图片出现时加上动态的效果，并设置好放映的效果，输出演讲稿。

相关知识

1．PowerPoint 2016 的启动和退出

（1）启动 PowerPoint 2016

- 从“开始”菜单进入。单击“开始”按钮，在打开的“开始”菜单中选择“PowerPoint 2016”命令，如图 5-1 所示，即可启动 PowerPoint 2016。
- 从快捷方式进入。双击 Windows 桌面上的 PowerPoint 2016 快捷方式图标，即可启动 PowerPoint 2016，如图 5-2 所示。
- 通过双击 PowerPoint 2016 文件启动。在计算机上双击任意一个 PowerPoint 2016 文件图标，在打开该文件的同时即可启动 PowerPoint 2016，如图 5-3 所示。

（2）退出 PowerPoint 2016

- 双击工作簿窗口左上角的“控制菜单”图标，选择“关闭”选项，如图 5-4 所示，或按 Alt+F4 组合键即可关闭窗口退出 PowerPoint 2016。
- 直接单击 PowerPoint 2016 标题栏右侧的“关闭”按钮☒即可退出 PowerPoint 2016。

2. PowerPoint 2016 的工作界面

启动后的 PowerPoint 2016 的工作界面如图 5-5 所示。

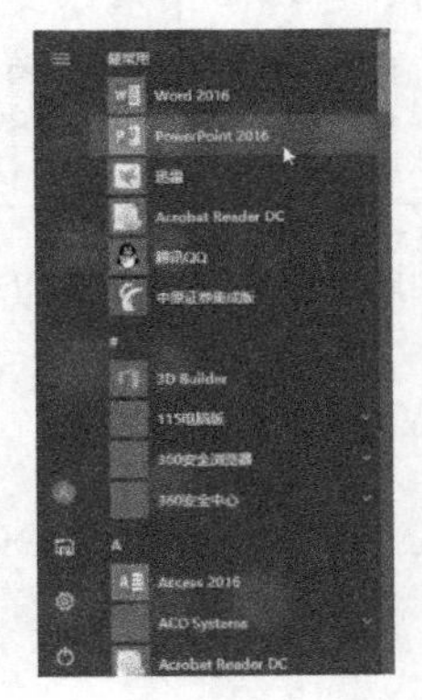

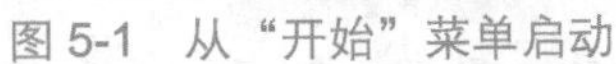

图 5-1 从“开始”菜单启动

图 5-2 快捷方式

图 5-3 双击 PowerPoint 文件启动

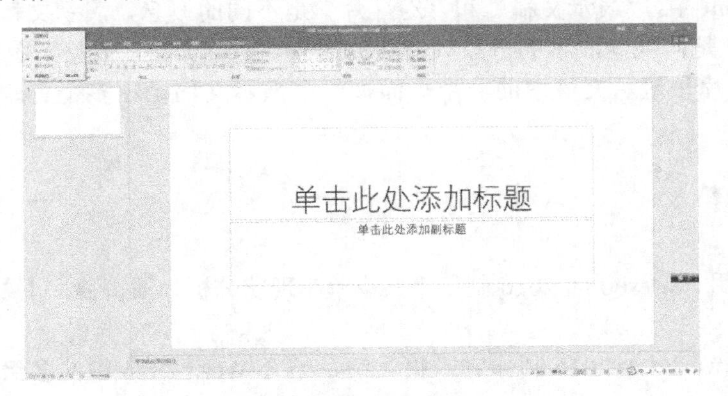

图 5-4 “控制菜单”选项

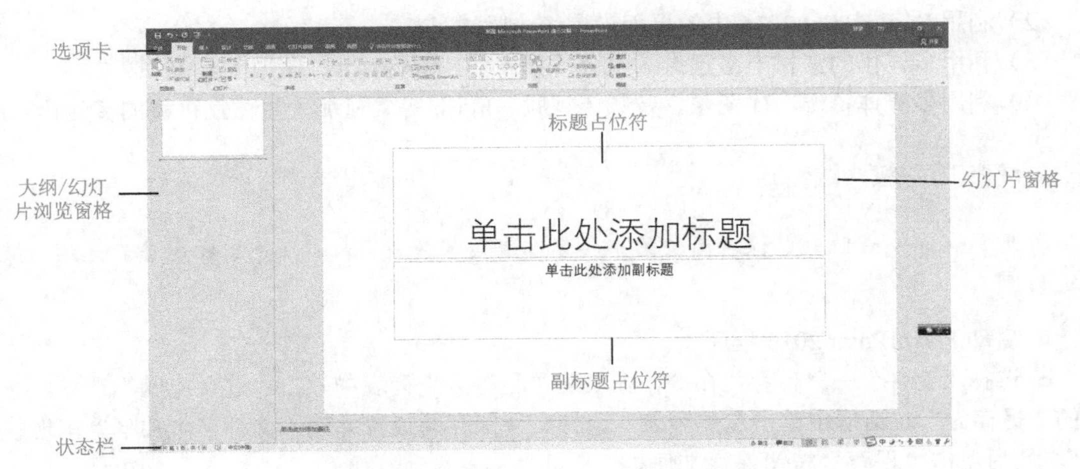

图 5-5 PowerPoint 2016 的工作界面

PowerPoint 2016 的工作窗口主要由标题栏、功能区、编辑区、大纲/幻灯片浏览窗格、工作表标签和状态栏等组成。

专家点睛

一个 PowerPoint 文件就是一个扩展名为“.pptx”的幻灯片文件，这样一个演示文稿文件又是由若干个单独的幻灯片页面构成的。当新建 PowerPoint 文件时，可以不断添加新的幻灯片来增加展示的页面内容。

- 大纲/幻灯片浏览窗格。在此界面主要是可以预览所有幻灯片的视图，并可以快速切换到该幻灯片进行修改。
- 占位符，为当前幻灯片预留的文本输入区域，分标题占位符、副标题占位符，对应的样式不同，可直接手动输入文本。

3. 演示文稿及幻灯片

在 PowerPoint 中，“演示文稿”和“幻灯片”是不同的概念，演示文稿是一个扩展名为“.pptx”的文件，是向观众展示的一系列材料的拼接，包括文字、表格、图表、图形、声音、视频等。而幻灯片是演示文稿中的一个页面，一个演示文稿是由多个有联系的幻灯片按顺序排列组成的。

项目实现

本项目将利用 PowerPoint 2016 制作“共享单车现状分析”演讲稿，主要操作有以下几个步骤。

（1）利用 PowerPoint 2016 制作宣讲稿大纲，结合 Word 2016 中的多级标题大纲来完成插入。

（2）利用 PowerPoint 2016 中的母版设置统一版式风格。

（3）利用多样化的素材丰富宣讲稿内容，如表格、SmartArt、图形工具等。

（4）利用多媒体资源，如图像、音频、视频、Flash 等素材加大整体宣讲稿的多元化。

1. 制作宣讲稿大纲

打开 PowerPoint 2016，保存文件为“共享单车现状分析.pptx”，并制作演讲者大纲，操作步骤如下。

- 启动 PowerPoint 2016 程序。
- 选择“文件”→“保存”命令，在右侧“另存为”列表中双击“这台电脑”选项，在打开的“另存为”对话框中单击左侧列表，选择文件保存的位置并输入文件名“共享单车现状分析”，然后单击“保存”按钮保存文件。
- 在幻灯片界面左侧选择“大纲”选项卡。

将已经做好的“‘共享单车’分析大纲”Word 文档按照标题样式插入到 PowerPoint 中，并形成 PowerPoint 大纲视图，操作步骤如下。

● 单击“新建幻灯片”按钮，在弹出的下拉列表中选择“幻灯片（从大纲）”选项，打开“插入大纲”对话框，如图 5-6 所示。

● 选择“‘共享单车’分析大纲.docx”，单击“插入”按钮，在幻灯片“大纲”视图下显示如图 5-7 所示的大纲。

● 按 Ctrl+A 组合键全选大纲中的所有文字，在“开始”选项卡的“字体”组中，统一调整所有文字的字体和字号，这里所有字体均调整为“黑体”。

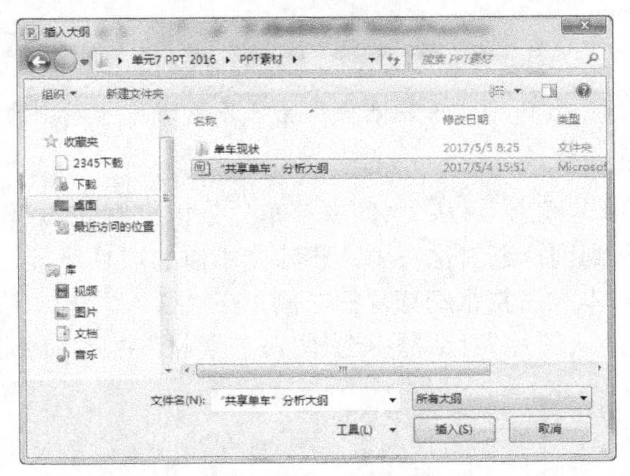

图 5-6　“插入大纲”对话框

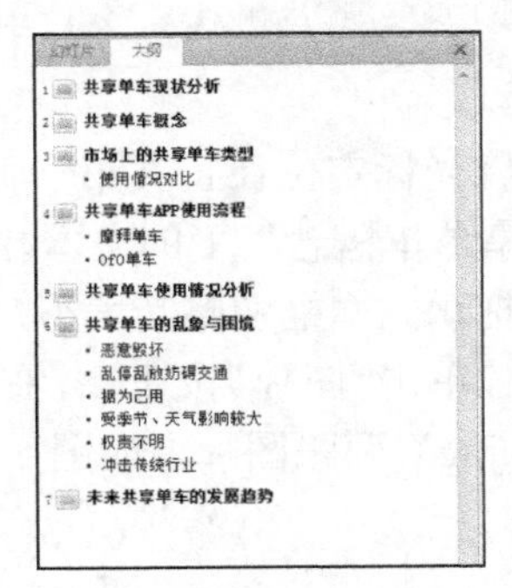

图 5-7　“演示文稿”大纲

大纲制作好之后，为幻灯片添加一个目录，目的是方便在介绍时清楚文档的结构，操作步骤如下。

● 把光标定位在第一张幻灯片上，右击该幻灯片，在弹出的快捷菜单中选择“新建幻灯片”命令。

● 一张全新的空白的幻灯片就出现在第二张幻灯片的位置，单击主占位符，输入“目录”，在占位符中输入文档的大纲一级标题，如图 5-8 所示。

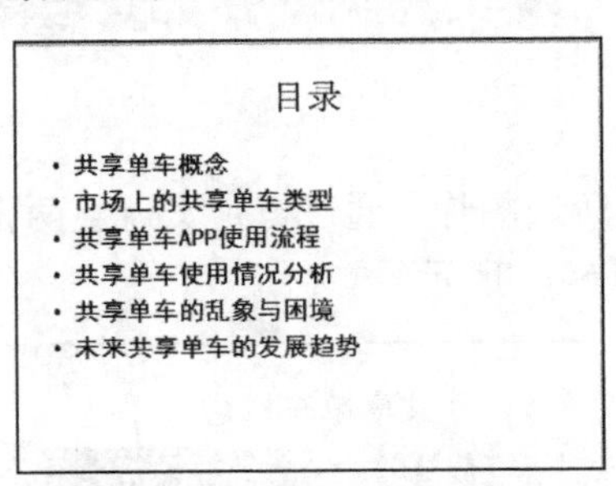

图 5-8　新建幻灯片并输入目录

为了便于后期对不同部分的幻灯片建立不同的格式，要对当前幻灯片进行分节处理，现将演示文稿分成两节，题目和目录是一节，目录后的内容是一节，操作步骤如下。

● 将光标定位在第三页“共享单车概念”，在“开始”选项卡的“幻灯片”组中，单击“节”按钮，在弹出的下拉列表中选择“新增节”选项，增加一节。

● 右击第三页上方的“无标题节”，在弹出的快捷菜单中选择“重命名节”命令，打开“重命名节”对话框，输入“正文”，如图 5-9 所示。

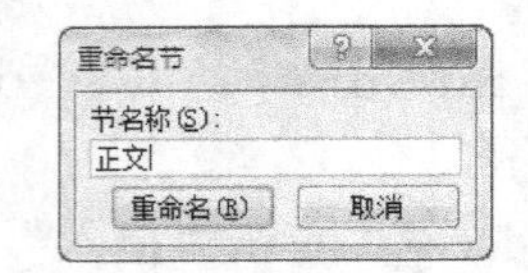

图 5-9　“重命名节”对话框

● 单击“确定”按钮，这样幻灯片的大纲就全部制作完成了。

2. 插入多媒体素材

在演示文稿中加入文字和图片素材，同时还加入一些视频和音频等多媒体素材，操作步骤如下。

● 将光标定位在正文第一页“共享单车概念”，从“‘共享单车’分析大纲.docx”文档中将“共享单车概念”下的文本复制并粘贴到副标题占位符中，删除文本前的项目符号。

● 拖动文本框调整其大小，将该段文本放在整张幻灯片的左侧，在“插入”选项卡的“图像”组中，单击“图片”按钮，在打开的“插入图片”对话框中选择“PPT 素材”中的“Mobike.jpg”和“ofo.jpg”两张图片，如图 5-10 所示。

图 5-10　“插入图片”对话框

● 单击“插入”按钮，插入所选图片。通过自定义调整两张图片的大小，使两张图片在幻灯片中上下对齐排列，效果如图 5-11 所示。

图 5-11　“共享单车概念”幻灯片

● 将光标定位在“市场上的共享单车类型”幻灯片，在“插入”选项卡的“文本”组中，单击“文本框”按钮，在弹出的下拉列表中选择“横排文本框”选项，插入文本框，重复以上操作步骤，“市场上的共享单车类型”幻灯片设计效果如图 5-12 所示。

图 5-12　“市场上的共享单车类型”幻灯片

3. 丰富宣讲内容

图表能更加形象直观地展示对比内容，从而丰富演讲文稿的内容，这里，将几种单车的属性通过表格的形式展示出来，操作步骤如下。

● 将光标定位在“市场上的共享单车类型”幻灯片上，右击该幻灯片，在弹出的快捷菜单中选择“新建幻灯片”命令，在新的空白幻灯片的主标题占位符中输入“市场上的共享单车对比”。

● 在“插入”选项卡的“表格”组中，单击“表格”按钮，在弹出的下拉列表中选择“插入表格”命令，弹出“插入表格”对话框。

● 输入 5 行 6 列，如图 5-13 所示，单击“确定”按钮，插入一个 5 行 6 列的表格。

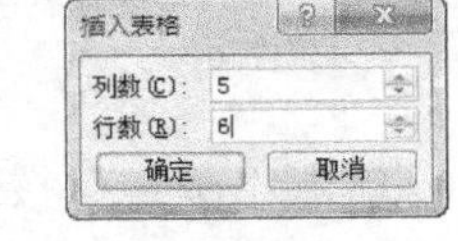

图 5-13　“插入表格”对话框

● 打开“市场上的共享单车类型对比表.docx”文档，依照表格内容依次输入。

● 调整表格的位置和大小，在“表格工具/设计”选项卡的“表格样式”组中，单击“其他”按钮，在弹出的下拉列表中选择“中度样式 2-强调 1”选项，如图 5-14 所示，表格效果如图 5-15 所示。

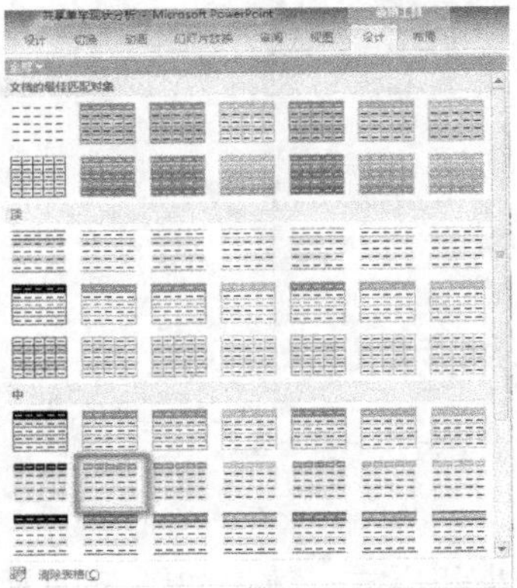

图 5-14　“表格样式”下拉列表

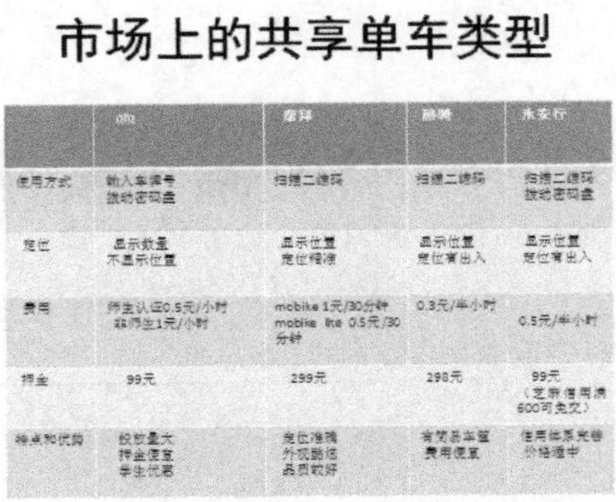

市场上的共享单车类型

	ofo	摩拜	酷骑	永安行
使用方式	输入车牌号 拨动密码盘	扫描二维码	扫描二维码	扫描二维码 拨动密码盘
定位	显示数量 不显示位置	显示位置 定位精准	显示位置 定位有出入	显示位置 定位有出入
费用	师生认证0.5元/小时 非师生1元/小时	mobike 1元/30分钟 mobike lite 0.5元/30分钟	0.3元/半小时	0.5元/半小时
押金	99元	299元	298元	99元 （芝麻信用满600可免交）
特点和优势	投放量大 押金便宜 学生优惠	定位准确 外观酷炫 品质较好	有简易车筐 费用便宜	信用体系完善 价格适中

图 5-15　表格效果

利用 SmartArt 图形分别制作摩拜单车和 ofo 的 APP 使用流程，操作步骤如下。

● 将光标定位在“共享单车 APP 使用流程”幻灯片上，调整“摩拜单车”和“ofo 单车”的位置，如图 5-16 所示。

图 5-16 调整“摩拜单车”和“ofo 单车”的位置

● 在“插入”选项卡的“插图”组，单击“SmartArt”按钮，打开“选择 SmartArt 图形”对话框，选择“流程”中的“基本流程”选项，如图 5-17 所示。

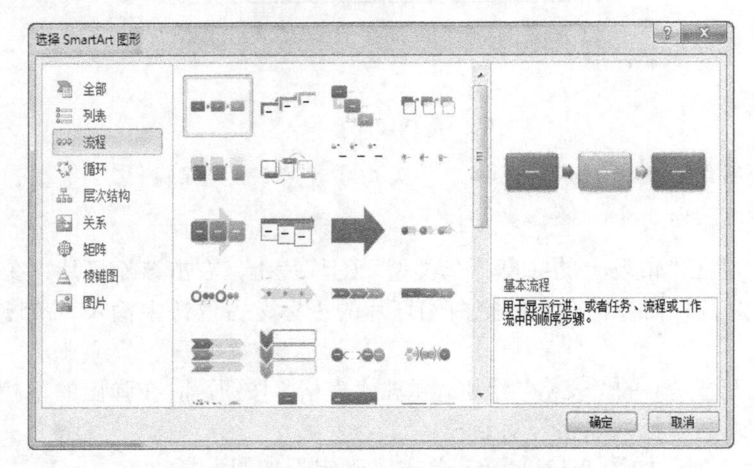

图 5-17 “选择 SmartArt 图形”对话框

● 单击“确定”按钮。打开“共享单车使用流程.txt”文档，对照内容，在已有的流程图后面添加新的输入框，右击最后一个输入框，在弹出的快捷菜单中选择“添加形状”→“在后面添加形状”命令，如图 5-18 所示。

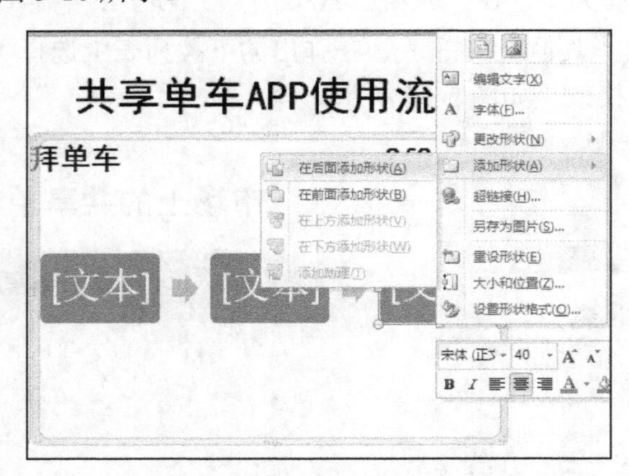

图 5-18 添加形状

● 在幻灯片的流程图中输入相应的文字，并调整大小和样式，效果如图 5-19 所示。

● 依照以上操作步骤，将 ofo 单车的流程设置为“垂直流程”显示，并在“SmartArt 工具

/设计”选项卡的“SmartArt 样式”组中更改图形样式，效果如图 5-20 所示。

图 5-19 调整后的流程图　　图 5-20 “共享单车 APP 使用流程”幻灯片效果

在“共享单车使用分析”幻灯片中，使用图表对共享单车在不同城市分布所占比以及两个品牌的市场占有率进行标识，操作步骤如下。

- 单击“共享单车使用情况分析”幻灯片，在“插入”选项卡的“插图”组中，单击“图表”按钮，打开“插入图表”对话框，选择“饼图”选项，如图 5-21 所示。

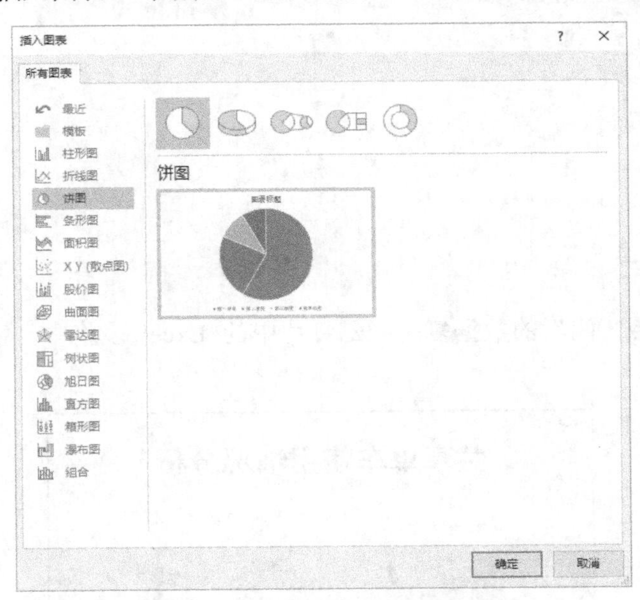

图 5-21 “插入图表”对话框

- 单击“确定”按钮，插入饼图。打开素材中的“共享单车使用情况分析.xlsx”文件，将市场占有率表中的数据复制到幻灯片页面弹出的 Excel 表格中，如图 5-22 所示。
- 在“图表工具/设计”选项卡的“图表布局”组中，单击“快速布局”按钮，在弹出的下拉列表中选择“布局 2”选项，如图 5-23 所示。
- 调整“市场占有率”图表的位置，再次在“插入”选项卡的“插图”组中单击“图表”按钮，在打开的“插入图表”对话框中选择“柱形图”中的“簇状柱形图”选项，如图 5-24

所示。

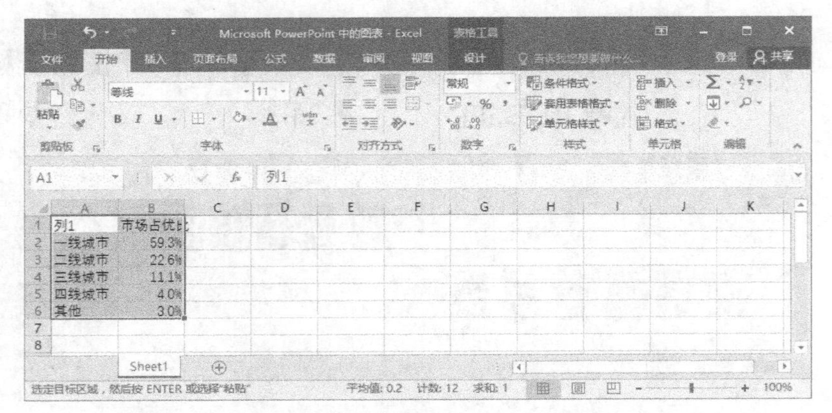

图 5-22　将数据粘贴到幻灯片的图表中

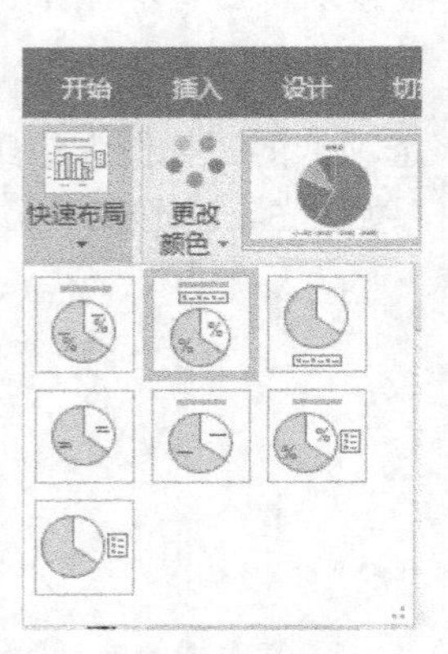

图 5-23　“快速布局”下拉列表

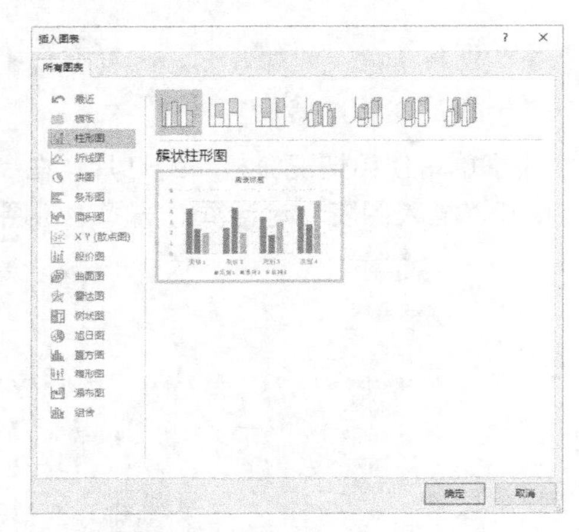

图 5-24　“插入图表”对话框

● 将“使用年龄区间”的数据复制到幻灯片中的 Excel 表格中，操作方法同上，效果如图 5-25 所示。

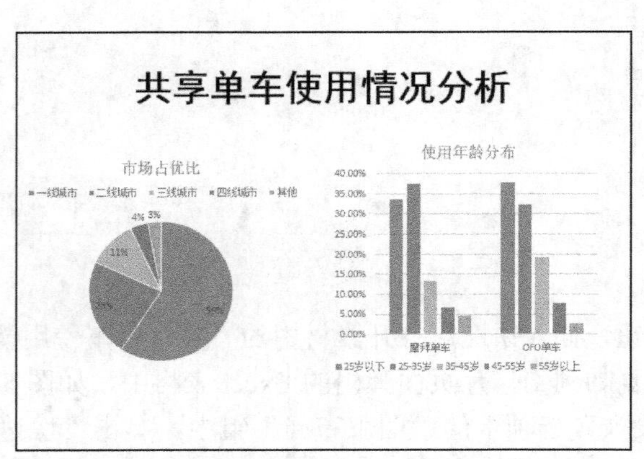

图 5-25　“共享单车使用情况分析”幻灯片效果

4. 美化宣讲稿外观

使用背景颜色和背景图片来美化幻灯片，要注意当前字体颜色与背景颜色的搭配，操作步骤如下。

● 将光标定位在第一张幻灯片，右击该幻灯片，在弹出的快捷菜单中选择“设置背景格式”命令，打开“设置背景格式”窗格，如图 5-26 所示。

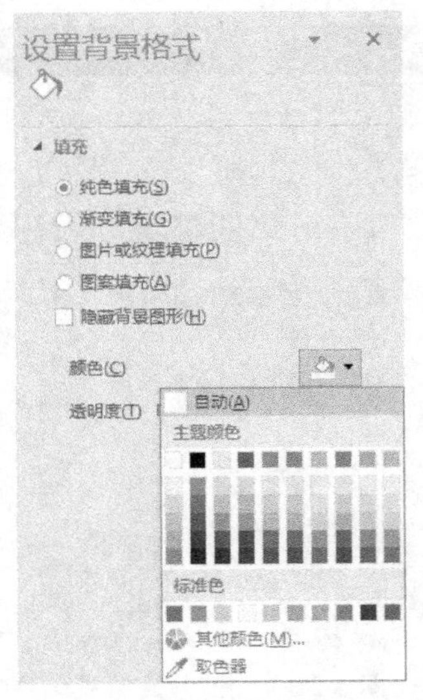

图 5-26　“设置背景格式”窗格

● 在“填充”选项组中，分别对当前的背景进行颜色、图片、图案的填充。如果要进行纯色填充，直接在“颜色”下拉列表中选色填充。

● 如果要填充背景图片，选中“图片或纹理填充”单选按钮，单击“文件”按钮，打开“插入图片”对话框，选择要插入的图片，单击“确定”按钮即可填充图片背景。

● 选择图片，单击“效果”按钮，在“艺术效果”列表中选择“虚化”效果，或者单击“图片”按钮，还可以设置图片效果。

● 第一张幻灯片添加图片背景的效果如图 5-27 所示。

图 5-27　第一张幻灯片添加背景图片后的效果

如果演示文稿中存在多页幻灯片，为了统一格式，要使用母版将所有页面的背景设置成相同的样式，现将第一张幻灯片的背景设置成与其他页不同，操作步骤如下。

● 在“视图”选项卡的“母版视图”组中，单击“幻灯片母版”按钮，打开幻灯片母版视图，如图 5-28 所示。

● 第一张幻灯片是选项组中所有幻灯片的母版，先更换母版的背景，右击第一张幻灯片，在弹出的快捷菜单中选择“设置背景格式”命令，打开“设置背景格式”窗格。

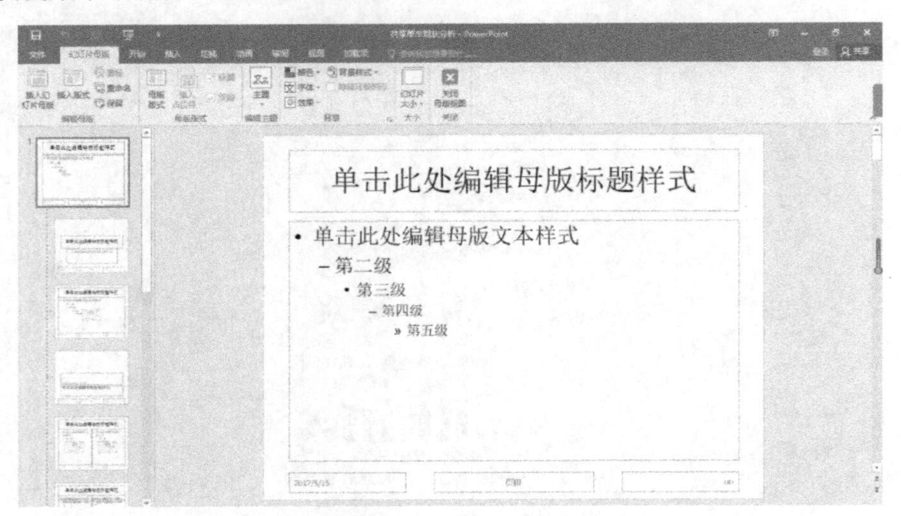

图 5-28　幻灯片母版视图

● 在“填充”栏，选中“图片或纹理填充”单选按钮，单击“文件”按钮，打开“插入图片”对话框，选择“母版图片背景 2.jpg”图片，单击“确定”按钮，此时所有第一张幻灯片之后的幻灯片统一了背景，如图 5-29 所示。

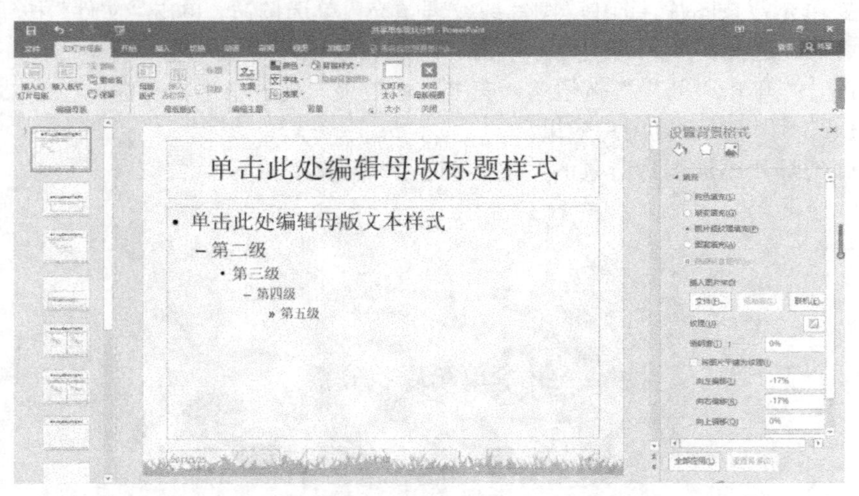

图 5-29　添加母版图片

● 在“幻灯片母版”选项卡的“关闭”组中，单击“关闭母版视图”按钮，关闭幻灯片母版。将光标定位在第一张幻灯片，添加“背景 2.jpg”图片，预览效果如图 5-30 所示。

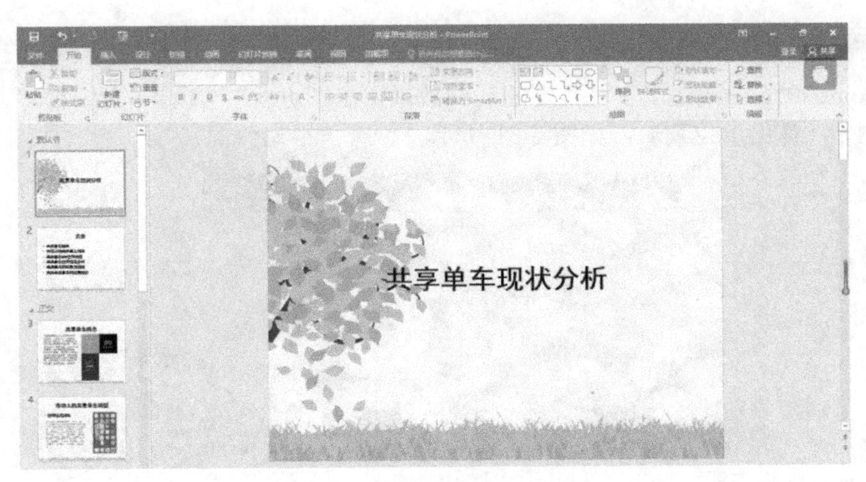

图 5-30　添加背景后的效果

项目 2
放映产品分析宣讲稿

项目描述

在完成了背景、文字、图片等素材的添加之后，接下来就要对幻灯片的动画效果、切换效果以及放映方式进行设置，主要目的是让演示文稿在展示时增加动感、生动效果。

项目分析

首先对演示文稿设置放映效果，主要包括设置动画效果和幻灯片切换效果。其中动画效果主要针对文本框、自选图形、图片的进入、强调、退出效果进行设置，幻灯片的切换效果主要是对不同幻灯片之间的变化做一个动态的设置。最后要对幻灯片的输出方式进行设置，主要包括排练计时和自定义手动放映。

相关知识

1. 插入及编辑动画

针对动画的效果主要有 4 个部分，即“进入”“强调”“退出”“动作路径”，根据幻灯片内容来逐一设定，可以只用一个效果，也可以混搭使用多个效果。

（1）动画效果

PowerPoint 2016 中预置了多种类型的动画效果，在“动画”选项卡的“动画”组中，单击“其他”按钮，弹出下拉列表，如图 5-31 所示。

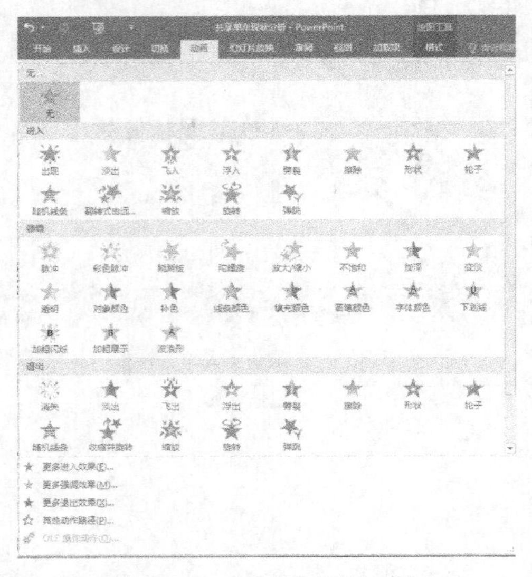

图 5-31　“动画”下拉列表

每一种类型都包括基本型、细微型、温和型和华丽型，可通过选择“更多××效果”选项，打开“更多××效果”对话框，在此查看相对应的预设动画，如图 5-32 所示，并可以利用预览查看效果。

（2）动画窗格

在“动画”选项卡的“高级动画”组中，单击“动画窗格”按钮，打开“动画窗格”窗格，如图 5-33 所示。

图 5-32　“更多进入效果”对话框

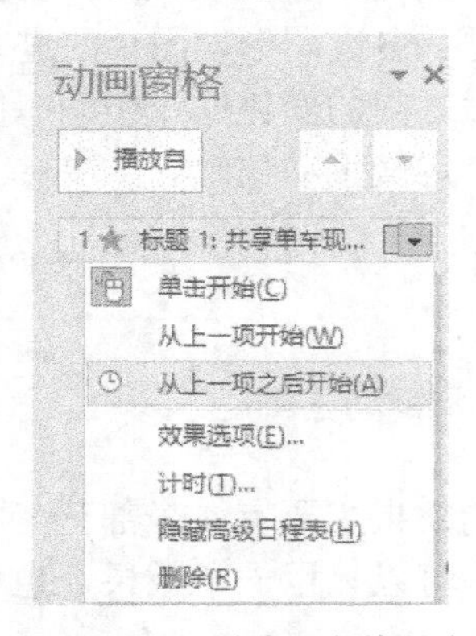

图 5-33　“动画窗格”窗格

在该窗格中可以对动画进行更精细的设置，如对动画进行叠加效果的添加、修改动画出现时间、设置播放顺序及播放模式等。

(3) 计时

对动画进行“持续时间”和“延迟”时间设置，同时还可以对动画的出现次序进行调整。

专家点睛

在插入和编辑动画效果的过程中，还可以对每一个选择的预设动画修改其“效果选项”，从而进行有针对性的个性化的动画设置。

2. 幻灯片切换

幻灯片切换主要包括切换效果和计时的设置。与动画的设置效果类似，幻灯片的切换也分为“细微型”“华丽型”和“动态内容”，如图 5-34 所示。

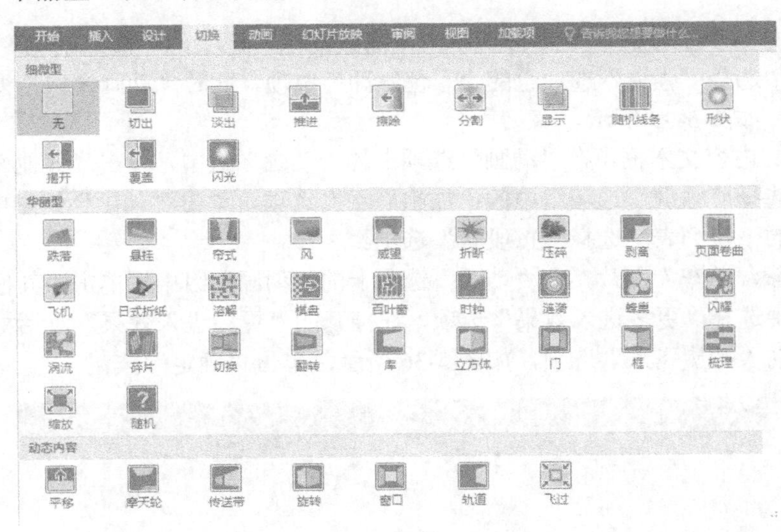

图 5-34　幻灯片切换效果

在“计时”功能中主要用来设置“持续时间”“声音”和“换片方式”。

3. 幻灯片放映

幻灯片的放映设置分为手动放映和自动放映两种，其中自动放映可以通过“排练计时”来实现。

手动放映主要包括“从头开始”和“从当前幻灯片开始”两种方式，使用频率都很高，同时也可以单击演示文稿右下角的“播放”按钮 从当前幻灯片开始播放。自动放映主要通过“排练计时”演练幻灯片每页停留的时间来自定义放映方式，从而实现无人值守的放映模式。

项目实现

本项目将针对之前所做的“共享单车现状分析”的演示文稿来进行动画和切换效果的制作。

1．设置放映效果

在 PowerPoint 中，可以对文本、图片、SmartArt 图形、图表设置各种进入、强调和退出的动画效果，并对动画的开始方式、运行时间、声音、播放顺序等细节进行处理，现就“共享单车现状分析.pptx”中的幻灯片页面进行动画效果的设置，操作步骤如下。

- 将光标定位在“共享单车概念”幻灯片上，选择标题“共享单车概念”文本框。
- 在“动画”选项卡的“动画”组中单击“其他”按钮，在弹出的下拉中选择“进入”选项组中的“浮入”效果，单击“效果选项”按钮，在弹出的下拉列表中选择“下浮”选项。
- 在“动画”选项卡的“高级动画”组中，单击“动画窗格”按钮，打开“动画窗格”窗格。
- 选中“共享单车概念”文本框，单击“高级动画”组中的“添加动画”按钮，在弹出的下拉列表中选择“强调”选项组的“彩色脉冲”选项，此时“动画窗格”窗格中会显示两个动画设置项，如图 5-35 所示。
- 选中正文内容文本框，在“动画”选项卡的“动画”组中，单击“其他”按钮，在弹出的下拉列表中选择“强调”选项组中的“加粗展示”选项，单击“动画”组中的“效果选项”按钮，在弹出的下拉列表中选择“按段落”选项。
- 单击“摩拜单车”图片，在“动画”选项卡的“动画”组中，单击“其他”按钮，在弹出的下拉列表中选择“更多进入效果”选项，在打开的“更多进入效果”对话框中选择“华丽型”选项组中的“螺旋飞入”选项，如图 5-36 所示，单击“确定”按钮。

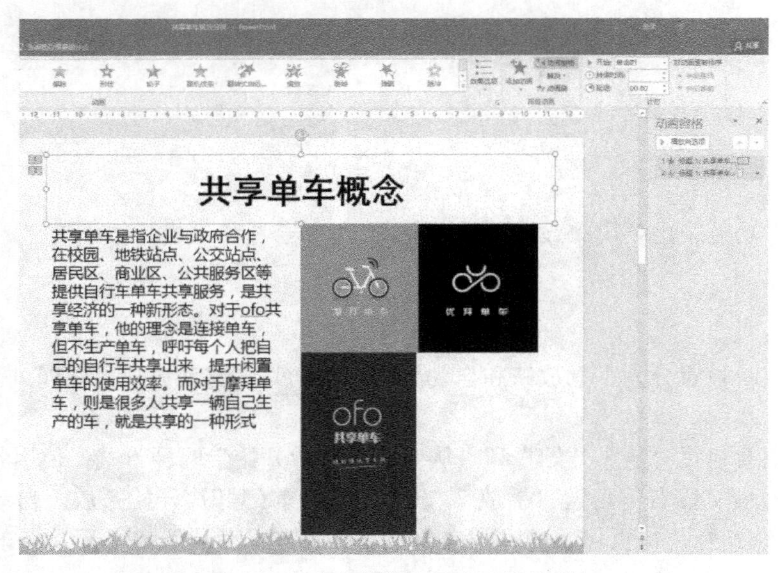

图 5-35　为标题设置两个动画选项

图 5-36 设置图片进入效果

● 在“动画窗格”窗格中右击“图片 3”，在弹出的快捷菜单中选择“效果选项”命令，如图 5-37 所示。

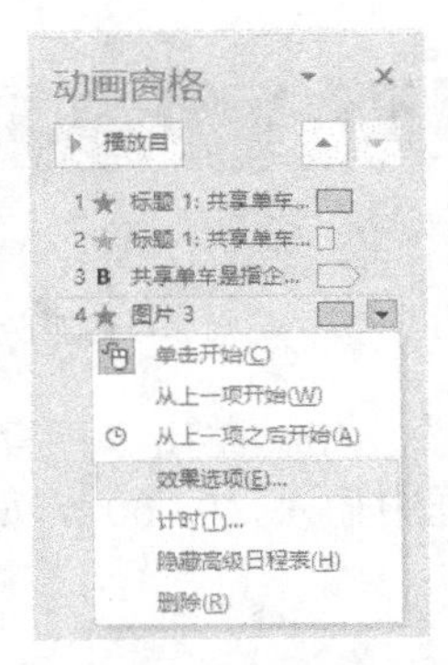

图 5-37 “效果选项”命令

● 此时打开如图 5-38 所示的对话框，单击“声音”下拉按钮，在弹出的下拉列表中选择“风铃”选项，选择“计时”选项卡，“延迟”设置为“0.5 秒”，单击“确定”按钮。

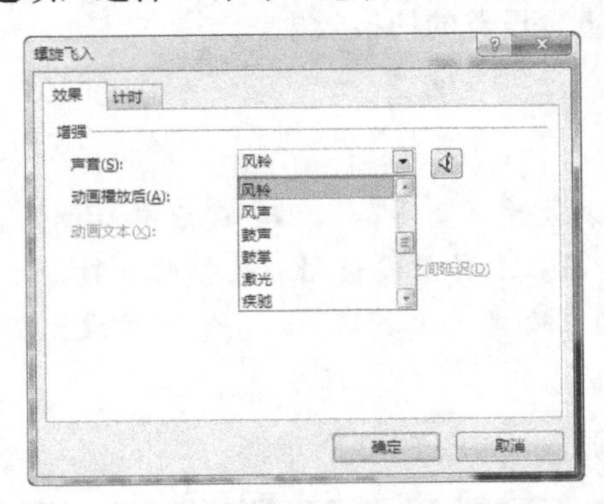

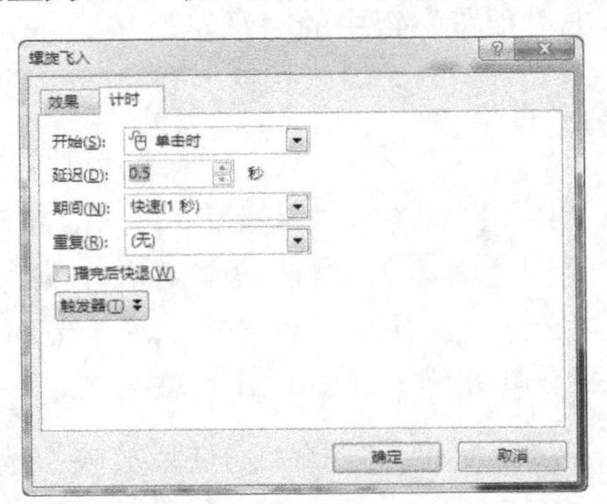

图 5-38 设置“螺旋飞入”的效果

● 使用“摩拜单车图片”相同的动画效果，设置“ofo 共享单车”图片的动画效果，为了保证动画自动播放，在“动画窗格”窗格中选中“动画 1”，在下拉列表中选择“从上一项开始”选项，依次选择下一个动画设置项，选择“从上一项之后开始”选项，这样就可以实现动画的自动顺序播放，如图 5-39 所示。

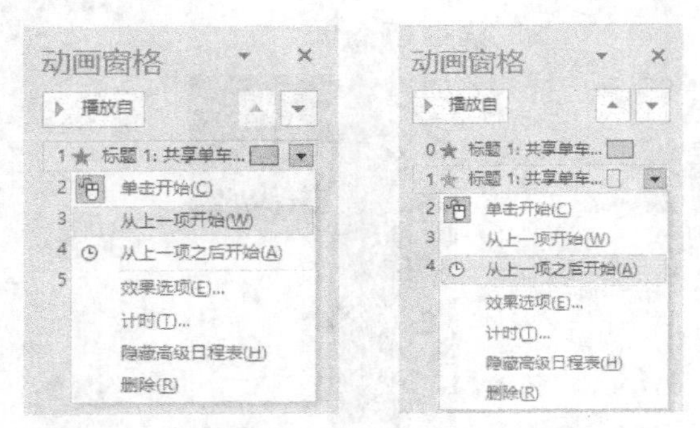

图 5-39　设置播放顺序

为演示文稿设置幻灯片切换效果，幻灯片切换主要是对效果和计时的选择，操作步骤如下。

- 将光标定位在第一张幻灯片上，选择“切换”选项卡，“切换到此幻灯片”组中显示了切换方式，如图 5-40 所示。

图 5-40　幻灯片切换方式

- 选择“显示”选项，在“计时”组中，单击“声音”按钮，在弹出的下拉列表中选择“风铃”选项，在“持续时间”文本框中输入“03.00”，如图 5-41 所示。

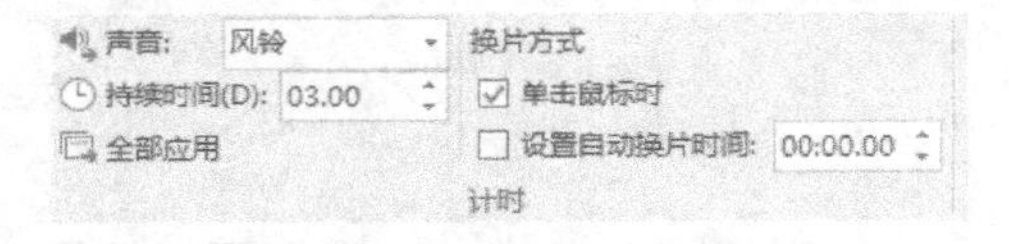

图 5-41　设置“持续时间”

- 单击“预览”组中的“预览”按钮，查看设置的切换效果。

2. 输出宣讲稿

PowerPoint 提供了 3 种放映方式：① 演讲者放映（全屏幕）；② 观众自行浏览（窗口）；③ 展台浏览（全屏幕）。前两种都是手动放映，而第三种需要使用放映排练计时，并且需要为文稿设置演示方式。在默认情况下，演示文稿的放映模式是手动放映，本项目设置演示文稿为无人值守的自动放映方式，操作步骤如下。

- 打开演示文稿，选择“幻灯片放映”选项卡，如图 5-42 所示。

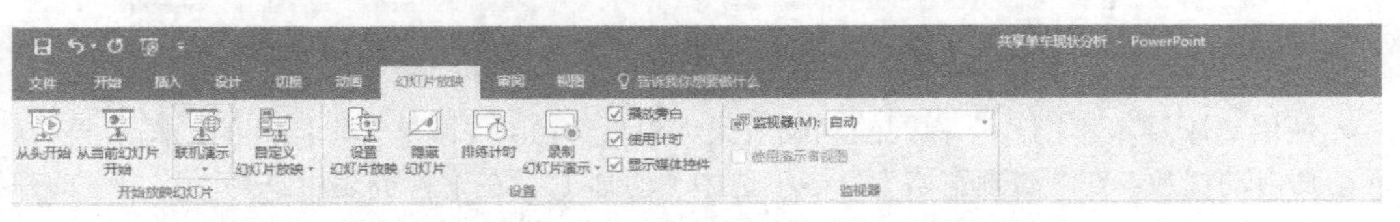

图 5-42　“幻灯片放映”选项卡

● 在“开始放映幻灯片”组中单击“从头开始”按钮，或单击“从当前幻灯片开始”按钮，便可以进行幻灯片的放映。

● 单击“设置”组中的“排练计时”按钮，进入“排练计时”界面，幻灯片会默认放映第一张幻灯片的内容，这时左上角的“录制”对话框会显示当前幻灯片停留的时间和总共录制的时间，如图 5-43 所示。

● 根据每张幻灯片的展示内容，按 Enter 键或单击幻灯片进行切换，直到最后一张幻灯片，按 Esc 键，打开如图 5-44 所示的提示对话框，显示总共放映所需的时间，单击“是”按钮保留新的幻灯片计时。

图 5-43　“录制”对话框

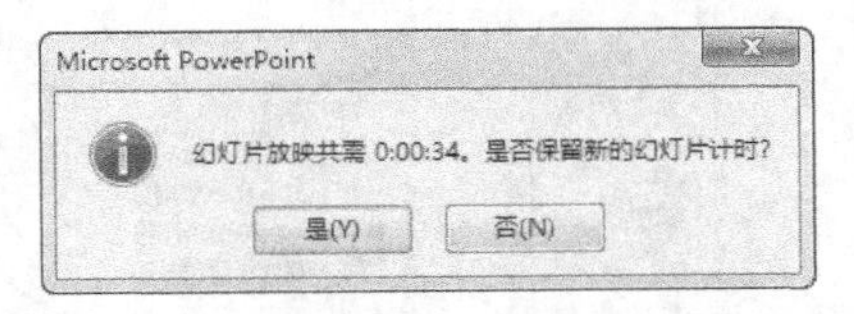

图 5-44　停止排练计时打开的提示对话框

● 按 Ctrl+S 组合键保存演示文稿。为了能够进行自动播放，在“幻灯片放映”选项卡的“设置”组中，单击“设置幻灯片放映”按钮，打开“设置放映方式”对话框，如图 5-45 所示，选择放映类型为“在展台浏览”，单击“确定”按钮即可。

● 单击“开始放映幻灯片”组中的“从头开始”按钮，整个过程就实现无人值守的全自动放映效果。

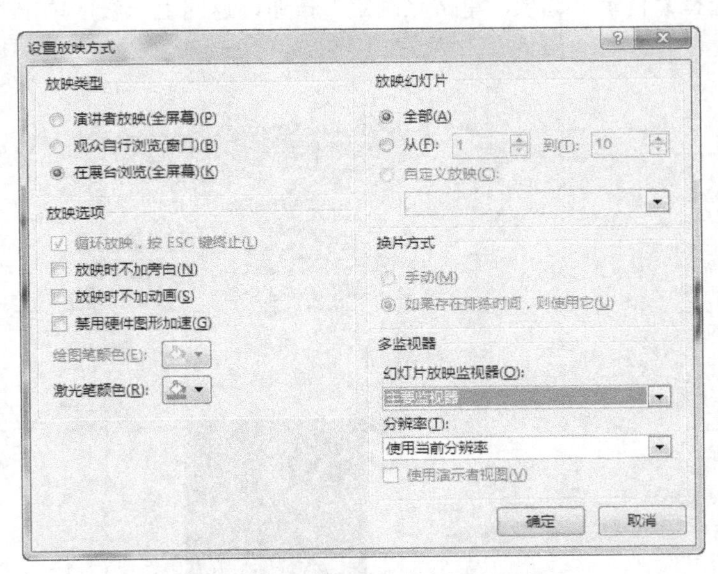

图 5-45　“设置放映方式”对话框

为了保证在放映过程中能够进行交互式放映，要求使用超链接来建立文本链接和自定义图形链接，操作步骤如下。

● 选择“目录”幻灯片，单击“共享单车概念”文本框，在“插入”选项卡的“链接”组中，单击“链接”按钮，打开“插入超链接”对话框，如图 5-46 所示。

● 选择“本文档中的位置”选项，在“请选择文档中的位置”列表框中选择“共享单车概念”选项，此时对话框右侧出现连接到的页面预览图，单击“确定”按钮即可，其他几个幻灯片都可以通过这种方式链接。

● 将光标定位在“共享单车概念”幻灯片，在“插入”选项卡的“插图”组中单击“形状”按钮，在弹出的下拉列表中选择“动作按钮”选项组中的“空白”选项。

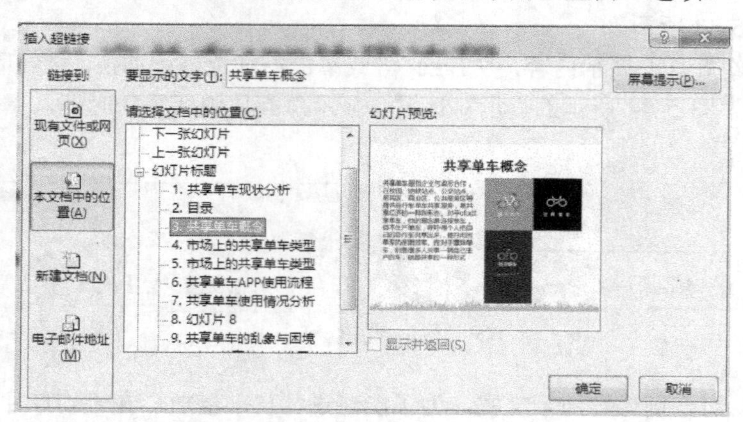

图 5-46　“插入超链接”对话框

● 在“共享单车概念”幻灯片上绘制图形按钮，弹出“操作设置”对话框，如图 5-47 所示。

● 选中“超链接到”单选按钮，在其下拉列表中选择“幻灯片”选项，打开“超链接到幻灯片”对话框，选择“目录”选项，单击“确定”按钮，返回上一级，单击“确定”按钮建立好链接。

图 5-47　为按钮设置超链接

根据需要设置演示文稿的输出方式，操作步骤如下。

● 打开“共享单车现状分析.pptx”演示文稿。

● 选择“文件”→“另存为”命令，打开“另存为”对话框，在“保存类型”下拉列表中选择“PowerPoint 放映”选项，文件名为“共享单车现状分析”，如图 5-48 所示，单击“保存”按钮，保存演示文稿。

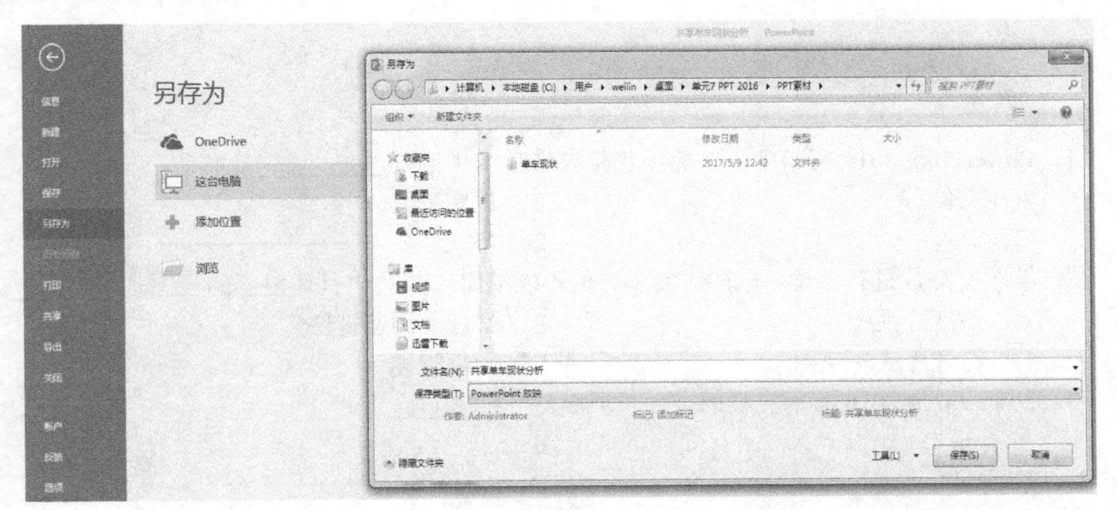

图 5-48　保存演示文稿

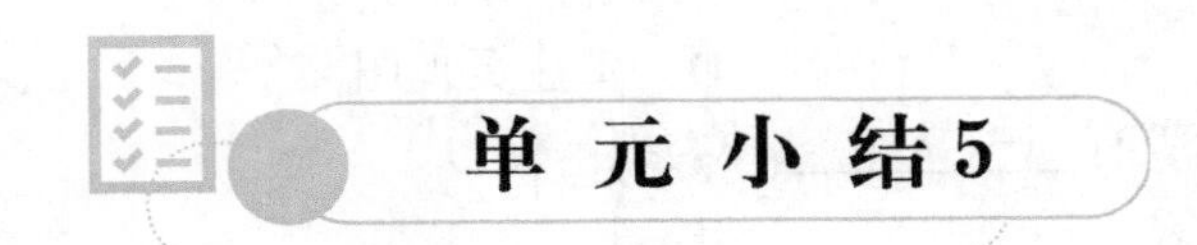

单元小结 5

本单元共完成两个项目，学完后应该有以下收获。

● 掌握 PowerPoint 2016 的启动和退出。
● 熟悉 Power Point 2016 的工作界面。
● 掌握 PowerPoint 的基本操作。
● 掌握幻灯片的操作技巧。
● 掌握制作宣讲大纲的操作。
● 掌握文字、图片等素材的添加方法。
● 掌握 SmartArt 图形、图表的使用。
● 掌握母版的设置。
● 掌握幻灯片动画的编辑和使用。
● 掌握幻灯片切换效果的设置。
● 掌握演示文稿的交互式放映。
● 掌握演示文稿的输出。

课外自测5

一、单选题

1．PowerPoint 2016 窗口中，一般不包括在选项卡中的是____________。

A．文件　　B．视图

C．插入　　D．格式

2．能对幻灯片进行移动、删除、复制，但不能编辑幻灯片中具体内容的视图是________。

A．幻灯片视图　　B．幻灯片浏览视图

C．幻灯片放映视图　　D．大纲视图

3．PowerPoint 2016 演示文稿的文件扩展名是________。

A．pps　　B．xls

C．pot　　D．pptx

4．在____________方式下能实现一屏显示多张幻灯片。

A．幻灯片视图　　B．大纲视图

C．幻灯片浏览视图　　D．备注页视图

5．PowerPoint 2016 的母版有____________种类型。

A．3　　B．4

C．5　　D．6

6．在 PowerPoint 2016 中，用户可以通过按 Ctrl 和__________键来新建一个 PowerPoint 演示文稿。

A．S　　B．M

C．N　　D．O

7．在 PowerPoint 2016 中，用户可以通过按 Ctrl 和__________键来添加新幻灯片。

A．S　　B．M

C．N　　D．O

8．选择不连续的多张幻灯片，借助____________键。

A．Shift　　B．Ctrl

C．Tab　　D．Alt

9．在 PowerPoint 中，如果想在演示过程中终止幻灯片的演示，则随时可按__________键实现。

A．Delete　　B．Ctrl+E 组合

C．Shift+C 组合　　D．Esc

10．新建一个演示文稿时，第一张幻灯片的默认版式是____________。

A．项目清单　　B．两栏文本

C．标题幻灯片　　D．空白

11．下列有关幻灯片和演示文稿的说法中，不正确的是____________。

A．一个演示文稿文件可以不包含任何幻灯片

B．一个演示文稿文件可以包含一张或多张幻灯片

C．幻灯片可以单独以文件的形式存盘

D．幻灯片是 PowerPoint 中包含文字、图形、图表、声音等多媒体信息的图片

12．想让作者的名字出现在所有的幻灯片中，应将其加入___________中。

A．幻灯片母版　　B．标题母版

C．备注模板　　D．讲义母版

13．PowerPoint 中，执行了插入新幻灯片的操作，被插入的幻灯片将出现在_______。

A．当前幻灯片之前　　B．当前幻灯片之后

C．最前　　D．最后

14．幻灯片“换片方式”在“__________”选项卡中。

A．设计　　B．切换

C．动画　　D．幻灯片放映

15．关于演示文稿，下列说法错误的是___________。

A．一个演示文稿是由多张幻灯片构成的

B．可以调整占位符的位置

C．所有的视图下都可以编辑幻灯片的内容

D．每张幻灯片都可以有不同的版式

16．如果有几张幻灯片暂时不想让观众看见，最好____________。

A．删除这些幻灯片

B．隐藏这些幻灯片

C．新建一些不含这些幻灯片的演示文稿

D．自定义放映方式时，取消这些幻灯片

17．被隐藏的幻灯片在______________中不可见。

A．普通视图　　B．幻灯片浏览视图

C．幻灯片放映视图　　D．备注页视图

18．最快捷且正确的关闭 PowerPoint 的方法是______________。

A．选择“文件”→“退出”命令

B．按 Reset 键重新启动计算机

C．单击 PowerPoint 标题栏右侧的关闭按钮

D．单击“幻灯片/大纲”窗格右侧的关闭按钮

19．PowerPoint 的主要功能是_________。

A．创建演示文稿　　B．数据处理

C．图像处理　　D．文字编辑

20．能激活超链接的视图方式是____________。

A．普通视图　　B．大纲视图

C．幻灯片浏览视图　　D．幻灯片放映视图

二、实操题

1．模仿共享单车案例，制作如图 5-49 所示的“猪猪侠童装”产品宣传片。

图 5-49　“猪猪侠童装”演示文稿效果

2．根据给定的素材和模板，制作宣传片“大山里的电工”，如图 5-50 所示。

图 5-50　“大山里的电工”演示文稿效果